TURING 图灵程序设计丛书

[美] Daniel Shiffman 著

周晗彬 译

代码
本色

用编程模拟自然系统

The Nature of Code

Simulating Natural Systems with Processing

人民邮电出版社

北京

图书在版编目（CIP）数据

代码本色：用编程模拟自然系统 /（美）希夫曼
(Shiffman, D.) 著；周晗彬译. -- 北京：人民邮电
出版社，2015.1（2023.3重印）
（图灵程序设计丛书）
ISBN 978-7-115-36947-5

Ⅰ. ①代… Ⅱ. ①希… ②周… Ⅲ. ①程序语言－
程序设计 Ⅳ. ①TP312

中国版本图书馆CIP数据核字（2014）第200505号

内 容 提 要

本书由纽约大学 Nature of Code 课程老师 Daniel Shiffman 写就，是一本借助开源语言 Processing 全面介绍如何用代码模拟自然世界的学习指南。作者从模拟无生命物体、活物、智能系统三个层面，从手工编写 Processing 代码到使用现有的物理函数库模拟高级而复杂的行为，利用有趣的事例渐进式介绍了算法和模拟方面的高级编程策略和技术。主要内容涉及向量、力、粒子系统、三角函数、自治智能体、细胞自动机、分形、遗传算法和人工神经网络。

本书适合游戏设计师、好学的程序员、物理学爱好者及所有对计算机模拟和互动编程感兴趣的人学习参考。

◆ 著　　　　[美] Daniel Shiffman
　　译　　　　周晗彬
　　责任编辑　李松峰　毛倩倩
　　执行编辑　张　庆
　　责任印制　杨林杰

◆ 人民邮电出版社出版发行　　北京市丰台区成寿寺路 11 号
　　邮编　100164　　电子邮件　315@ptpress.com.cn
　　网址　http://www.ptpress.com.cn
　　固安县铭成印刷有限公司印刷

◆ 开本：800×1000　1/16
　　印张：26.5　　　　　　　　2015 年 1 月第 1 版
　　字数：653 千字　　　　　　2023 年 3 月河北第 15 次印刷
　　　　著作权合同登记号　图字：01-2013-8804 号

定价：99.00元
读者服务热线：(010)84084456-6009　印装质量热线：(010)81055316
反盗版热线：(010)81055315
广告经营许可证：京东市监广登字 20170147 号

版 权 声 明

献　辞

献给我的祖母——Bella Manel Greenfield（1915 年 10 月 13 日—2010 年 4 月 3 日）。

  Bella Manel 出生在纽约市，是一位数学领域的女性先驱，她于 1939 年在纽约大学获得博士学位，师从理查德·柯朗[1]。她曾与理查德·贝尔曼[2]一起在拉莫·伍尔德里奇公司（现在的TRW）和兰德公司工作。之后，她在贝尔蒙特的那慕尔圣母大学和加州大学洛杉矶分校任教。1995 年，纽约大学的柯朗研究所设立了 Bella Manel 奖，用于表彰女性和少数民族人士的杰出研究工作。

---

[1] 1888 年 1 月 8 日—1972 年 1 月 27 日，德国数学家，曾在纽约大学担任数学教授。他创建了数学研究组织并且做得非常成功，柯朗数学研究中心后来成为了一个应用数学研究中心的标竿。——编者注
[2] 1920 年 8 月 26 日—1984 年 3 月 19 日，美国数学家、动态规划的创始人，曾在兰德公司工作多年（并在此期间提出了动态规划）。——编者注

推　荐　序

我们在这个行星上已经生活了数十年，虽然不一定对这个世界的自然规律有深入的理解，但肯定已经习以为常。例如在足球比赛中，我们能欣赏到美妙的曲线任意球。如果足球在空中突然直角转向，我们一定会觉得很"不自然"。又例如，我们有时候能看到上千只鸟集体飞翔，它们并不是乱飞一通，而是按照某种规律组成不断变形的群体。如果它们互相碰撞而掉下来，我们很可能会怀疑它们是否生病，做出这些"不自然"的行为。

充满好奇心的人们，可以通过学习物理学、化学、生物学等学科去了解各种自然现象。但对于一些程序员、艺术家，他们除了希望对这些原理有所了解，还希望能在作品中模仿这些自然现象。

模仿、模拟等词汇意味着我们并不是要完整地复制自然世界，而是通过抽象、近似化等方式，获取当中我们认为重要的特性。例如，我们知道水是由水分子所组成，但肉眼看不到这么小的水分子，更常见的是水滴、容器中的水、海洋等。要模仿淋浴花洒的水流动态，我们可考虑以水滴为单位，逐一模拟它们以某初始速度射出，然后受地心引力影响而产生抛物线的移动路径。但要模仿海洋时，我们可能更关注它海面的波浪，而不是海面下巨量溶积的海水。在此情况下，我们可能会模拟海面上一些分布点的垂直运动，做出波浪起伏的效果。

或许读者（及正在考虑阅读本书的人）会问，为什么要用软件模拟这些自然现象呢？抛开职业、学业上的需要，我认为最简单的答案是，用程序编写这些现象本身就是很有趣的事情。编程不单能处理网页请求、计算账目、储存数据，原来还可以创造出富含自然现象的虚拟世界！

若以职业来考虑，游戏、动画、电影特效、视觉艺术等行业都会需要这方面的知识。例如在游戏方面，由于许多游戏都含有一个虚拟世界，这些自然现象的模拟技术可以应用于程序式建模（如地形、植物）、程序式动画（如粒子特效、云层变化）、游戏逻辑（如刚体物理）、人工智能（如非玩家角色的移动）等。在动画方面，虽然不需要能互动的虚拟世界，但为了视觉上的真实性也需要使用计算机实现各种自然现象，例如为了制作《冰雪奇缘》，迪士尼与加州大学洛杉矶分校就研究出一种模拟雪运动的新技术。

虽然本书书名含"代码"二字，却并不是只有程序员才能阅读。在国内游戏行业里有一句俗语："不会美术的程序员不是好策划。"我们不必为自己的知识技能设限。刚刚在 2014 游戏开发者大会（中国）上，前同事 Ken Wong 就道出自己如何从一位概念美术师（参与作品《爱丽丝：

疯狂回归》），退隐一年学习游戏编程及思考游戏设计，然后建立团队创作出获得苹果年度设计大奖的《纪念碑谷》。

这本书作为这个领域的入门书籍，使用了简易的 Processing 编程语言作为例子，非专业程序员也会很容易理解。但如果读者对编程真的完全没有概念，可以先读一些 Processing 入门书籍。由于本书涉猎甚广，若读本书后感到意犹未尽，除了可再读本书的参考文献，*Texturing and Modeling, Third Edition: A Procedural Approach* 也是一个不错的选择。

叶劲峰

游戏程序员

2014 年 10 月

致　　谢

"我们周围的世界以一种复杂而精彩的方式运作着。在生命的早期，我们通过感知和互动了解所处的环境。我们期望周围物理世界的行为方式和我们自身的感知记忆一致。比如，石头在重力的作用下坠落，风能把更轻的物体吹得更远。本课程的主要目的就是理解和模拟物理世界的运动元素，并在我们的数字模拟世界中加入这些元素。我们的目标是根据用户对物理世界的感知记忆创建直观、丰富且令人满意的体验。"

——James Tu，动态物体课程描述，2003年春，ITP

关于本书的故事

2003年，作为纽约大学Tisch学院ITP课程（交互通信计划）的毕业生，我学习了一门名为"动态物体"的课程，课程讲师是ITP的兼职教授、交互设计师James Tu。这门课的内容是一系列软件实验，目的是产生实时的"非真实"图像。课程期间，我们需要根据各种规则获取有生命物体的图像并填充颜色，而且让它们在屏幕上移动。课程涵盖了向量、力、振荡、粒子系统、递归、转向和弹簧这些知识，它们和我的工作密切相关。

我经常在项目中用到上述概念，却从来没有仔细研究过这些算法背后的科学原理，也没有用面向对象的方法规范地实现它们。就在那个学期，我还选修了"衍生艺术系统基础"（Foundations of Generative Art Systems），这门课的讲师是Philip Galanter，他的研究方向主要集中在衍生艺术的理论和实践上，涵盖混沌、细胞自动机、遗传算法、神经网络和分形等话题。Tu和Galanter的课程使我在模拟算法和技术上有了很大提高，为我之后的教学工作带来了很大帮助。同时，这两门课程也是本书的基础。

但本故事背后还隐藏着另一个谜题。

Galanter的课程几乎全是理论，而Tu的课程使用的是Macromedia Director和Lingo编程语言。在那个学期，我试着将很多算法用C++语言实现（那时候还没有openFrameworks和Cinder等创意编程环境，因此我在用笨拙的方式编写C++代码）。在学期末，我发现了Processing语言（http://www.processing.org）。Processing在那时候还只是alpha版本（版本0055）。由于我有一定的Java经验，因此一直在思考：能否用这门对艺术家友好的开源语言开发一套编程和模拟的教学示例？在ITP和Processing社区的帮助下，我完成了这件事。这8年来，我一直在用Processing进行算法和应用教学。

首先，我要感谢ITP的创立者Red Burns，在这10年里，他一直支持并鼓励着我；感谢ITP的主席Dan O'Sullivan，他一直是我的教学导师，也是第一个建议我开始Processing课程教学的人，促使我整理这些教学资料；感谢*Pro Android Media*的作者、杰出的开发者Shawn Van Every，他为我提供了很多帮助，也在ITP给我很多灵感。在编写本书的过程中，ITP的教员Clay Shirky、Danny Rozin、Katherine Dillon、Marianne Petit、Marina Zurkow和Tom Igoe给了我很多建议和反馈。其他ITP同僚也提供了很多帮助，他们是：Brian Kim、Edward Gordon、George Agudow、John Duane、Marlon Evans、Matt Berger、Megan Demares、Midori Yasuda和Rob Ryan。

ITP课程教学中，还有举不胜举的学生提供了很多反馈。本书的很多材料都源自我的同名课程，这些课程我已经教了5年。在本书的编写及修订过程中，我拥有了一摞写满注释的打印草稿，也积累了许多来自学生的电子邮件，感谢他们的点评、纠正以及鼓励。

我还要感谢Processing社区中的程序员和艺术家。如果没有Processing的开发者Casey Reas和Ben Fry，我不会编写这本书。通过阅读Processing的源代码，我积累了许多知识。Processing语言的简洁用法，以及它的网站和IDE为编程提供了极大的便利，同时也为学生带来很多乐趣。除此之外，我还从许多Processing程序员那里得到数不胜数的建议与灵感，他们是：Andrés Colubri、Jer Thorp、Marius Watz、Karsten Schmidt、Robert Hodgin、Seb-Lee Delisle以及Ira Greenberg。Heather Dewey-Hagborg为本书的第10章（神经网络）提供了大量优秀反馈；Scott Murray在电子邮件中提供了一些关于内联SVG的实用建议；Golan Levin提供了很多文章来源（可用于阅读扩展）。

我还要感谢本书的编辑Shannon Fry，她为我的写作过程提供了细心周到的反馈，让我能把每一章完成得更出色。

特别值得一提的是Zannah Marsh，她不知疲倦地为本书提供了很多插图。尤其要感谢她的耐心工作，因为在本书的编写过程中，我经常改变插图需求。我也想感谢David Wilson，他为本书设计了布局和封面。特别感谢Steve Klise，他设计并开发了本书的网站，帮我制定了PDF版"随意支付"的付费模式。

我在前言中会提到，本书是由开源出版系统Magic Book生成的。Magic Book是由ITP的开发者、设计师和艺术家组成的团队经过一年多时间开发完成的。本书的各种格式（HTML、PDF等）都是由它生成的，而Magic Book的输入文件仅仅是一个简单的ASCII文档和CSS布局文件。Magic Book项目是由Rune Madsen发起的，他开发了初始的Ruby/Sinatra框架。如果没有Rune的贡献，直至2013年我一定还在为本书的最终成形苦苦挣扎。Steve Klise为Magic Book修复了很多错误，并使我能在代码块中加入注释内容。Miguel Bermudez、Evan Emolo和Luisa Pereira Hors也在其他方面做出许多贡献，他们研究了ASCIIDOC和CSS分页媒体的来龙去脉。ITP的研究人员Greg Borenstein在本书的Web出版和打印方面提供了大量建议和支持。Magic Book使用Prince引擎（princexml.com）从HTML文档中产生PDF文档，因此我要感谢PrinceXML的CEO Michael Day，他（以风驰电掣般的速度）回答了我的很多问题。

最后，我要感谢我的家人：我的妻子Aliki Caloyeras，她一直在支持我的写作，同时也在写自己的大部头图书；还有我的孩子Elias和Olympia，为了腾出更多时间陪伴他们，我有更多动力尽快完成本书。我还要感谢我的父亲Bernard Shiffman，他慷慨地教会了我很多数学知识，也提供了很多关于本书的反馈。除此之外，还要感谢我的母亲Doris Yaffe Shiffman和我的兄弟Jonathan Shiffman，他们经常会问"你的书进展如何"。

Kickstarter

还有一个组织使本书的出版变为可能：Kickstarter。

2008年，我完成了我的第一本书*Learning Processing*（Morgan Kaufmann/Elsevier出版）。我花费整整3年时间编写*Learning Processing*，却没有仔细思考选择哪一家出版社，只是想："你们真的要出版我写的书？好，成交！"遗憾的是，这次出版经历并不算太好。整个过程中，出版社为我安排了5位编辑，我也没有收到太多的内容反馈。出版社以外包的形式完成排版工作，这导致本书有很多错误和不一致的地方。除此之外，我发现这本书的价格也不符合自己的期望。我希望这是一本价格平易近人的平装本Processing介绍性图书，但最后这本书的定价是50美元，接近"教科书"的价格。

我想特别指出，出版社的本意是好的。他们非常希望出版优秀的书籍，这对读者、出版社和作者来说都是一件好事。出版社也在努力地出好书，但是他们的预算很紧张，因此能投入的精力也比较少。除此之外，我觉得他们对Processing这种开源"创意"编程环境并不太熟悉，他们擅长编辑计算机科学领域的教科书。

因此，对于本书，我觉得非常有必要尝试自出版。既然我无法从出版社的编辑那里获得太多编辑支持，为什么不直接雇用一个编辑？既然出版社的定价不符合我的意愿，为什么不自己制定价格（对于PDF版本，还可以让读者定价）？剩下的还有市场问题——出版社有没有为你带来附加价值并增加更多读者？从某些角度上看，确实有。比如O'Reilly的"Make"系列，O'Reilly会专门为书籍等产品建立社区。对于Processing的编程学习，只需要一个简单的URL就能增加更多读者，那就是processing.org。

遗憾的是，很快我就发现有一种东西出版社能提供，而我却没法通过自出版途径得到。那就是截止时间。若独自做这件事，我可以挣扎两年，宣称自己在编写这本书，事实上却只懒懒散散地写出寥寥数页内容。在我的待办事项里，写书这件事永远被排在最后面。于是，我就找到了Kickstarter，Kickstarter中有许多对本书内容感兴趣的读者（他们还会为此付钱），于是我就有了截止日期的压力。现在你能读到这本书应该归功于这个网站。

最重要的是，自出版允许我以很灵活的方式发布内容和制定价格。在Elsevier的网站上，你可以用53.95美元购买*Learning Processing*电子书，在这53.95美元中，我能获得5%的分成，也就是

2.70美元。如果用自出版的方式出版这本书，我可以制定更便宜的售价，比如10美元的价格，这能为读者节省80%的开支，同时也让自己得到3倍的收益。我甚至还可以让读者自己对PDF版定价。

由于我拥有本书的全部内容，因此还可以用其他数字方式出版这本书。本书的内容和全部源代码皆采用知识共享署名–非商业性使用的许可证，你可以在Github上获取全部内容。除此之外，你也可以在Github上提交问题及要求，进行纠误及评论。最后，由于本书使用了灵活的按需印刷服务，因此我可以时常发布新版本，让内容保持最新。（对本书的一次购买就包含终身的免费升级。）

因此，我要感谢Kickstarter公司（尤其是Fred Benenson，他说服我决定冒险，并指导我选择合适的许可证）和本书的全体支持者，在这里，我还要特别感谢下面这些热心的支持者：

- ❏ Alexandre B.
- ❏ Robert Hodgin
- ❏ JooYoun Paek
- ❏ Angela McNamee (Boyhan)
- ❏ Bob Ippolito

所有支持者都对本书的出版做出了直接贡献。他们对初稿和定稿的捐款让我有更多动力完成写作，而且让我得以支付设计和编辑费用（包括在周六上午写作之时雇人照看小孩）。

除了捐助资金，Kickstarter的用户还审读了本书的预发布章节，期间提供了无数反馈，指出了本书的错误和混乱部分。我要特别感谢Frederik Vanhoutte和Hans de Wolf，他们在牛顿物理学上有深厚的功底，为本书的第2章和第3章提出了很多建议。

前　　言

这是一本什么书

我在 ITP（http://itp.nyu.edu）教授一门名为"计算媒体导论"的课。在这门课中，学生主要学习一些编程基础知识（变量、条件语句、循环、对象和数组等）。除此之外，他们还学习如何使用基本元素（图像、像素、计算机视觉、组网、数据和 3D 等）开发交互式应用。课程内容以我之前写的入门书 *Learning Processing* 为主，而本书是 *Learning Processing* 的续篇。一旦你掌握了编程基础并且接触了形形色色的应用场景，接下来很可能就是深入研究某个特定的方向。举个例子，你可以专注于计算机视觉（比如阅读 Greg Borenstein 写的 *Making Things See* 等书）。当然，本书的内容只是众多发展方向之一，它只是延续了 *Learning Processing*，展示了 Processing 语言在算法和模拟方面的更高级编程技术。

本书的目标非常简单：我们想看看真实世界中发生的各种自然现象，以及如何通过编程对它们进行模拟。

那这到底是一本什么样的书？这是不是一本有关科学的书？我可以很肯定地回答：不是。事实上，我们确实会涉及物理学和生物学的个别话题，但不会从严谨的学术层面进行研究，因为这不在本书讲述范围之内。相反，我们会简单探讨某些科学原理，只攫取我们需要的那一部分内容，并根据它们构建相关的示例程序。

那这是不是一本有关艺术或设计的书呢？我还是会回答：不是。尽管我们的工作结果都是视觉上可见的事物（用 Processing 开发的演示动画），但也仅仅是用简单的图形和色彩做出的演示，我们真正专注的是它们背后的算法和相关编程技术。然而，我还是希望艺术工作者和设计师们能将本书中的知识融入工作实践，创造一些真正新颖有趣的作品。

如果非要给这本书归类，我觉得它只是一本普普通通的编程书。尽管书中的一些章节取材自科学原理（比如牛顿物理学、细胞生长、进化等），而且一些编程结果会激发艺术创作的灵感，但归根结底本书重心是代码的实现，尤其是其中的面向对象编程技术。

关于 Processing 语言

本书使用 Processing 语言，原因有很多。第一，它是我用着最舒服的编程语言和开发环境，我很喜欢用它来工作；第二，它是免费开源的，并且非常适合初学者，它的开发者社区很活跃。对很多人来说，Processing 或许是他们学习的第一门编程语言。因此，我希望这本书能拥有广泛的受众，并希望通过 Processing 用一种友好的方式阐述其中的原理。

本书中所写的例子并不严格限定于 Processing 语言，我们还可以用 ActionScript、JavaScript、Java（脱离 Processing 开发环境），或是其他开源的"创意编程"开发环境，比如 openFrameworks、Cinder，以及最近发布的 pocode。我希望自己完成这本书之后，能将本书中的例子移植到其他开发环境中，并发布其他语言的示例程序。如果你对移植本书的示例程序感兴趣，请随时联系我（daniel@ shiffman.net）。

本书中的所有示例都已在 Processing 2.0b6 版本上测试通过，大部分例子也兼容早期版本。我会时常更新这些示例，使它们兼容最新版本。你可以从 GitHub 获取最新代码（http://github.com/shiffman/The-Nature-of-Code-Examples）。

阅读需知

读懂本书的前提条件是：你上过一学期的 Processing 编程课（并且熟悉面向对象编程）。这并不是说如果你学的是其他语言和开发环境就读不懂本书，关键是你必须学过编程。

如果你之前没有写过代码，阅读本书会有一定难度，因为本书假定你有一定的编程基础。对此，我建议你去读读 Processing 的介绍性书籍。你可以在 Processing 官方网站找到很多相关图书（https://processing.org/learning/books/）。

如果你是有一定经验的开发者，但之前从未接触过 Processing，那么可以直接下载 Processing 开发工具（http://processing.org/download/），然后从它的快速入门页面（http://processing.org/learning/gettingstarted/）开始，跑一下示例程序。

我还想强调一下，面向对象编程的经验才是关键。在本书的引言中，我们还会回顾 Processing 的基础知识，不过我还是建议你先读读关于对象的 Processing 教程：http://processing.org/learning/objects。

你用什么阅读本书

你是在 Kindle 上阅读本书，还是看纸质版？你是在笔记本电脑上看 PDF 版，还是用平板看 HTML5 动画版？你是不是舒舒服服地躺在椅子上，通过上面的各种媒介学习本书的内容？

你现在阅读的这本书是用 Magic Book（http://www.magicbookproject.com）生成的。Magic Book 是 ITP（http://itp.nyu.edu）开发的用于自出版的开源框架，它允许使用易读易写的纯文本格式编写文档。准备好文档内容后，你只需要点击一个神奇的按钮，Magic Book 就会为你生成各种图书格式——PDF、HTML5、印刷版、Kindle 电子书等[1]。所有的外观样式都是通过 CSS 控制的。

---

① 中译本电子版可在 iTuring.cn 点击购买。——编者注

本书的第 1 版只有 PDF 版、纸质版以及 HTML5 版（包括用 Processing.js 开发的动画演示）。希望明年开授课程时，这本书可以有其他格式。如果你想助我一臂之力，请随时联系我（daniel@shiffman.net）。

本书的"故事"

如果你浏览了本书目录，会发现本书的 10 章内容分别讲述不同话题。从某种意义上说，本书只是 10 个不相关概念和例子的集合。然而，我一直在找一个能娓娓道来的故事，以便将这些材料串联在一起。在你阅读各章内容之前，我想给你讲讲这个故事。

第一部分：无生命的物体

想象以下场景：草地上有一个足球，球员一脚将它踢到空中。足球在重力的作用下迅速下降，而空气阻力又让它能在空中飘移一段时间，直到落在高高跃起的运动员的头上。在这个过程中，足球是无生命的物体，它对自己的运动没有自主权，只能等待外界环境在它身上施加外力。

我们该如何用 Processing 对足球的运动建模？如果你曾经写过在窗口中移动一个圆圈的程序，可能编写过下面这行代码：

```
x = x + 1;
```

你在 x 位置画一个图形，在每一帧动画中，将 x 的值递增，并重画这个图形，最后就产生了图形在运动的假象。你可以进一步完善这个程序，给图形位置加一个 y 坐标，以及在 x 轴和 y 轴上的速度：

```
x = x + xspeed;
y = y + yspeed;
```

故事的第一部分会进一步研究这个问题：我们将继续研究 xspeed 和 yspeed 这两个变量，了解它们如何形成一个向量（第 1 章），而向量正是物体运动的基石。尽管我们不会在向量这个概念上搞出什么新东西，但它是本书其余部分的基础。

了解向量以后，我们很快会意识到：一切的外力（第 2 章）都是向量。踢足球就相当于在足球上施加外力。外力会让物体做什么样的运动？根据牛顿运动定理，外力等于质量乘以加速度（$F = ma$）。外力能让物体加速，而对外力进行建模可以让我们根据各种运动定理模拟物体的运动状态。

被运动员施加作用力的足球还可能会发生旋转。物体的运动受加速度控制，旋转受角加速度（第 3 章）控制。了解角度和三角函数的基本知识就能模拟物体的旋转运动，并掌握钟摆运动原理，比如钟摆的摆动和弹簧的弹跳运动。

一旦解决了单个无生命物体的基本运动和力学问题，我们将把这些原理运用到成千上万的物体上，并用一个系统管理它们，这个系统称作粒子系统（第 4 章）。在粒子系统中，我们将学习面向对象编程的某些高级特性，比如继承和多态。

从第 1 章到第 4 章，所有例子都是从零编写的，也就是说，我们直接用 Processing 编写模拟物体运动的算法代码。我们肯定不是第一批尝试用 Processing 模拟物体运动的开发者，所以下一步将学习如何使用现有的物理函数库（第 5 章）对更高级和更复杂的行为进行建模。我们会接触 Box2D（http://www.box2d.org）和 toxiclibs' Verlet Physics package（http://toxiclibs.org/）这两个函数库。

第二部分：活物

如何对有生命的事物进行建模？这不是一个简单的问题，但我们可以从对外界环境有感知能力的对象开始建模。试想，在外力作用下从桌子上落下物体的运动以及海豚在水里的游动，这两种运动都是由外力引起的，但它们有本质区别：物体不能决定自己何时从桌面上落下，而海豚可以决定自己何时跳出水面。海豚可以有自己的意愿，可以感到饥饿或恐惧，这些情绪会影响它的运动。通过自治智能体模拟技术（第 6 章），我们将生命注入之前无生命的物体，让它们能根据对外界环境的理解决定如何运动。

有了自治智能体的概念，再结合在第 4 章学习的建模系统，我们将深入研究群体行为模型，这种模型能表现出复杂系统的特性。我们是这么描述复杂系统的："一个复杂系统的整体不等同于局部的简单组合。"复杂系统的局部可能是很简单且容易理解的个体，但它们组成的整体会表现得非常复杂、智能且难以预测。对复杂系统的建模会让我们超越简单的运动建模，进入基于规则的系统领域。在这里，我们会提出诸多疑问。我们能用细胞自动机（在某个网格区域内繁殖的细胞系统，第 7 章）建立什么样的模型？通过分形（描述大自然的几何学，第 8 章），我们又能建立怎样的模型？

第三部分：智能

在第一部分，我们让物体产生运动。在第二部分，我们让物体有自己的意愿，并把自身意愿和生存规则结合在一起。在本书的最后部分，我们会使这些物体变得更智能。在这里，我们会提出疑问。为了让模型进化，能否将生物的进化过程应用到计算系统中（第 9 章）？受人类大脑的启发，我们能否开发一个人工神经网络（第 10 章），使其能够从自身错误中自我学习以适应环境？

本书的教学大纲

尽管要在一个学期中讲述本书内容过于紧张，我还是将其设计成了一个 14 周的课程。值得一提的是，我发现有些章适合跨周讲解。我的教学大纲一般是这样的：

- ❑ 第 1 周　引言和向量（第 1 章）
- ❑ 第 2 周　力（第 2 章）
- ❑ 第 3 周　振荡（第 3 章）
- ❑ 第 4 周　粒子系统（第 4 章）
- ❑ 第 5 周　物理函数库 I（第 5 章）

- □ 第 6 周　物理函数库 II 和操纵（第 5 章和第 6 章）
- □ 第 7 周　期中项目：演示运动建模项目
- □ 第 8 周　复杂系统：群集和一维细胞自动机（第 6 章和第 7 章）
- □ 第 9 周　复杂系统：二维细胞自动机和分形（第 7 章和第 8 章）
- □ 第 10 周　遗传算法（第 9 章）
- □ 第 11 周　神经网络（第 10 章）
- □ 第 12 周~第 13 周　期末项目研讨
- □ 第 14 周　期末项目演示

如果你打算在自己的课程中采用上述安排，请随时联系我。我希望最终能够提供一套视频和幻灯片材料作为辅助教程。

生态系统模拟项目

关于编程学习，我倒是非常希望你舒舒服服地躺在椅子上，读几篇编程教程即可一切。但我不得不承认，只读教程是完全不够的，你还需要写一些代码，针对每一章的内容做一两个实践项目对编程学习会有很大帮助。在 ITP 讲授这门课程时，我发现学生们也非常乐意针对每一章的知识点一步步地开发完整的实践项目。

每章最后都有一系列具有针对性的练习题，这些练习题组成了一个完整的项目。这个项目的场景是，你要为某科技馆开发一套展览软件——电子生态系统，其中要用程序模拟大自然的生物，并将它们投影到整个屏幕中供游客观看。当然，我们的创意不该局限于这一个项目上，而只是用这个示例项目描述本书的内容，把所有知识点都串联起来。我鼓励你开动脑筋，自己想一个更有创意的想法。

如何获取在线代码和提交反馈

若想获取本书相关内容，请访问本书官方网站（http://www.natureofcode.com）。你还可以在 GitHub（http://github.com/shiffman/The-Nature-of-Code）上找到本书的源代码和插图。如果你有任何意见或想纠正书中的错误，请在 GitHub 的 issues 上提交这些问题。

本书所有示例项目和练习题的源代码①都可以在 GitHub（http://github.com/shiffman/The-Nature-of-Code-Examples）上找到，每章内容多多少少都会包含一些代码片段，为了更好地阐述其中关键点，我对这些代码片段做了删减和简化。如果你想看到完整的代码和注释，请上 GitHub 获取。

如果碰到任何代码上的疑问，我建议你求助 Processing 论坛（http://forum.processiong.org/two/）。

----

① 亦可免费注册 iTuring.com 至本书页面下载。——编者注

目　　录

第 0 章

引　言

"和自然在一起我永不孤独。"

——伍迪·艾伦

欢迎来到本书的引言部分。如果你已经很长时间没有用过Processing，在开始更难更复杂的话题之前，这篇引言能让你重新找回之前的编程思维。

在第1章里，我们会讨论向量的相关概念，了解为什么向量是运动模拟的基本组件。但在此之前，我们先探讨这样一个话题：如何在屏幕内简单地移动某个物体？让我们从一个最有名且最简单的运动模拟模型开始——随机游走。

0.1　随机游走

假设你站在一根平衡木中间，每10秒钟抛一枚硬币：如果硬币正面朝上，你向前走一步；背面朝上，则向后走一步。这就是随机游走——由一系列随机步骤构成的运动轨迹。然后，从平衡木转移到地面，你就可以做二维的随机游走了，不过每走一步需要抛两次硬币，而且需要按照以下规则移动：

第一次抛掷	第二次抛掷	结　果
正面	正面	向前走一步
正面	反面	向右走一步
反面	正面	向左走一步
反面	反面	向后走一步

是的，这是一个很简单的算法，但随机游走可以对现实世界中的各种现象建模：从气体分子的运动到赌徒一整天的赌博活动不一而足。对我们来说，以随机游走作为本书的开头有三个目的。

(1) 借以回顾本书的中心编程思想——面向对象编程。我们要用面向对象方法来模拟物体在Processing窗口的运动，随机游走模型就是这个例子的模板。

(2) 随机游走模型引入了贯穿本书的两个关键问题：如何定义对象的行为规则，以及如何用

Processing模拟这些行为规则。

(3) 在本书中，我们需要对随机性、概率和Perlin噪声有基本的了解，随机游走模型展示了其中的关键点，这在我们以后的学习中会很有用。

0.2 随机游走类

在构建Walker对象之前，我们先回顾面向对象编程（Object-oriented Programming，OOP）。注意，这只是一个很粗略的回顾，如果你之前没有接触过面向对象编程，可能需要更全面地学习它。我建议你现在停止阅读本书，先去Processing官方网站（http://processing.org/ learning/objects/）上学习语言基础，学完之后再继续看本书。

Processing中的对象是拥有数据和功能的实体。我们要建立的Walker对象有以下特点：既维持了自身数据（在屏幕中的位置），又能够执行某些动作（比如绘制自身或者移动一步）。

类是构建对象实例的模板，我们可以这么比喻它和对象的关系：类就是用来切割曲奇的模具，而对象就是曲奇。

首先，我们定义一个Walker类——Walker对象的模板。Walker对象只需要两部分数据——x坐标和y坐标。

```
class Walker{
    int x;                              对象有数据
    int y;
```

每个类都必须有一个构造函数。构造函数是特殊的函数，每次创建对象的时候都会被调用。你可以把它当成对象的setup()函数。我们要在构造函数中设置Walker对象的初始位置（比如屏幕的正中间）。

```
Walker(){                              构造函数负责对象的初始化
    x = width/2;
    y = height/2;
}
```

除了数据，我们还可以在类中定义对象的功能函数。在这个例子中，一个Walker对象有两个函数。我们先实现一个用于显示自身的函数（画一个黑色的点）：

```
void display(){                        对象有函数
    stroke(0);
    point(x, y);
}
```

第二个函数用于控制对象的下一步移动。此时，事情是不是变得更有趣了？想一想之前如何在地面上随机移动。我们可以用同等大小的Processing窗口实现随机游走的模拟。这里有4个可能的移动动作：向右移动可以用递增*x*坐标（*x*++）模拟，向左时可以递减*x*坐标（*x*—），向前时可以递增*y*坐标（*y*++），向后时可以递减*y*坐标（*y*—）。还有一个问题：如何选择移动方向？先前我们用抛掷两枚硬币的方法确定移动方向，而在Processing中，如果要随机选择一个选项，可以用random()函数产生一个随机数。

```
void step(){
    int choice = int(random(4));        // 0、1、2或3
```

以上代码从0~3选出一个随机的浮点数，然后将它转化为整数，结果可能是0、1、2或3。从技术实现上讲，random(4)产生的最大浮点数不可能是4.0，只能是3.999 999 999……（小数点后面有无数个9）。浮点数转化为整数会抛弃所有小数位，因此我们得到的最大整数是3。下一步，我们根据这个随机数做出相应的移动（向左、向右、向上或向下）。

```
if (choice == 0) {                    // 移动由随机"选择"决定
    x++;
} else if (choice == 1) {
    x—;
} else if (choice == 2) {
    y++;
} else {
    y—;
    }

    }
}
```

既然我们已经完成了Walker类，下面要做的就是在Sketch的主体部分——setup()函数和draw()函数——中创建一个游走对象。本例假设只对单个游走对象建模，因此声明一个全局的Walker对象。

```
Walker w;                             // Walker对象
```

然后，我们通过new操作符在setup()函数中调用对象的构造函数。

示例代码0-1　传统的随机游走

上面的标题代表本书的一个示例。对本书的每个示例，你都可以在GitHub中找到相应的代码（http://github.com/shiffman/The-Nature-of-Code-Examples）。

```
void setup(){
    size(640,360);
    w = new Walker();                 // 创建一个Walker对象
    background(255);
}
```

最后，在每个draw()调用循环中，我们都让游走对象移动一步，并绘制一个点。

```
void draw(){
```

```
    w.step();                                调用Walker对象的方法
    w.display();
}
```

由于我们没有在每个draw()循环中都清除窗口的背景，而只是在setup()函数中绘制一次背景，因此可以看到Walker对象在整个Processing窗口中的运动轨迹。

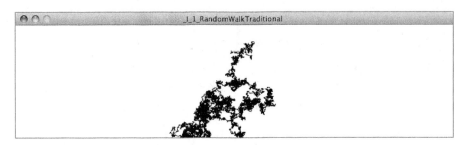

我们还可以对这个Walker对象做很多优化。比如，现在它只能朝4个方向移动——上下左右，但是屏幕上的每个像素点分别有8个相邻的像素点，对象有可能移动到任何一个相邻的像素点上，除此之外还有第9种可能：呆在原地不动。

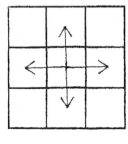

4种可能的移动

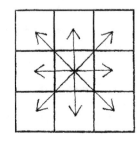

8种可能的移动

图   0-1

为了实现这样的Walker对象：它能移动到任何一个相邻像素点上（还能待在原地不动），我们可以从0~8（9种可能）的区间内选择一个随机数。不过，更好的实现方式应该是在x轴和y轴上分别选择3个可能的移动方向（−1、0或1）。

```
void step() {
    int stepx = int(random(3))-1;            生成 −1、0或1
    int stepy = int(random(3))-1;

    x += stepx;
    y += stepy;
}
```

进一步优化，我们可以用浮点数代替整型数作为x和y坐标值。并根据这个−1~1的随机浮点数确定移动方式。

```
void step() {
    float stepx = random(-1, 1);          生成介于-1.0~1.0的任意浮点数
    float stepy = random(-1, 1);

    x += stepx;
    y += stepy;
}
```

"传统"随机游走模型中的上述变量，都有一个共同点：在任意时刻，游走对象朝某一个方向移动的概率等于它朝其他任意方向移动的概率。比如，如果游走对象有4个可能的移动方向，它朝某个方向移动一步的概率就是1/4（25%）；如果它有9个可能的移动方向，朝某个方向移动的概率是1/9（11%）。

简单地说，这就是random()函数的工作方式，Processing的随机数生成器产生的随机数是均匀分布的。我们可以用Sketch测试这种均匀分布：不断地产生某个区间内的随机数，并根据各个随机数的出现次数绘制柱状图。

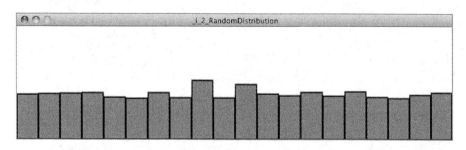

示例代码0-2　随机数的分布

```
float[] randomCounts;                     数组存放了随机数被选中的次数

void setup() {
    size(640,240);
    randomCounts = new float[20];
}

void draw() {
    background(255);

    int index = int(random(randomCounts.length));   选择一个随机数，增加计数

    randomCounts[index]++;

    stroke(0);
    fill(127);
    int w = width/randomCounts.length;

    for (int x = 0; x < randomCounts.length; x++) {        绘制结果
        rect(x*w,height-randomCounts[x],w-1,randomCounts[x]);
```

```
        }
    }
```

上面的截图是本例运行几分钟后的结果。请注意柱状图中每个矩形的高度。我们选取的样本量（随机数个数）很少，有些偶然因素能使某些随机数被较多选中。如果有一个优秀的随机数生成器，随着时间推移和样本量的增加，整幅图将会被拉平。

> **伪随机数**
>
> 我们从 random() 函数中取得的随机数并不是真正随机的，因此它们称为"伪随机数"。它们是由模拟随机的数学函数生成的。随着时间推移，这个函数将呈现出固定的模式，但那段时间很长，所以对我们来说，它的随机性已经足够了。

练习 0.1

创建一个 Walker 对象，让它在游走过程中，有向下和向右移动的趋势。（我们将在下一节给出解决方案。）

0.3　概率和非均匀分布

还记得你第一次用 Processing 编程吗？或许你曾想在屏幕上画很多圆，然后告诉自己："我打算在随机的位置，用随机的大小和颜色画这些圆！"在计算机图形系统中，用随机方式构建系统是最容易的。然而在本书中，我们打算对自然界建模，在这类场景中用随机方式构建模型是不合理的，尤其是对有机体或者具有自然外形的事物建模。

依靠一些技巧，我们可以改变使用 random() 函数的方式，使它产生"非均匀"分布的随机数。对本书后面的很多应用场景来说，这是一个飞跃性的改进：在遗传算法中，我们需要一种执行"选择"的方法——应该选择什么样的基因遗传给下一代？请记住，物种的进化过程存在优胜劣汰。举个例子，在一个处于进化阶段的猴子种群中，每只猴子的繁殖机会是不均等的。为了模拟达尔文的进化论，我们不能随机选择两只猴子作为父母，应该选择一些更"合适"的样本繁殖后代。我们需要定义"优胜劣汰的概率"模型。比如，一只强壮和灵活的猴子将有90%的繁殖可能性，而一只弱小的猴子只有10%的可能性。

让我们在这里暂停一下，先学学基本的概率理论。首先，我们要了解单次独立事件的发生概率，也就是单个事件发生的可能性。

如果某个过程会产生几种结果，其中某个事件发生的概率就等于该事件对应的结果数量除以所有结果的总数。抛硬币就是其中的一个简单例子——它只有正反两种结果：要么正面，要么反面。得到正面的事件概率等于1除以2，也就是1/2或50%。

从一副总共52张的扑克牌中抽出一张牌，抽到A的概率是：

A的数量/扑克牌总数 = 4/52 = 0.077 ≈8%

抽到方块的概率是：

方块的数量/扑克牌总数 = 13/52 = 0.25 = 25%

我们还可以计算序列中出现多个事件的概率，只要将所有单次事件发生的概率相乘即可。

连续抛硬币3次都得到正面的概率是：

(1/2) × (1/2) × (1/2) = 1/8=0.125

这意味着，要想连续3次抛硬币都得到正面，我们平均要尝试8次（每次尝试都抛3次硬币）。

练习 0.2

从一副总共 52 张的扑克牌中抽出两张牌，两张都是 A 的概率是多少？

在代码中使用random()函数计算概率的方法有很多。一种常见的方法是：在数组中存放一堆选好的数字（其中某些数字是重复的），然后从这个数组中选择随机数，根据这些选择判定事件是否发生。

```
int[] stuff = new int[5];

stuff[0] = 1;                              1在数组中存放了两次，被选中的可能性更高
stuff[1] = 1;

stuff[2] = 2;
stuff[3] = 3;
stuff[4] = 3;

int index = int(random(stuff.length));     从数组中选择一个随机数
```

运行上述代码，我们有40%的概率得到1，20%的概率得到2，40%的概率得到3。

我们还可以只产生一个随机数（为了让问题变得更加简单，只考虑产生一个介于0~1的浮点随机数），并且假定仅当这个随机数落在一定区间内，指定的事件才发生。比如：

```
float prob = 0.10;                         10%的概率

float r = random(1);                       0~1的浮点型随机数
```

```
if(r < prob) {                              如果选中的随机数小于0.1，就再试一次
    //再试一次
}
```

这个方法也可运用到多结果的情况。假定结果A有60%的概率会出现，结果B有10%的概率，结果C有30%的概率。我们只需要产生一个浮点型的随机数，然后检查随机数所在的范围，就能确定产生了哪个结果。

- 随机数在0.00~0.60（60%）→结果A
- 随机数在0.60~0.70（10%）→结果B
- 随机数在0.70~1.00（30%）→结果C

```
float num = random(1);

if (num < 0.6) {                            如果随机数小于0.6
    println("Outcome A");
} else if (num < 0.7) {                     0.6~0.7
    println("Outcome B");
} else {                                    大于0.7
    println("Outcome C");
}
```

我们可以用上面的方法创建一个有右移趋势的Walker对象。这里有一个Walker对象，它的移动规律如下。

- 上移的概率：20%
- 下移的概率：20%
- 左移的概率：20%
- 右移的概率：40%

示例代码0-3　有右移趋势的Walker对象

```
void step() {

    float r = random(1);
    if (r < 0.4) {                          有40%的概率向右移动
        x++;
    } else if (r < 0.6) {
```

```
        x--;
    } else if (r < 0.8) {
        y++;
    } else {
        y--;
    }
}
```

练习 0.3

创建一个有动态移动趋势的 `Walker` 对象。比如，你能不能写出一个有 50% 概率向鼠标所在方向移动的 `Walker` 对象？

0.4　随机数的正态分布

让我们回到模拟猴子种群的例子。你的程序生成了数以千计的猴子对象，每只猴子的身高都在200~300（在这个程序世界里，猴子的身高都在200~300像素）。

```
float h = random(200,300);
```

这个模型有没有准确地描述现实世界的情况？试想，在纽约市一个拥挤的人行道中，随便挑选一个路人，他的身高可能是随机的。但是，这种随机性和`random()`函数的随机性并不一样。人们的身高并不是均匀分布的，拥有平均身高的人数总是比特别高和特别矮的人多得多。为了更好地模拟自然情况，我们希望种群里的大部分猴子都接近平均身高（250像素），当然个别特别高和特别矮的猴子也是存在的。

所有的观测值都聚集在平均值附近，这样的分布称作"正态"分布。它还称作高斯分布（以数学家卡尔·弗里德里希·高斯命名），在法国正态分布称作拉普拉斯分布（以皮埃尔–西蒙·拉普拉斯命名）。这两个数学家同时在19世纪早期对正态分布进行了各自的定义。

绘制正态分布时，你会看到类似下图的曲线，它一般称为钟形曲线。

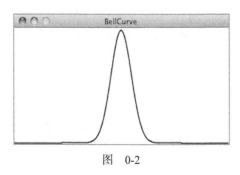
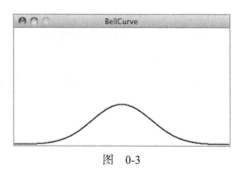

图　0-2　　　　　　　　　　　　　　图　0-3

这条曲线由一个数学函数产生，该数学函数描述了在给定平均值（通常以希腊字母μ表示）和标准差（以希腊字母σ表示）下的概率分布情况。

估计平均值很容易，上面的例子中，对象的身高都在200~300，你可能直觉上认为平均身高就是250像素。但是，如果我说标准差是3或15，这对数据分布来说又意味着什么？上面的图例已经给了我们一定的暗示。左图向我们展示了标准差很小时的正态分布，在这种情况下，大部分数据都紧密集中在平均值附近。右图向我们展示了标准差很大时的正态分布，在这种情况下，数据相对分散地分布在平均值两边。

标准差的本质是这样的：给定一个种群，68%的个体数据分布在距平均值1个标准差的范围内，98%的个体数据分布在2个标准差的范围之内，99.7%的个体分布在3个标准差的范围之内。如果标准差是5个像素，只有0.3%的猴子身高小于235像素（比均值250小3个标准差）或大于265像素（比均值250大3个标准差）。

计算平均值和标准差

一个班有 10 名学生，在一次测试中，他们的成绩（满分为 100 分）如下：

85、82、88、86、85、93、98、40、73、83

成绩的平均值是：81.3

标准差是离均差平方和平均后的方根，具体的计算方法是：先求所有成绩减去平均成绩后的平方，再对所得的值求平均值（方差），最后把平均值开根号，就得到这组数据的标准差。

分　数	和平均分的差	方　差
85	$85 - 81.3 = 3.7$	$(3.7)^2 = 13.69$
40	$40 - 81.3 = -41.3$	$(-41.3)^2 = 1705.69$
...		
	标准差	254. 23

标准差等于方差的平方根：15.13

我们非常幸运，在Sketch中求标准差并不需要自己进行上面的运算，运用Random类即可。这个类是 Processing 从 Java 库引入的（详细信息参考 Random 类的 JavaDocs 文档，网址为 http://docs.oracle.com/javase/6/docs/api/java/util/Random.html）。

为了使用Random类，我们必须声明一个Random类型的变量，然后在setup()函数中创建Random对象。

```
Random generator;
```

我们使用generator（生成器）作为变量名，因为此处可以认为是一个随机数生成器

```
void setup() {
    size(640,360);
```

```
        generator = new Random();
}
```

如果我们想在 draw() 函数中生成一个符合正态分布的随机数，只需要简单地调用 nextGaussian() 函数。

```
void draw() {
        float num = (float) generator.nextGaussian();   返回一个高斯随机数 (nextGaussian()返回值的
                                                         类型是double，必须转型为float)
}
```

重点在下面。我们要用这个随机数做什么？如果我们以它为 x 坐标绘制某个图形，会有怎样的效果？

nextGaussian() 函数默认以下面两个参数生成符合正态分布的随机数：正态分布的平均值等于0，标准差等于1。如果我们需要一个平均值为320（宽度为640的窗口的正中位置），标准差为60像素的正态分布，可以简单地处理参数：将它乘以标准差并加上平均值。

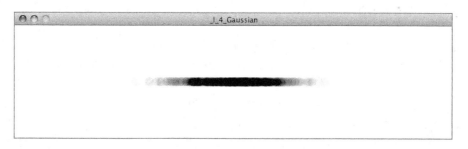

示例代码0-4　高斯分布

```
void draw(){
        float num = (float) generator.nextGaussian();    注意，nextGaussian()的返回值类型是double

        float sd = 60;
        float mean = 320;

        float x = sd * num + mean;                        乘以标准差，再加上平均值

        noStroke();
        fill(255, 10);
        ellipse(x,180,16,16);
}
```

在所得的 x 坐标上绘制半透明的椭圆，让这些椭圆相互叠加，我们可以看到正态分布的效果：颜色最深的点出现在中间，因为随机值都集中在这里，但偶尔也有一些图形画在两边。

练习 0.4

思考怎么用各种颜色的点模拟颜料飞溅在画板上的效果，大部分点都画在中间位置，也有一部分点画在边缘位置。你能用正态分布的随机数产生这些点的位置吗？用这些随机数产生一个调色板呢？

练习 0.5

在高斯随机游走模型中，每次的移动长度（每次物体在指定方向的移动距离，即步长）都是根据正态分布产生的，试着在我们的随机游走模型中实现这样的特性。

0.5 自定义分布的随机数

生活中总有很多例子无法用均匀分布的随机数模拟，高斯分布有时也无能为力。假设你是一个正在觅食的随机游走者，在某个空间内随机移动貌似是一种合理的觅食策略。毕竟，你不知道食物在哪里，不如走一步算一步。但你会发现一个问题，随机游走者经常会走回原先涉足过的地方（这称为"过采样"）。有一个策略可以避免这个问题：每隔一段时间，跨很大一步。这样就可以让在一个特定范围内的游走者时常跳到很远的地方，以减少过采样。要实现这样的随机游走（成为列维飞行），首先要有一堆自定义的概率值。但这不是列维飞行的一个标准实现。我们可以这么定义概率分布：步子越长，发生的概率越小；步子越短，发生的概率越大。

在本章开始的时候，我们曾这样获取自定义分布的随机数：从一个数组中选择事先填充好的数字（某些数字有重复，这些数字被选中的概率更大），或者判定random()函数返回的结果。我们也可以用类似的方式实现列维飞行，假定随机游走者有1%的几率跨一大步。

```
float r = random(1);

if(r < 0.01){                          有1%的几率跨一大步
    xstep = random(-100, 100);
    ystep = random(-100, 100);

}else{
    xstep = random(-1, 1);
    ystep = random(-1, 1);
}
```

但是，这把我们限制在了有限的几个选择中。如果我们想要有一般的选择规则（数字越大，被选到的概率越大），该怎么做？比如，3.145被选中的几率就比3.144高，就算只高一点点。换言之，以选中的随机数为x轴，被选中的概率为y轴，我们可以建立这样的映射：$y = x$。

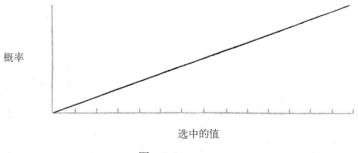

图　0-4

如果能得到这类自定义分布的随机数生成算法，我们就可以用同样的方式计算各种公式对应的分布曲线。

一种常见的解决方案是：生成两个随机数，而不是只生成一个随机数。第一个随机数只是一个普通的随机数。第二个随机数我们称作"资格随机数"，用来决定第一个随机数的取舍。那些资格更高的随机数被选中的概率更大，而资格更低的随机数被选中的概率更小。下面是计算步骤（只考虑位于0~1的随机数）：

(1) 选择一个随机数$R1$；

(2) 计算$R1$被选中的资格概率P，假设$P = R1$；

(3) 选择另一个随机数$R2$；

(4) 如果$R2$小于P，那么$R1$就是我们要的随机数；

(5) 如果$R2$大于P，回到第(1)步重新开始。

在本例中，一个随机数被选中的资格概率的大小等于其本身。假如我们选中的$R1$是0.1，这意味着$R1$被最后选中的概率是10%。如果$R1$是0.83，那么它有83%的概率被最后选中。数字越大，最后被选择的概率也越大。

以下函数（称为蒙特卡洛算法，以蒙特卡洛大赌场命名）实现了上面的算法，返回0~1的随机数。

```
float montecarlo(){

    while (true){                        "永远"重复这个操作，直到找到合格的随机数

    float r1 = random(1);                选择一个随机数

    float probability = r1;              分配概率

    float r2 = random(1);                选择第二个随机数


    if (r2 < probability) {              这个随机数是否有资格被选中？如果是，任务完成
        return r1;
    }
```

```
   }
 }
```

练习 0.6

用一种自定义分布确定随机游走的步长，步长可以根据选中值的范围来确定。你能否通过某种映射来确定选中的概率，比如，选择的概率等于它的平方。

```
float stepsize = random(0,10);                步长大小的均匀分布。改变这个！

float stepx = random(-stepsize,stepsize);
float stepy = random(-stepsize,stepsize);

x += stepx;
y += stepy;
```

（在后面，我们会用向量重新实现这个程序。）

0.6   Perlin 噪声（一种更平滑的算法）

一个好的随机数生成器能产生互不关联且毫无规律的随机数。跟我们前面看到的一样，一定程度的随机性有利于有机体和生命活动的建模。然而，单独把随机性作为唯一指导原则是不够的，它并不完全符合自然界的特征。有个算法叫"Perlin噪声"，它就将这一点考虑在内了，该算法是以Ken Perlin命名的。20世纪80年代初，Ken Perlin曾参与电影《电子世界争霸战》(*Tron*)的制作，在此期间他发明了Perlin噪声算法，用于生成纹理特效。1997年，Perlin因此获得了奥斯卡技术成就奖。Perlin噪声算法可用于生成各种自然特效，包括云层、地形和大理石的纹理。

Perlin噪声算法表现出了一定的自然性，因为它能生成符合自然排序（"平滑"）的伪随机数序列。图0-5展示了Perlin噪声的效果，*x*轴代表时间；请注意曲线的平滑性。图0-6展示了纯随机数的效果。（生成图形的代码可以在本书的下载资料中找到。）

Processing内置了Perlin噪声算法的实现：noise()函数。noise()函数可以有1~3个参数，分别代表一维、二维和三维的随机数。我们先从一维的noise()函数开始了解。

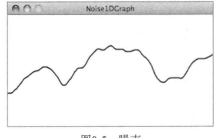

图0-5   噪声

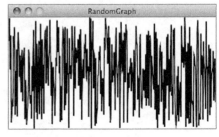

图0-6   随机

Perlin 噪声

Processing 的 noise()函数（http://processing.org/reference/noise_.html）告诉我们噪声是通过几个"八度"计算出来的。调用 noiseDetail()函数（http://processing.org/reference/noiseDetail_.html）会改变"八度"的数量以及各个八度的重要性，这反过来会影响 noise()函数的行为。

Ken Perlin 有个在线讲座，能让你了解更多的噪声原理（http://www.noisemachine.com/talk1/）。

考虑在Processing窗口中以随机的*x*坐标画一个圆：

```
float x = random(0, width);          一个随机的X坐标
ellipse(x, 180,16,16);
```

现在，用一个"更平滑"的Perlin噪声作为*x*坐标，替代原先的随机值。你可能会觉得只需将random()函数替换为noise()函数，比如：

```
float x = noise(0, width);           噪声的X坐标？
```

从概念上说，我们确实只需要用Perlin噪声算法得到0和窗口宽度之间的一个*x*坐标，但这并不是一个正确的实现。random()函数的参数是目标随机数的最小值和最大值，但是noise()函数并非如此。noise()函数的结果范围是固定的，它总是会返回一个介于0~1的结果。后面我们会通过Processing的map()函数来改变结果的范围，在此之前，先来了解noise()函数的参数。

我们可以把一维的Perlin噪声当作随着时间推移而发生变化的线性序列，比如：

时　　间	噪声值
0	0.365
1	0.363
2	0.363
3	0.364
4	0.366

为了在Processing中得到某个时间点上的噪声值，我们必须传入noise()函数一个"指定的时间点"，比如：

```
float n = noise(3);
```

根据上面的表格，noise(3)会在时间点3返回0.364。为了能用draw()函数获取不同时刻的噪声值，我们可以传入一个时间变量作为参数。

```
float t = 3;

void draw(){
    float n = noise(t);              返回指定时间点的噪声值
    println(n);
}
```

上面的代码每次都会输出一样的结果。因为我们每次都在noise()函数中传入一个固定的时

间点——3。递增时间变量t，我们就能得到不同的结果。

```
float t = 0;                          一般从时间点0开始，但这个值可以是任意的

void draw(){
    float n = noise(t);
    println(n);
    t+=0.01;                          随时间向前移动
}
```

t增大的速度会影响噪声的平滑度。如果我们让t发生很大的跳跃，很多中间值将会被跳过，得到的值也更随机。

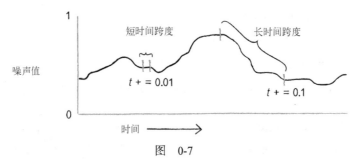

图　0-7

试着多次运行上面的代码，分别以0.01、0.02、0.05、0.1、0.000 1的增量增大t，你会看到不同的结果。

0.6.1　映射噪声

接下来，我们开始研究如何处理得到的噪声值。得到0~1的噪声值之后，我们需要将它映射到我们想要的范围内。最方便的方法是使用Processing的map()函数。map()函数有5个参数。第一个参数是我们想要映射的值(这里即n)，后面的两个参数是该值原来的范围(最大值和最小值)，最后两个参数是目标范围。

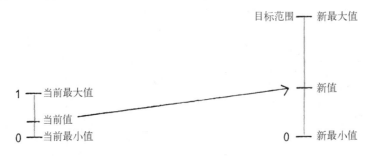

新值 = map(当前值, 当前最小值, 当前最大值, 新最小值, 新最大值)

图　0-8

在本例中，我们知道噪声函数的返回值在0~1的范围内，但我们想要在0到窗口宽度的范围内画这个圆。

```
float t = 0;

void draw() {
    float n = noise(t);
    float x = map(n,0,1,0,width);            用map()函数定制Perlin噪声的范围
    ellipse(x,180,16,16);

    t += 0.01;
}
```

我们可以将这个逻辑运用到随机游走模型中，用Perlin噪声同时生成x坐标和y坐标。

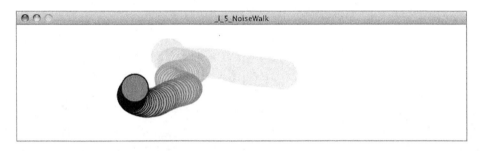

示例代码0-5　Perlin噪声游走模型

```
class Walker {
    float x,y;

    float tx,ty;

    Walker() {
        tx = 0;
        ty = 10000;
    }

    void step() {
        x = map(noise(tx), 0, 1, 0, width);      噪声映射后的X和Y坐标
        y = map(noise(ty), 0, 1, 0, height);


        tx += 0.01;                              随着时间向前推进
        ty += 0.01;

    }
}
```

请注意上面的例子是如何使用tx和ty这对变量做参数的。我们同时需要跟踪两个时间变量，一个用于产生游走对象的x坐标，另一个用于产生y坐标，但是这两个变量还有一些奇怪的地方，

为什么 tx 从 0 开始，而 ty 从 10 000 开始？尽管这两个初始值是随意确定的，但我们故意用了不同的值来初始化这两个时间变量。这是因为噪声函数的返回结果是确定的：无论何时调用它，只要传入的时间点 t 相同，返回的结果也相同。如果我们通过同一个时间点 t 获取两个坐标，返回的 x 坐标和 y 坐标会是相等的，这意味着游走对象 Walker 只会在一条对角线上移动。在这里，我们用了噪声空间的两个不同区域，x 坐标对应的区域从 0 开始，y 坐标对应的区域从 10 000 开始，这样 x 坐标和 y 坐标就会彼此独立。

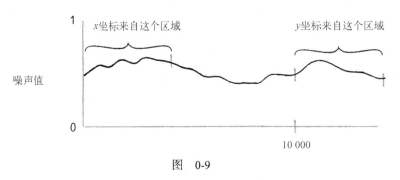

图　0-9

实际上，Perlin 噪声是没有时间轴这个概念的。为了让大家更容易地理解噪声函数的工作方式，我引入了时间轴这个隐喻。但是，我们应该有空间的概念，而不该有时间轴的概念。上图描述了噪声序列在一维空间上的排列，我们可以获取任意 x 坐标上的噪声值。比如，你经常会在噪声图中看到一个叫 xoff 的变量，它表示 x 轴上的偏移量，取代上面说的时间点变量 t（见图表注解）。

> **练习 0.7**
>
> 在上面的随机游走模型中，噪声函数的返回值被映射到游走对象所在的位置。请创建这样的游走模型：它的移动步长是由 noise() 函数返回值映射得到的。

0.6.2　二维噪声

一维空间上的噪声值很重要，它将我们引入了对二维噪声的讨论。在一维噪声中，噪声序列中的邻近噪声值都非常接近，因为在一维空间中，每个点只有两个相邻点：前一个点（在图中位于左侧）和后一个点（位于右侧）。

从概念上看，二维噪声的工作方式是完全一样的。唯一的不同在于：二维噪声从线性空间转到了网格空间。思考下面的场景：一张纸上有个表格，在表格的每个单元格里写一个数字，每个单元格的数字都接近和它相邻单元格上的数字，即上下左右和对角线上的值。

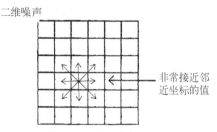

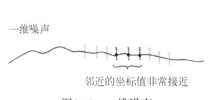

图0-10　一维噪声　　　　　图0-11　二维噪声

试着把表格上的数据可视化：把单元格上的数字映射成色彩亮度，你就能看到云状的图形。在图形中，白色和浅灰色相邻、浅灰色和灰色相邻、灰色和深灰色相邻、深灰色又和黑色相邻，以此类推，参见下图。

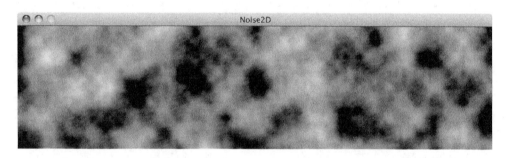

这就是噪声最先被引入时的用途。只要稍微改变一下参数，你就可以创造出有大理石、树木和其他自然纹理效果的图像。

让我们看看如何在Processing中使用二维噪声。如果要给窗口中的每个像素着上随机的颜色，你要写一个循环，在循环中遍历每个像素点并选择一个随机的亮度。

```
loadPixels();
for (int x = 0; x < width; x++) {
    for (int y = 0; y < height; y++) {

        float bright = random(255);            随机亮度
        pixels[x+y*width] = color(bright);
    }
}
updatePixels();
```

下面要根据noise()函数的返回值为像素着色，我们只需要调用noise()函数，取代原先的random()函数。

```
float bright = map(noise(x,y),0,1,0,255);      由Perlin噪声算法产生的亮度！
```

从表面上看，这并没有问题，你会在二维空间上的每个(x,y)位置得到对应的噪声值。但问题是我们并不能由此得到云质感的效果。对噪声函数来说，从200到201像素会造成很大的参数跳跃。还记得吗，在一维噪声中，我们每次以0.01的增幅递增时间变量，并不是1这么大的增量。对此，我们可以用不同的变量作为噪声函数的参数，这样就可以解决这个问题。比如，我们可以增加xoff和yoff变量：在循环遍历过程中，如果有水平方向的移动，就以合适的增量递增xoff，如果有竖直方向的移动，就递增yoff。

示例代码0-6   二维Perlin噪声

```
float xoff = 0.0;                          xoff从0开始

for (int x = 0; x < width; x++) {
    float yoff = 0.0;                      对每个xoff，yoff从0开始

    for (int y = 0; y < height; y++) {
        float bright =                     将xoff和yoff传入noise()函数
    map(noise(xoff,yoff),0,1,0,255);

        pixels[x+y*width] = color(bright);  将x和y作为像素位置

        yoff += 0.01;                      增加yoff
    }
    xoff += 0.01;                          增加xoff
}
```

练习0.8

在上面的例子中，试着改变颜色，调用 noiseDetail() 函数，调整 xoff 和 yoff 的递增幅度，来看看不同的视觉效果。

练习0.9

在噪声函数中传入第三个参数，并在每一轮 draw() 函数中递增这个参数，观察二维噪声的动态效果。

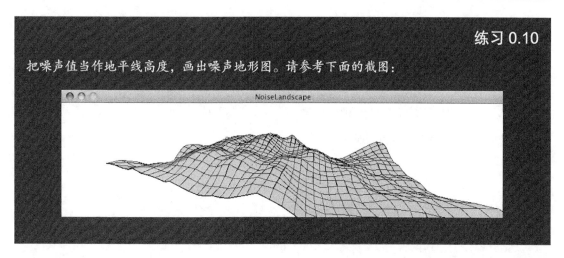

练习 0.10

把噪声值当作地平线高度，画出噪声地形图。请参考下面的截图：

　　我们在此处学习了Perlin噪声的几种常规用法。对一维噪声，我们把平滑的噪声值当作物体的位置，并由此描绘游走的轨迹。对二维噪声，我们用平滑的噪声值制作了一副有云纹理的图形。请记住，Perlin噪声值仅仅是一组数据，并不一定是像素位置或者色彩亮度。本书中的任何例子都有可能用到Perlin噪声。比如，当我们在对风力进行建模时，风力的大小就是由Perlin噪声生成的；同样的，分形模型中树枝之间的角度，还有模拟流场时物体的速度和方向，都可能是由Perlin噪声生成的。

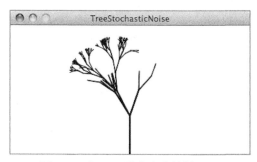

图0-12　由Perlin噪声产生的树

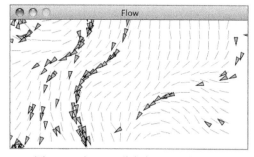

图0-13　由Perlin噪声产生的流场

0.7　前进

　　在本章的开头，我们讨论了随机数如何在模拟过程中扮演万能角色。在很多场景中，我们提出的各种问题都可以简单地用随机来解决，比如如何移动一个物体，再比如用什么颜色描绘物体。随机是我们首先会想到的答案，但同时也是一个偷懒的回答。

　　最后需要特别指出，我们很容易掉进另外一个陷阱，就是把Perlin噪声也当成解决问题的万能方法。如何移动一个物体？用Perlin噪声！用什么颜色渲染像素？Perlin噪声！生长速度有多快？

还是Perlin噪声！

在这里，关键点并不在于要不要用随机方法，也不在于要不要用Perlin噪声。关键是构建系统的规则是你自己定义的，手头上的工具越多，可用于实现这些规则的方法也就越多。本书的目的就是填充你的"工具箱"。如果只知道随机方法，你的设计思路会因此受限。尽管Perlin噪声能提供很多帮助，但你还是需要掌握更多工具——非常多的工具。

我想我们已经做好了开始的准备。

第1章

向　　量

"收到，收到。维克多，我们的航向指示（vector）是什么？"

——Oveur机长（电影《空前绝后满天飞》）

本书主要通过观察周围的世界，提出一些巧妙的方法来利用代码对其建模。本书主要分为3部分，在第一部分，我们研究基础物理学，比如苹果怎么会从树上掉下来，钟摆如何在空中摆动，地球如何围绕太阳转动，等等。本书的前5章内容都离不开运动建模的基本组件——向量（vector）。我们的故事也从向量开始。

如今，vector一词有很多含义。它是20世纪80年代初加州萨克拉门托的一支新浪潮摇滚乐队的名称，还是加拿大凯洛格公司生产的一种早餐麦片的品牌。在流行病学中，vector（媒介）是将传染病从一个宿主传播到另一个宿主的有机体；在C++编程语言中，vector（std::vector）代表可动态增长的数组。以上这些定义都非常有趣，但它们并不是我们要研究的话题。我们要谈论的是欧几里得向量（Euclidean vector，以希腊数学家欧几里得的名字命名，也称作几何向量），本书中出现的"向量"均指欧几里得向量，它的定义是：一个既有大小又有方向的几何对象。

向量通常被绘制为一个带箭头的线段，线段的长度代表向量的大小，箭头所指的方向就是向量的方向。

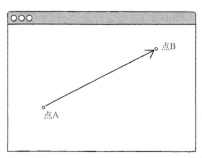

图1-1　一个向量（绘制成带箭头的线段）有大小（线段的长度）和方向（箭头所指的方向）

在上图中，向量被绘制为从A点到B点的带箭头的线段，并说明了物体如何从A点运动到B点。

1.1　向量

在深入探究向量这个概念之前，我们先从一个例子入手，看看为什么要把向量放在如此重要的位置。如果你读过关于Processing的介绍性书籍或上过Processing编程课（我非常希望你在看本书之前已经做了这些准备），你可能学过如何在Sketch中写一个简单的弹球模拟程序。

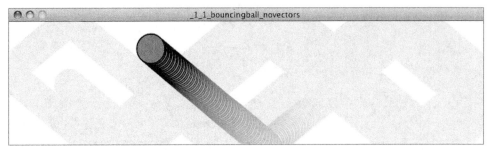

如果你阅读的是本书的PDF版或印刷版，那么只能看到代码运行结果的截图。而运动是本书谈论的重点，因此，为了凸显运动效果，我尽可能在静态截图中加上了弹球的运动轨迹。如果你想知道如何绘制运动轨迹，请下载本例的源代码

示例代码1-1　没有使用向量的弹球程序

```
float x = 100;                          小球的位置和速度变量
float y = 100;
float xspeed = 1;
float yspeed = 3.3;


void setup() {                          还记得Processing的运行方式吗? setup()函
    size(200,200);                      数在Sketch启动时被调用，draw()函数在退出
    smooth();                           之前一直被调用
    background(255);
}


void draw() {
    background(255);

    x = x + xspeed;                     根据速度移动小球
    y = y + yspeed;

    if ((x > width) || (x < 0)) {       检查边缘，改变运动方向
        xspeed = xspeed * -1;
    }
    if ((y > height) || (y < 0)) {
        yspeed = yspeed * -1;
    }
```

```
    stroke(0);
    fill(175);
    ellipse(x,y,16,16);                               在(x,y)位置绘制小球
}
```

上例中，我们在空白的画板上创建了一个到处移动的圆球。它有很多属性，在代码中，我们用变量表示它的属性。

位置	x和y
速度	xspeed和yspeed

在以后更高级的例子中，我们还可以加入这些变量：

加速度	xacceleration和yacceleration
目标位置	xtarget和ytarget
风	xwind和ywind
摩擦力	xfriction和yfriction

从中可以看出，对于自然界的每个类似概念（风、位置、加速度等），我们都需要用两个变量表示。这只是在二维世界中，如果在三维世界中，我们就需要用3个变量表示，如x、y、z，以及xspeed、yspeed、zspeed，等等。

如果我们能简化这些代码并使用更少的变量，岂不是很好？

对于下面这些变量：

```
float x;
float y;
float xspeed;
float yspeed;
```

可以把它们替换成：

```
Vector location;
Vector speed;
```

在这里引入向量并不会给我们增添新工作，单纯地在代码中加入向量也不会让Sketch自己去模拟物理现象。但是，它会简化你的代码，对于在运动模拟中经常出现的数学运算，向量提供了很多现成的函数。

学习向量的相关知识时，我们将使用二维空间（至少在本书的前几章）。所有这些例子都可以轻松地扩展到三维空间（我们使用的PVector类也适用于三维空间）。但是，从二维空间入手比较容易。

1.2   Processing 中的向量

我们可以把向量当作两点之间的差异，也就是从一个点到另一个点所发生的移动。

下面是几个向量及它们的可能解释：

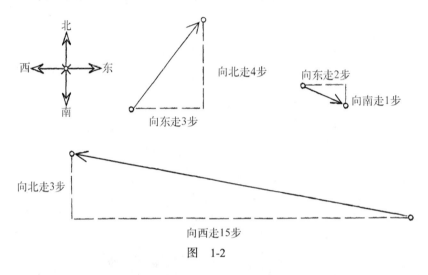

图   1-2

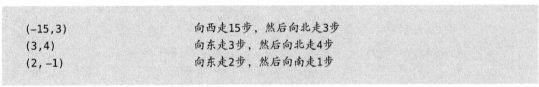

在前面的运动模拟例子中，你已经做过这方面的编程了：在每一帧动画中（Processing的draw()循环体），我们曾经让屏幕上的对象分别在水平和竖直方向移动了几个像素到达新位置。

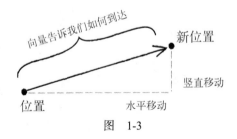

图   1-3

对每一帧动画：

新位置 = 当前位置在速度作用下的位置

如果速度是一个向量（两点之间的差异），那位置是否也是一个向量？从概念上说，有人会争论说位置并不是向量，因为它没有描述从某个点到另一个点的移动，它只描述了空间中的一个点而已。

然而，对于位置这个概念，另一种描述是从原点到该位置的移动路径。因此位置也可以用一个向量表示，它代表原点与该位置的差异。

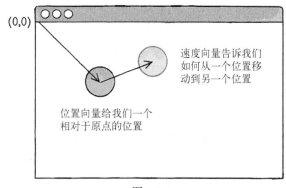

图　1-4

让我们来看看位置和速度背后的数据。在弹球例子中：

位置	x、y
速度	xspeed、yspeed

请注意我们如何存储位置和速度数据：用两个浮点数，一个浮点数代表x坐标，另一个浮点数代表y坐标。如果我们自己写个类来表示向量，那么可以这么开始：

```
class PVector {

    float x;
    float y;

    PVector(float x_, float y_) {
        x = x_;
        y = y_;
    }
}
```

在这里，PVector只是存储了两个变量（或者三维世界中的3个变量）的简单数据结构。

之前的初始化过程：

```
float x = 100;
float y = 100;
float xspeed = 1;
float yspeed = 3.3;
```

变成了：

```
PVector location = new PVector(100,100);
PVector velocity = new PVector(1,3.3);
```

既然我们已经有了位置和速度这两个向量对象，接下来就可以开始实现最基本的运动模拟：新位置＝原位置＋速度。示例代码1-1没有用到向量，我们是这么做的：

```
x = x + xspeed;                              将速度与当前位置相加
y = y + yspeed;
```

在理想情况下，我们希望用下面的代码完成同样的操作：

```
location = location + velocity;              将速度向量与位置向量相加
```

然而，在Processing语言中，加号（＋）操作符是为原生数据类型（整数、浮点数等）预留的。Processing并不知道如何将两个PVector对象相加，就像它也不知道如何将两个PFont对象或PImage对象相加一样。但幸运的是，PVector类可以包含一些常用的数学操作函数。

1.3　向量的加法

在继续学习PVector类和它的add()方法（Processing已经替我们实现了这个函数）之前，让我们先从数学和物理学的角度学习向量加法的原理。

向量通常用粗体或者顶上带箭头的字母表示。在本书中，为了能区分向量和标量（标量指单个值，就像整数或浮点数），我们用带箭头的方式表示一个向量：

❏ 向量：$\vec{u}$
❏ 标量：x

如果我们有下面两个向量：

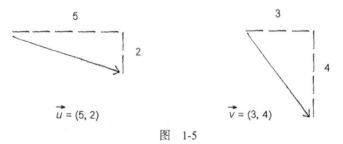

图　1-5

每个向量都有两部分数据——x和y。为了把这两个向量加在一起，我们只需简单地将它们的x和y分别相加。

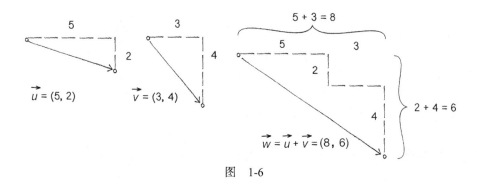

图 1-6

也就是说：

$$\vec{w} = \vec{u} + \vec{v}$$

可以表示为：

$$w_x = u_x + v_x$$

$$w_y = u_y + v_y$$

然后，把u和v替换成它们在图1-6中对应的值：

$$w_x = 5 + 3$$

这意味着，最后，我们得到相加后的向量：

$$\vec{w} = (8, 6)$$

既然我们已经学会了如何将两个向量相加，接下来，就可以尝试着用代码实现PVector类的加法操作。添加一个**add()**函数，这个函数的参数是被相加的PVector对象：

```
class PVector {

    float x;
    float y;

    PVector(float x_, float y_) {
        x = x_;
        y = y_;
    }

    void add(PVector v) {              该函数将两个向量相加
        y = y + v.y;                   只需简单地将x、y分量分别相加
        x = x + v.x;
    }

}
```

在PVector中实现add()函数之后，我们可以把它运用到之前的弹球程序中，用向量加法实现位置+速度的算法：

```
location = location + velocity;                    为位置加上当前速度
location.add(velocity);
```

好了，下面我们可以用PVector类重写弹球程序了。

示例代码1-2   用PVector对象实现弹球程序

```
PVector location;                          用PVector对象表示速度，代替之前的浮点数，
PVector velocity;                          现在我们有两个PVector变量

void setup() {
    size(200,200);
    smooth();
    location = new PVector(100,100);
    velocity = new PVector(2.5,5);
}

void draw() {
    background(255);

    location.add(velocity);

    if ((location.x > width) || (location.x < 0)) {   如果我们要引用向量的两个分量，
        velocity.x = velocity.x * -1;                 可以用location.x、
    }                                                 velocity.y等点语法引用它们
    if ((location.y > height) || (location.y < 0)) {
        velocity.y = velocity.y * -1;
    }

    stroke(0);
    fill(175);
    ellipse(location.x,location.y,16,16);
}
```

你可能会感到有点失望。做了这么多，我们却没有让代码变简单，反而让它比原来的版本更复杂了。虽然这是一个完全合理的质疑，但你也需要清楚地知道，我们还没有充分见识到向量编程的真正威力。看看上面的弹球程序，实现向量的加法只是第一步。当我们继续深入，接触到由多个物体和多种力（我们将在第2章介绍它）组成的复杂情形时，PVector类的好处就会突显出来。

在上面的代码变化中，你还应该注意到一个关键点。尽管我们用PVector对象描述两个变量——位置的x坐标和y坐标以及速度的x分量和y分量，但有时候还是需要单独引用PVector类中的x变量和y变量。比如，如果要在Processing中绘制一个物体，我们不能这么做：

```
ellipse(location,16,16);
```

ellipse()函数不能接受PVector对象作为它的参数。我们只能传入两个标量值作为参数：一个*x*坐标和一个*y*坐标。因此，我们可以采用面向对象的点语法从PVector对象中分别获取它的*x*变量和*y*变量。

```
ellipse(location.x, location.y, 16, 16);
```

在判断对象是否达到窗口的边缘时，我们会碰到一样的问题。同样，我们需要访问位置向量和速度向量内部的两个变量：

```
if ((location.x > width) || (location.x < 0)) {
    velocity.x = velocity.x * -1;
}
```

练习 1.1

在前面的 Processing 编程例子中，找一个单独使用 x 和 y 变量的场景，用 PVector 对象重新实现它。

练习 1.2

挑选引言中的一个随机游走示例，用 PVector 对象改造它。

练习 1.3

将用向量实现的弹球程序扩展到三维空间。你能否模拟球体在一个箱子内反弹的效果？

1.4　更多的向量运算

上面的向量加法只是一个开始，除了加法，还有很多常用的向量运算。下面的列表给出了PVector类中的所有函数及对应的向量运算。我们会重点学习几个关键函数。在后续章节中，随着接触的例子变得越来越复杂，我们也会继续介绍更多的向量运算函数。

- ❑ add()　　　向量相加
- ❑ sub()　　　向量相减
- ❑ mult()　　乘以标量以延伸向量
- ❑ div()　　　除以标量以缩短向量
- ❑ mag()　　　计算向量的长度

- ❑ setMag()   设定向量的长度
- ❑ normalize()   单位化向量，使其长度为1
- ❑ limit()   限制向量的长度
- ❑ heading2D()   计算向量的方向，用角度表示
- ❑ rotate()   旋转一个二维向量
- ❑ lerp()   线性插值到另一个向量
- ❑ dist()   计算两个向量的欧几里得距离
- ❑ angleBetween()   计算两个向量的夹角
- ❑ dot()   计算两个向量的点乘
- ❑ cross()   计算两个向量的叉乘（只涉及三维空间）
- ❑ random2D()   返回一个随机的二维向量
- ❑ random3D()   返回一个随机的三维向量

我们已经在前面学习了向量的加法，下面开始研究向量的减法。减法很简单，只是把之前的加号换成减号而已！

1.4.1　向量的减法

$$\vec{w} = \vec{u} - \vec{v}$$

可以写成：

$$w_x = u_x - v_x$$

$$w_y = u_y - v_y$$

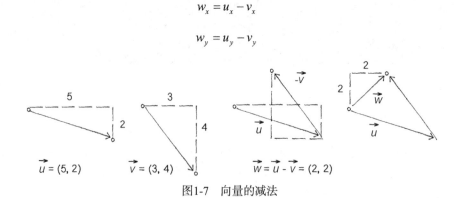

$$\vec{u} = (5, 2) \qquad \vec{v} = (3, 4) \qquad \vec{w} = \vec{u} - \vec{v} = (2, 2)$$

图1-7　向量的减法

在PVector类中，减法函数是这么实现的：

```
void sub(PVector v) {
    x = x - v.x;
    y = y - v.y;
}
```

下面的例子展示了向量减法，它实现的功能是：求屏幕中心点与鼠标所在点之间的差。

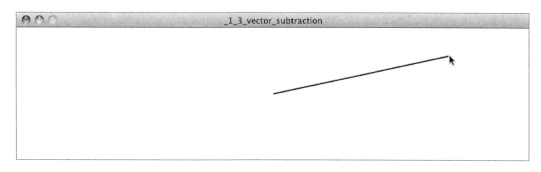

示例代码1-3　向量减法

```
void setup() {
    size(200,200);
}

void draw() {
    background(255);
    PVector mouse = new PVector(mouseX,mouseY);     两个向量，一个表示鼠标位置，
    PVector center = new PVector(width/2,height/2); 一个表示窗口中心

    mouse.sub(center);                              向量的减法！

    translate(width/2,height/2);                    绘制一条线段表示向量
    line(0,0,mouse.x,mouse.y);
}
```

1.4.2　向量加减法的运算律

向量加减法的运算律和普通数值的运算率一样。

> 交换律：$\vec{u}+\vec{v}=\vec{v}+\vec{u}$
>
> 结合律：$\vec{u}+(\vec{v}+\vec{w})=(\vec{u}+\vec{v})+\vec{w}$

将上面晦涩难懂的术语放在一边，这只是一个很简单的概念。一句话，向量的运算和普通的运算在这里没什么区别。

> 3+2=2+3
>
> (3+2)+1 = 3+(2+1)

1.4.3   向量的乘法

在介绍向量的乘法之前，我们必须指出概念上的一点点不同。当我们说向量的乘法时，一般指的是改变向量的长度。如果想让某个向量的长度延伸为原来的两倍，或者缩短为原来的1/3，我们会说"将向量乘以2"或者"将向量乘以1/3"。注意，这里我们是把向量乘以一个标量，而不是乘以另一个向量。

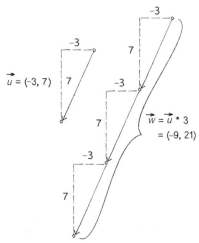

图1-8   改变向量的长度

为了改变向量的长度，我们将向量的各部分分别乘以标量：

$$\vec{w} = \vec{u} * n$$

等同于：

$$w_x = u_x * n$$

$$w_y = u_y * n$$

用向量分量表示向量的乘法示例：

$$\vec{u} = \left(-3, 7\right)$$

$$n = 3$$

$$\vec{w} = \vec{u} * n$$
$$w_x = -3 * 3$$
$$w_y = 7 * 3$$

$$\vec{w} = \left(-9, 21\right)$$

因此，在PVector类中，向量的乘法可以这样实现：

```
void mult(float n) {
    x = x * n;                                    在向量乘法中，
    y = y * n;                                    两个分量分别乘以某个数字
}
```

在具体应用中，调用乘法函数也很简单：

```
PVector u = new PVector(-3,7);
u.mult(3);                                        PVector的长度变成了原来的3倍，现在等于
                                                  (-9,21)
```

_1_4_vector_multiplication

示例代码1-4　向量乘法

```
void setup() {
    size(800,200);
    smooth();
}

void draw() {
    background(255);

    PVector mouse = new PVector(mouseX,mouseY);
    PVector center = new PVector(width/2,height/2);
    mouse.sub(center);

    mouse.mult(0.5);                              向量的乘法运算！向量的长度变成了原来的一半（乘
                                                  以0.5）

    translate(width/2,height/2);
    line(0,0,mouse.x,mouse.y);

}
```

除法和乘法一样，只需要将乘号（星号）换成除号（正斜杠）。

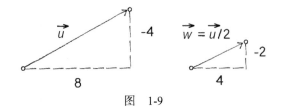

图   1-9

```
void div(float n) {
    x = x / n;
    y = y / n;
}

PVector u = new PVector(8,-4);

u.div(2);                                          向量除以2! 现在向量是原大小的一半
```

1.4.4   更多的向量运算律

和向量的加法一样，基本的代数运算律也适用于向量的乘除法。

结合律：$(n*m)*\vec{v} = n*(m*\vec{v})$

两个标量和一个向量之间的分配律：$(n+m)*\vec{v} = n*\vec{v}+m*\vec{v}$

两个向量和一个标量之间的分配律：$(\vec{u}+\vec{v})*n = \vec{u}*n+\vec{v}*n$

1.5   向量的长度

乘除法可以改变一个向量的长度，同时使向量的方向保持不变。你可能会疑惑：那我怎么知道这个向量的长度是多少？我知道它的x分量和y分量，但它到底有多长呢（以像素为单位）？理解向量长度的计算原理是非常有用的。

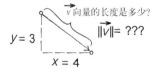

图1-10   向量 $\vec{v}$ 的长度通常表示为：$\|\vec{v}\|$

在上图中，向量本身和它的两个分量（x分量和y分量）围成了一个直角三角形。三角形的直角边是它的两个分量，斜边是它本身。我们非常幸运能够拥有这个直角三角形，因为希腊数学家毕达哥拉斯提出了一个有趣的公式（勾股定理），这个公式揭示了直角三角形两条直角边和斜边之间的关系。

如图，勾股定理就是a的平方加上b的平方等于c的平方。

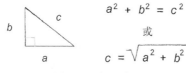

$$a^2 + b^2 = c^2$$

或

$$c = \sqrt{a^2 + b^2}$$

图1-11　勾股定理

有了这个公式，我们就可以用下面的方法计算一个向量的长度：

$$\|\vec{v}\| = \sqrt{v_x * v_x + v_y * v_y}$$

在PVector中，我们这么实现它：

```
float mag() {
    return sqrt(x*x + y*y);
}
```

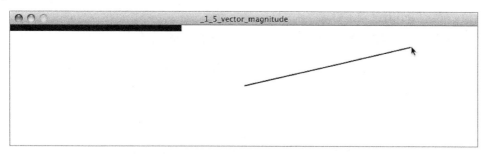

示例代码1-5　向量的长度

```
void setup() {
    size(800,200);
    smooth();
}

void draw() {
    background(255);

    PVector mouse = new PVector(mouseX,mouseY);
    PVector center = new PVector(width/2,height/2);
    mouse.sub(center);

    float m = mouse.mag();                  可以通过mag()函数计算向量的长度。
    fill(0);                                借助mag()函数，这段代码在窗口
    rect(0,0,m,10);                         顶部绘制了一个矩形
}
```

```
translate(width/2,height/2);
line(0,0,mouse.x,mouse.y);

}
```

1.6   单位化向量

计算向量的长度只是一个开始。长度计算函数引入了更多的向量运算，第一个就是单位化。单位化也称为正规化，正规化就是把某种事物变成“标准”或“常规”状态。一个“标准”的向量就是长度为1的向量。因此，将一个向量单位化，就是使它的方向保持不变，但长度变为1，这样的向量称为单位向量。

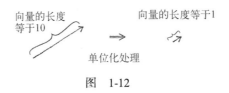

图   1-12

由于单位向量描述了一个向量的方向，又不用关心长度，所以，获取一个向量的单位向量是非常有用的操作。在第2章有关力的话题中，我们将看到它的作用。

对于一个给定的向量 $\vec{u}$ ，它的单位向量（表示成 $\hat{u}$ ）可以通过以下方法计算得到：

$$\hat{u} = \frac{\vec{u}}{\|\vec{u}\|}$$

也就是说，要单位化一个向量，我们只需要将它的每个分量除以它的长度。下图中，有一个长度为5的向量，为了将其单位化，在对应的直角三角形中，我们需要将斜边的长度缩短到1，也就是将它除以5，这样三角形的各条边都缩短为原来的1/5。

图   1-13

在PVector类中，我们这么实现向量的单位化：

```
void normalize() {
    float m = mag();
    div(m);
}
```

这里还有个小问题。如果向量的长度为0，会发生什么？我们不能将一个数除以0！我们可以在代码中加入除0判断以修复这个问题：

```
void normalize() {
    float m = mag();
    if (m != 0) {
        div(m);
    }
}
```

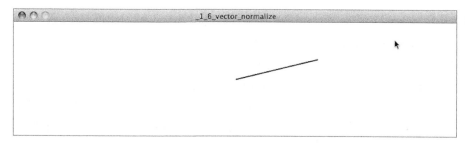

示例代码1-6 单位化向量

```
void draw() {
    background(255);

    PVector mouse = new PVector(mouseX,mouseY);
    PVector center = new PVector(width/2,height/2);
    mouse.sub(center);

    mouse.normalize();

    mouse.mult(150);
    translate(width/2,height/2);
    line(0,0,mouse.x,mouse.y);

}
```

> 向量被单位化后，为了让它在屏幕上可见，我们将它乘以50。注意，无论鼠标在哪里，向量的长度总是等于50

1.7 向量的运动：速度

上面说到的向量运算是我们必须掌握的基础知识，为什么它们如此重要？它们对编码有何帮助？对此我们要有一点点耐心。在能完全使用PVector类的强大功能之前，我们还需要走很长的路。掌握任何新的数据结构，都需要一段漫长的学习过程。举个例子，你刚开始学习数组时可能会觉得，比起用多变量实现功能，使用数组貌似要做更多的事情，但当涉及成百上千的变量时，数组的作用就马上显现出来了。对于PVector类，情况也是如此。现在的学习会在以后给你带来更好的收益。对于向量的运算，你不必等太长时间，因为在下一章我们就会得到回报。

我们先从简单的例子入手。如何用向量对运动进行编程模拟？示例代码1-2是一个弹球程序，在这个例子中，屏幕中的对象有自己的位置（任意给定时刻的位置）和速度（物体在下一秒该如何运动），位置加上当前速度可以得到一个新的位置：

```
location.add(velocity);
```

然后，我们在这个新的位置上绘制对象：

```
ellipse(location.x,location.y,16,16);
```

这就是我们要介绍的第一个运动模拟程序（我们称为运动101）：

(1) 当前位置加上速度得到一个新的位置；

(2) 在新的位置上绘制对象。

在弹球程序中，所有代码都写在Processing主标签页的setup()函数和draw()函数中。我们下面要做的就是把运动的逻辑封装到一个类中。通过这种方式，我们可以构建一个与物体运动相关的基础类库。在I.2节，我们简要地回顾了面向对象编程的基础。本书假定你有使用Processing对象和类的经验。如果你需要复习一下这些基础，我建议你看看Processing对象教程（http://processing.org/learning/objects/）。

我们将创建一个通用的Mover类，用来实现物体在屏幕上的运动模拟。在此之前，我们必须考虑下面两个问题：

(1) Mover有哪些数据；

(2) Mover有哪些功能。

运动101的模拟程序已经告诉我们这两个问题的答案。一个Mover对象有两部分数据：位置和速度，这两个数据都是PVector对象。

```
class Mover {

    PVector location;
    PVector velocity;
```

Mover对象的功能也很简单。它需要能够移动，还需要被显示出来。我们将这两个功能实现为update()函数和display()函数。所有的运动逻辑代码都放在update()函数中，而显示代码放在display()函数中。

```
void update() {
    location.add(velocity);          Morer对象开始移动
}

void display() {
    stroke(0);
    fill(175);
    ellipse(location.x,location.y,16,16);     绘制Mover对象
}
}
```

我们还忘了一个关键的函数，就是对象的构造函数。构造函数是个特殊的类成员函数，用于创建对象本身的实例。在构造函数中，我们指定一个对象如何创建。它的函数名总是和类名一样，并通过new操作符调用：

```
Mover m = new Mover();
```

在构造函数中，我们用随机的位置和速度初始化这个Mover对象：

```
Mover() {
    location = new PVector(random(width),random(height));
    velocity = new PVector(random(-2,2),random(-2,2));
}
```

如果你不熟悉面向对象编程，上面的代码可能会让你感到困惑。我们在本章的开头讨论了PVector类，位置对象和速度对象就是PVector类的实例对象。但在这里，这两个对象又变成了Mover对象的内部成员，这是怎么回事？实际上，这很容易理解。一个对象只是数据（和功能）的载体。对象内部的数据可以是数值（整型、浮点型，等等），也可以是其他对象！在后面我们会看到更多这样的用法。比如在4.1节我们会写一个类，用于描述粒子系统。粒子系统对象会包含很多粒子对象，而粒子对象内部也有很多PVector对象。

最后我们再添加一个函数，用于定义对象达到屏幕边缘时的行为。我们可以简单地实现它，让它环绕边缘运动。

```
void checkEdges() {

    if (location.x > width) {
        location.x = 0;
    } else if (location.x < 0) {
        location.x = width;
    }

    if (location.y > height) {
        location.y = 0;
    } else if (location.y < 0) {
        location.y = height;
    }

}
```

一旦达到边缘，就把它的位置设置到另一边

既然我们已经完成了Mover类，下面就要开始在主程序中使用它了。首先，我们声明一个Mover对象：

```
Mover mover;
```

然后，在setup()函数中初始化这个对象：

```
mover = new Mover();
```

最后，在draw()函数中调用它的成员函数：

```
mover.update();
mover.checkEdges();
mover.display();
```

以下是整个程序的运行效果和代码：

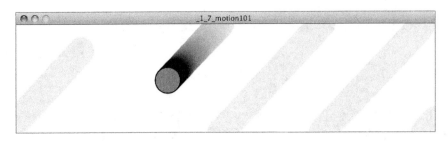

示例代码1-7   运动101（速度）

```
Mover mover;                                          声明Mover对象

void setup() {
    size(200,200);
    smooth();

    mover = new Mover();                             创建Mover对象
}

void draw() {
    background(255);

    mover.update();                                  调用Mover对象的成员函数
    mover.checkEdges();
    mover.display();
}

class Mover {

    PVector location;                                对象有两个PVector变量：
    PVector velocity;                                位置和速度

    Mover() {
        location = new PVector(random(width), random(height));
        velocity = new PVector(random(-2, 2), random(-2, 2));
    }

    void update() {
        location.add(velocity);                      运动101：当前位置加上速度得到一个新的位置
    }
```

```
    void display() {
        stroke(0);
        fill(175);
        ellipse(location.x, location.y, 16, 16);
    }

    void checkEdges() {
        if (location.x > width) {
            location.x = 0;
        } else if (location.x < 0) {
            location.x = width;
        }

        if (location.y > height) {
            location.y = 0;
        } else if (location.y < 0) {
            location.y = height;
        }
    }
}
```

1.8 向量的运动：加速度

到目前为止，我们已经搞懂了两个关键的知识点：(1) PVector类；(2) 如何在对象内部用 PVector跟踪位置和运动。这是一个很好的开头，但在庆贺之前，我们想再向前走一步。毕竟，从运行效果上看，上面的模拟程序略显单调——屏幕中的圆从来不会加速，不会减速，也不会改变运动方向。为了让它的运行效果更有趣，更接近现实生活中的运动，我们需要在Mover类中加入一个新的PVector对象——acceleration（加速度）。

我们所指的加速度的严格定义是：速度的变化率。这并不是一个新的概念。速度被定义为位置的变化率。从本质上说，这是一种"涓滴"效应。加速度影响速度，继而影响位置（这里只是铺垫，下一章的情况会更加复杂，我们会看到力如何影响加速度，继而影响速度，最后影响位置）。用代码表示就是：

```
velocity.add(acceleration);
location.add(velocity);
```

作为练习，从现在开始，我们要为自己制定一个准则。在本书后续的例子中，我们最好不需要直接接触速度和位置（除了初始化它们）。换句话说，本章的运动模拟要达到这样的效果：我们只需要设计某种加速度的算法，最后就能让基础类完成速度和位置的计算。（实际上，你会找到打破这个准则的理由，但这个准则在运动模拟中确实非常重要。）现在，让我们制定几种获取加速度的算法。

加速度算法

(1) 常量加速度

(2) 完全随机的加速度

(3) 朝着鼠标所在方向的加速度

算法1用的是一个常量加速度，这不是很有趣，却是最简单的算法，我们可以通过它学习如何在代码中实现加速度。首先，我们需要在Mover类中添加一个新的PVector对象：

```
class Mover {

    PVector location;
    PVector velocity;

    PVector acceleration;                          新的加速度向量
```

在update()函数中加入加速度：

```
void update() {
    velocity.add(acceleration);                    运动算法现在
    location.add(velocity);                        只有两行代码

}
```

到这里，我们差不多已经完成了。唯一遗漏的就是构造函数中的初始化代码：

```
Mover(){
```

我们想在一开始把Mover对象放在屏幕的正中间：

```
    location = new PVector(width/2,height/2);
```

初始速度为0：

```
    velocity = new PVector(0,0);
```

这意味着当Sketch开始运行时，这个对象是静止不动的。我们也不需要关心物体的速度，因为接下来物体的运动将完全由加速度控制。根据算法1，程序需要一个常量加速度，因此我们选择一个值作为加速度：

```
    acceleration = new PVector(-0.001,0.01);
}
```

也许你会觉得这个加速度太小了。这个值确实很小，但别忘了加速度（以像素为单位）对速度有累加的影响效应，根据Sketch的动画帧速，每秒钟速度的增量是加速度的30倍。所以为了把速度向量的大小控制在一定范围内，加速度必须非常小。我们还可以用PVector的limit()函数限制速度的大小：

```
velocity.limit(10);                            limit()函数限制了向量的长度
```

这段代码的运行逻辑是这样的：

当前的速度有多大？如果小于10，保持这个速度；如果大于10，就把它减小到10。

练习 1.4

为 PVector 类实现 limit() 函数：

```
void limit(float max) {
    if (_____ > _____) {
        _____();
        ____(max);
    }
}
```

让我们来看看加入加速度和速度限制后，Mover类做了哪些改变。

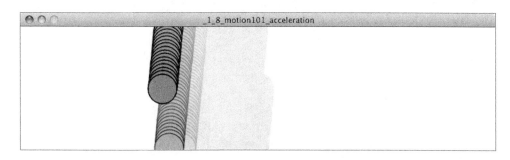

1_8_motion101_acceleration

示例代码1-8 运动101（速度和恒定的加速度）

```
class Mover {

    PVector location;
    PVector velocity;

    PVector acceleration;                           加速度是关键

    float topspeed;                                 topspeed变量限制了速度的大小

    Mover() {
        location = new PVector(width/2, height/2);
        velocity = new PVector(0, 0);
        acceleration = new PVector(-0.001, 0.01);
        topspeed = 10;
    }

    void update() {
        velocity.add(acceleration);                 速度受加速度影响，
        velocity.limit(topspeed);                   并且受topspeed变量限制

        location.add(velocity);
    }

    void display() {}                               display()函数和之前一样
```

```
    void checkEdges(){}                         checkEdges()函数和之前一样
}
```

练习 1.5

模拟一辆可控制的汽车：按向上键时，汽车加速；按向下键时，汽车减速。

下面来看看算法2（完全随机的加速度），该算法中的加速度是随机确定的，因此，我们不能只在构造函数中初始化加速度值，而应该在每一轮循环中选择一个随机数作为新的加速度。我们可以在update()函数中完成这项任务。

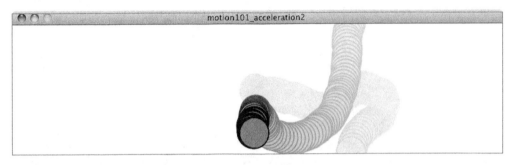

示例代码1-9   运动101（速度和随机加速度）

```
void update() {

    acceleration = PVector.random2D();          random2D()函数返回一个长度为1、
                                                方向随机的向量

    velocity.add(acceleration);
    velocity.limit(topspeed);
    location.add(velocity);
}
```

由于每次调用PVector.random2D()得到的向量都是单位向量，因此还应该改变它的大小，如下。

(a) 将加速度乘以一个常量：

```
acceleration = Pvector.random2D();
acceleration.mult(0.5);                         常量
```

(b) 将加速度乘以一个随机值：

```
acceleration = Pvector.random2D();
acceleration.mult(random(2));                   随机
```

我们必须清楚地意识到这样一个关键点：加速度不仅仅会改变运动物体速度的大小，还会改变速度的方向。加速度用于操纵物体，在后面的章节中，我们将继续在屏幕上操纵物体运动，也会经常看到加速度的作用。

练习 1.6

参考 1.6 节的内容，用 Perlin 噪声产生物体的加速度。

1.9　静态函数和非静态函数

在开始介绍算法3（朝着鼠标所在方向的加速度）之前，为了更好地使用向量和PVector类，我们还需要了解一项重要内容：静态函数和非静态函数的区别。

先把向量放在一边，让我们看看以下代码：

```
float x = 0;
float y = 5;

x = x + y;
```

这是一个很简单的例子，x的初始值是0，加上y之后，x变成了5。对于PVector对象，我们也可以很简单地写出类似代码。

```
PVector v = new PVector(0,0);
PVector u = new PVector(4,5);
v.add(u);
```

向量v的初始值是(0, 0)，加上向量u之后，变成了(4, 5)。很简单，对吗？

然后，再来看一个浮点计算的例子：

```
float x = 0;
float y = 5;

float z = x + y;
```

x的初始值是0，加上y之后，把相加得到的结果赋给变量z。在这个过程中，x的大小从未发生变化（y也没有）！对浮点数的运算来说，这是自然而然的结果。但是，对于PVector对象，结果却不是这样的。我们先按照之前的套路实现PVector对象的运算：

```
PVector v = new PVector(0,0);
PVector u = new PVector(4,5);
PVector w = v.add(u);                    不要上当，这是错误的实现！！！
```

以上的代码看上去没什么问题，但PVector类并不是这么工作的。仔细看看add()的实现：

```
void add(PVector v) {
    x = x + v.x;
    y = y + v.y;
}
```

这样的实现和我们的目的并不相符。首先，它没有返回一个新的PVector对象（它没有返回值）；其次，在调用过程中，add()函数改变了调用对象。为了将两个PVector对象相加并返回一个新的PVector对象，我们必须用静态的add()函数。

通过类名直接调用的函数（而不是通过对象实例调用）称为静态函数。下面有两个函数调用示例，它们都涉及v和u两个向量对象：

```
PVector.add(v,u);                        静态函数：通过类名调用

v.add(u);                                非静态函数：通过对象实例调用
```

之前你可能没碰到过静态函数的用例，因为在本章之前，你不知道如何在Processing中实现一个静态函数。PVector的静态函数允许我们对两个向量对象进行数学运算，在运算过程中不改变任何一个对象的值。静态的add()函数可以这样实现：

```
static PVector add(PVector v1, PVector v2){   静态的add()函数允许我们将两个向量相加，把结
                                              果赋给另一个向量，并让原向量保持不变


    PVector v3 = new PVector(v1.x + v2.x, v1.y + v2.y);
    return v3;
}
```

和非静态函数相比，静态函数有以下特点：

❑ 函数被声明为static；
❑ 函数的返回类型不是void，而是一个PVector对象；
❑ 函数中会创建一个新的PVector对象（v3），它作为v1向量和v2向量相加的结果被返回。

调用静态函数不需要引用实例对象，只需用类名直接调用：

```
PVector v = new PVector(0,0);
PVector u = new PVector(4,5);
PVector w = v.add(u);
PVector w = PVector.add(v,u);
```

PVector类还提供了静态版本的add()、sub()、mult()和div()函数。

练习 1.7

用静态函数或者非静态函数实现以下伪代码：

● PVector 对象 v 等于(1,5)；

- PVector 对象 u 等于 v 乘以 2；
- PVector 对象 w 等于 v 减去 u；
- 将 w 向量除以 3。

```
PVector v = new PVector(1,5);
PVector u = _____.____(__,__);
PVector w = _____.____(__,__);
_____;
```

1.10　加速度的交互

在本章的最后，让我们学点稍微复杂和有用的东西。在算法3中，物体有朝着鼠标方向的加速度，我们将根据这一规则动态计算物体的加速度。

图　1-14

我们想要根据某个规则或公式计算一个向量，都必须同时算出两部分数据：大小和方向。先从方向开始，加速度的方向是物体朝向鼠标的方向，假设物体的位置是(x, y)，鼠标的位置是$(mouseX, mouseY)$。

如图1-15所示，物体的位置向量减去鼠标的位置向量，得到向量(dx, dy)。

❏ $dx = mouseX - x$
❏ $dy = mouseY - y$

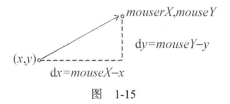

图　1-15

我们用PVector实现上面的逻辑。假设这是在Mover类中，可以访问对象的位置：

```
PVector mouse = new PVector(mouseX,mouseY);
PVector dir = PVector.sub(mouse,location);        使用静态sub()函数，
                                                  得到由某个点指向另一点的向量
```

现在，我们得到一个由Mover指向鼠标的PVector对象。如果直接把这个向量对象作为加速度，物体会瞬间移动到鼠标所在的位置，且动画效果很不明显，所以，接下来要做的就是确定物

体移向鼠标的快慢。

为了设置加速度向量的大小（无论大小是多少），我们必须先单位化方向向量。只要能将方向向量缩短到1，我们就得到了一个只代表方向的单位向量，可以将它的大小设成任意值。1与任何数相乘，都等于那个数本身。

```
float anything = ?????
dir.normalize();
dir.mult(anything);
```

我们对上面说到的几个步骤做个总结：

(1) 计算由物体指向目标位置（鼠标）的向量；

(2) 单位化该向量（将向量的大小缩短为1）；

(3) 改变以上单位向量的长度（乘以某个合适的值）；

(4) 将步骤(3)中得到的向量赋给加速度。

下面，我们在update()函数中实现这些步骤：

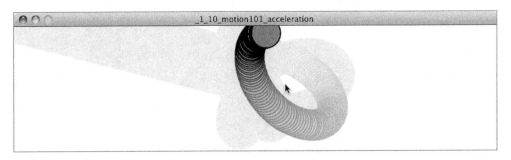

示例代码1-10   朝着鼠标位置加速

```
void update() {

    PVector mouse = new PVector(mouseX,mouseY);
    PVector dir = PVector.sub(mouse,location);        第一步：计算方向


    dir.normalize();                                  第二步：单位化


    dir.mult(0.5);                                    第三步：改变长度


    acceleration = dir;                               第四步：得到加速度


    velocity.add(acceleration);
    velocity.limit(topspeed);
    location.add(velocity);
}
```

你可能会疑惑，为什么物体运动到目标位置后不会停下来。实际上，它并不知道自己是否应该在目标位置停下来，它只知道目标位置在哪儿，并尽快地到达目标位置。这意味着它势必会超过目标位置然后再回头，回头后又想尽快到达目标位置，如此往复运动。请你暂时先保持疑惑，在后面的章节中，我们会学习如何让物体停止在目标位置（用减速的方法）。

本例和引力的概念非常接近（物体被吸引向鼠标所在的位置）。在下一章中，我们会详细探讨引力。然而，本例子和引力还有个关键的不同点，引力的大小（加速度的大小）和距离成反比，也就是说，物体离鼠标越近，加速度越大。

练习 1.8

改造上面的例子，实现这样的特性：加速度大小可变，当物体和鼠标距离越近或越远时，加速度越大。

下面有一组物体（而不是一个）同时按照上述方式运动：

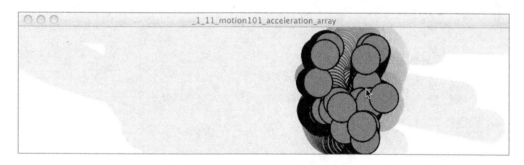

示例代码1-11 一组同时朝着鼠标加速的运动物体

```
Mover[] movers = new Mover[20];                  一组对象

void setup() {
    size(200,200);
    smooth();
    background(255);
    for (int i = 0; i < movers.length; i++) {
        movers[i] = new Mover();                 实例化数组中的每个对象
    }
}

void draw() {
    background(255);

    for (int i = 0; i < movers.length; i++) {
```

```
        movers[i].update();              为数组中的所有对象调用函数
        movers[i].checkEdges();
        movers[i].display();
    }
}

class Mover {

    PVector location;
    PVector velocity;
    PVector acceleration;
    float topspeed;

    Mover() {
        location = new PVector(random(width),random(height));
        velocity = new PVector(0,0);
        topspeed = 4;
    }

    void update() {
```

计算加速度的算法

```
        PVector mouse = new PVector(mouseX,mouseY);    计算指向鼠标的向量
        PVector dir = PVector.sub(mouse,location);
```

```
        dir.normalize();                 单位化
```

```
        dir.mult(0.5);                   改变长度
```

```
        acceleration = dir;              赋给加速度
```

```
        velocity.add(acceleration);      运动101! 加速度改变速度，速度改变位置
        velocity.limit(topspeed);
        location.add(velocity);
    }
```

```
    void display() {                     绘制Mover对象
        stroke(0);
        fill(175);
        ellipse(location.x,location.y,16,16);
    }
```

```
    void checkEdges() {                  边缘处理

        if (location.x > width) {
            location.x = 0;
        } else if (location.x < 0) {
            location.x = width;
```

```
        }

        if (location.y > height) {
            location.y = 0;
        } else if (location.y < 0) {
            location.y = height;
        }
    }
}
```

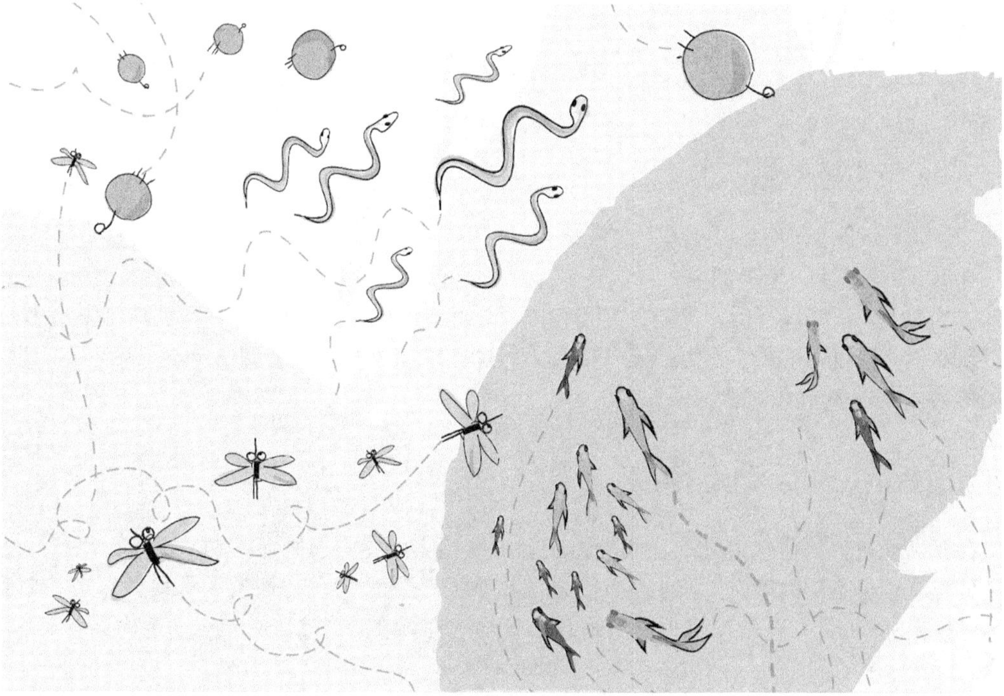

图1-16 生态系统项目

生态系统项目

引言中提到，我们会逐步按照各章内容构建一个大项目。一整个实践项目的开发会贯穿本书始终——模拟生态系统。想象一下，一群模拟生物在电子池塘中游来游去，并按照一系列规则相互影响。

第1步练习

开发一套规则，用于模拟现实世界中生物的行为，如紧张的苍蝇、游动的鱼、跳跃的兔子、滑行的蛇等。你能否仅通过加速度控制这些物体的运动？请试着根据生物的行为特征（而不是外形特征），赋予它们运动特性。

第 2 章

力

> "不要低估原力。"
>
> ——达斯·维德（电影《星球大战》）

在第1章的最后一个示例中，我们让一个圆朝着鼠标所在的方向运动，并由此展示了如何计算动态加速度。程序运行后，我们看到圆和鼠标之间有吸引作用，仿佛有个力在拉近它们之间的距离。本章，我们会正式学习力的概念以及力和加速度的关系。希望到本章的最后，你能学会如何模拟物体在各种外力作用下的运动。

2.1 力和牛顿运动定律

在开始通过代码模拟力之前，我们先了解力在现实世界中的概念。和"向量"一样，"力"这个词也有很多不同的意义。它可以指代力量的强度，比如"她用力地推动那块大石头"或者"他有力地说出那句话"。但是我们所说的力是更书面化的概念，它源自牛顿运动定律：

> 力是一个向量，它使有质量的物体产生加速。

看到定义的第一部分——力是一个向量，你应该感到由衷的喜悦。这是因为在前面一整章，我们都在谈论向量和如何使用PVector类。

下面结合力的概念，我们来看看牛顿三大运动定律。

2.1.1 牛顿第一运动定律

牛顿第一运动定律通常简要地表述为：

> 物体有保持静止或运动的趋势。

然而，这个表述遗漏了外力的作用，我们可以把它扩展成：

除非有不均衡外力的作用，否则物体始终保持静止或匀速直线运动状态。

在牛顿之前，主流的运动学定律是由亚里士多德提出的，这个定律流传了两千多年，它指出：物体的运动需要外力支持。如果物体没有被推动或者拉动，它就会减慢速度或者静止。你觉得这种说法对吗？

亚里士多德的运动定律当然是不对的。在没有任何外力的作用下，运动的物体仍然可以保持运动。地球大气层里的物体（比如球）之所以会减慢运动速度，是因为它受到了空气阻力的作用。如果没有外力存在，或者外力相互抵消，即外力的合力为零，物体就会保持静止或匀速直线运动状态。合力为零的状态也称为平衡状态。一个下落的球最后会达到一个极限速度（常量大小），这时它所受的空气阻力和重力大小相等。

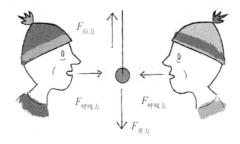

图2-1　钟摆保持静止，因为所有的外力都相互抵消了（合力为0）

在Processing中，我们可以这样表述牛顿第一运动定律：

在平衡状态下，对象的速度向量（PVector对象）始终都是常量。

我们先跳过牛顿第二运动定律（对我们来说，这是最重要的定律），直接到牛顿第三运动定律。

2.1.2　牛顿第三运动定律

牛顿第三运动定律通常表述为：

每个作用力都有一个大小相等、方向相反的反作用力。

这个表述通常会引起误解。乍一看，它像是说：一个作用力会引起另一个作用力。就像如果你无缘无故去推别人，那个人一般会做出反应，反过来推你。但是牛顿第三运动定律并非指这种现象。

想象这样的场景：你在推一堵墙。这堵墙并不会主动地推你。墙是无生命的物体，它不会产生原生的作用力。但你的推动过程包含了两个力，它们称为"作用力和反作用力"。

牛顿第三运动定律的更好表述是：

　　　力总是成对出现，且这两个力大小相等，方向相反。

这个表述仍然会引起误解，因为它看起来像是说：成对出现的力总是会相互抵消。事实并不是这样，成对出现的力并不是作用在同一个物体上。这两个力的大小相等，但并不意味着它们产生的运动效果也一样（或者物体会停止运动）。

想象下面的场景：你试着去推动一辆静止的卡车，尽管卡车的动力比你强很多，但静止的卡车并不会对你施加动力。推动卡车时，你同时也受到一个反作用力，这个反作用力和推力大小相等，方向相反。推力的最终效果取决于很多因素，如果卡车足够小并停在光滑的下坡冰面上，你可能会让它动起来；相反，如果它很大并停在粗糙的泥路上，无论你用多大的力气，都无法推动它，只会伤到自己的手。

在推卡车时，如果你穿着一双溜冰鞋，效果会如何？

图　　2-2

你会被反推出去，卡车却仍然保持静止。为什么不是卡车被推动而是你被反推出去？首先，卡车的质量很大（我们将结合牛顿第二定律探讨质量）。其次，除了推力，还存在其他作用力，也就是卡车轮胎和地面的摩擦力，以及你的溜冰鞋和地面的摩擦力。

2.1.3　牛顿第三运动定律（从 Processing 的角度表述）

　　　如果我们要计算一个由 A 施加在 B 上的作用力 f（PVector 对象），必须额外施加一个
　　　由 B 作用在 A 上的反作用力（对象 PVector.mult(f, –1)）。

但是在用 Processing 编程模拟时，我们不一定要遵循上面的说法。举个例子，在模拟物体之间的引力时（2.8 节），我们确实需要同时计算作用力和反作用力。但在另一些场景中，比如模拟风力的效果时，我们就不需要计算物体作用在空气上的反作用力，因为我们根本不会去模拟空气。

记住，我们只是想从自然的物理学中吸取一点编程灵感，并不是完美精确地模拟一切事物。

2.2 力和 Processing 的结合：将牛顿第二运动定律作为一个函数

下面我们要学习的是Processing编程中最重要的一个定律。

牛顿第二运动定律

该定律被表述为：

> 力等于质量乘以加速度。

用公式表示为：

$$\vec{F} = M \times \vec{A}$$

为什么这是本章最重要的定律？来看看它的另一种写法：

$$\vec{A} = \vec{F}/M$$

加速度和力成正比，和质量成反比。这意味着如果你受一个推力作用产生运动，那么推力越大，运动越快（加速度越大）；质量越大，运动越慢。

重量和质量

❏ **质量**是物质量的度量（以千克为单位）。

❏ **重量**，通常被误认为是质量，实际上指的是物体所受重力的大小。根据牛顿第二运动定律，重量等于质量乘以重力加速度（$w = m * g$）。重量以"牛顿"为单位。

❏ **密度**等于质量除以物体的体积（例如以"克/立方厘米"为单位）。

注意，在地球上质量为 1 kg 的物体，到月球后质量仍为 1 kg，但重量却变成了原来的 1/6。

在Processing中，质量是什么？前面我们只是在处理像素。为了让问题更简单，假定在我们的像素世界里，所有对象的质量都等于1。根据 $F/1 = F$，就有：

$$\vec{A} = \vec{F}$$

物体的加速度等于力。这是一个好消息，因为我们在第1章看到加速度是控制物体运动的关键因素：位置由速度控制，而速度由加速度控制。加速度是一切运动的起因。根据上面的公式，现在力变成了运动的起因。

来看看同时拥有位置（location）、速度（velocity）和加速度（acceleration）的Mover类：

```
class Mover {
    PVector location;
    PVector velocity;
    PVector acceleration;
}
```

我们的目标是在对象上施加力，比如风力：

```
mover.applyForce(wind);
```

或者重力：

```
mover.applyForce(gravity);
```

这里的风力和重力都是**PVector**对象。根据牛顿第二运动定律，我们可以这么实现**applyForce()**
函数：

```
void applyForce(PVector force) {
    acceleration = force;                          牛顿第二定律最简单的实现方式

}
```

2.3　力的累加

上面的实现看起来很不错，因为在忽略质量的前提下，"加速度=力"符合牛顿第二运动定律。
然而，它还存在一个很大的问题。让我们继续完成这个例子：在屏幕上创建一个对象，这个对象
受风力和重力的作用：

```
mover.applyForce(wind);
mover.applyForce(gravity);
mover.update();
mover.display();
```

在上面的代码中，首先，我们调用**applyForce()**函数，传入风力作为参数，于是**Mover**对
象的加速度变成了风力向量；然后，我们再次调用**applyForce()**函数，传入重力，于是**Mover**
对象的加速度又变成了重力向量；最后，我们调用**update()**函数。在**update()**函数中会发生什
么？加速度直接作用在速度上：

```
velocity.add(acceleration);
```

这么做是不对的，但Processing不会给出任何错误提示。我们犯了一个很大的错误，最后的
加速度等于重力，而风力却被遗漏了！如果我们多次调用**applyForce()**函数，它会用最近一次
调用覆盖之前的调用。那我们该如何处理有多个力同时作用的情况呢？

问题的根源在于，之前我们用的是简化版的牛顿第二运动定律。更准确的表述应该是：

> 合力等于质量乘以加速度。

或者可以说成：加速度等于所有力的和除以质量。这样就完美了，同时也满足牛顿第一运动

定律：如果所受外力的合力为零，物体就处于平衡状态（没有加速度）。我们会用力的累加方法实现牛顿第二定律，这种方法非常简单，只需将所有力相加。在任意时刻，物体都可能受多种外力作用，它只需要知道如何将这些外力累加在一起，而不需要知道到底有多少种外力。

```
void applyForce(PVector force) {
    acceleration.add(force);
}
```
牛顿第二定律和力的累加，我们分别将每个力作用在加速度上

到这里，我们并没有真正完成这段代码，还有一个问题尚未解决。由于我们将任意时刻的所有力都加在了一起，包括上一时刻的力，因此在update()函数调用之前，我们应该清除上一时刻的加速度（将它设成0）。以风力为例，风力时大时小，有时候完全没有风。在任意给定时刻，假设用户按下鼠标会产生很大的风力。

```
if (mousePressed) {
    PVector wind = new PVector(0.5,0);
    mover.applyForce(wind);
}
```

当用户释放鼠标时，风就会停止。根据牛顿第一运动定律，这时物体会保持匀速直线运动。然而，如果我们忘记将之前的加速度清零，风力依然会产生效果。更糟糕的是，它会在上一帧的基础上再次累加自己！我们不需要在程序中记录加速度，因为它是根据当时的外力计算出来的。在这一点上，加速度和位置截然不同，为了能在下一帧移动到正确的位置，我们必须记录物体上一帧的位置。

在每一帧中对加速度清零，最简单的实现方式是：在update()函数的最后将加速度向量乘以0。

```
void update() {
    velocity.add(acceleration);
    location.add(velocity);
    acceleration.mult(0);
}
```

练习2.1

模拟一个氦气球向上飘浮并在窗口顶部反弹的效果。你能否添加一个随时间变化的风力？或许还可以用 Perlin 噪声产生这个风力？

2.4 处理质量

在前面的例子开始之前，我们做了一个小小的假设，即假设物体的质量是1。但牛顿第二运动定律的严格表述应该是 $\vec{F} = M * \vec{A}$，而不是 $\vec{A} = \vec{F}$。在Mover类中加入质量很简单，只需要加

入一个变量即可，但我们仍需多花点时间，因为这里会出现一点并发状况。

首先，我们要加入一个质量变量（mass）：

```
class Mover {
    PVector location;
    PVector velocity;
    PVector acceleration;
    float mass;                              用一个浮点数变量表示质量
```

度量单位

既然我们讨论质量，就应该提及一下质量的度量单位。在现实世界中，度量物体都需要用到单位。我们经常会说：那两个物体之间的距离是 3 米；棒球以 90 英里每小时的速度飞向前场；保龄球的质量是 6 kg。在本书的后续章节，我们也会考虑现实世界中的单位，但在本章的大部分内容中，单位会被忽略。本书中，我们经常用到的度量单位有：像素（"这两个圆相距 100 个像素"）和动画帧数（"这个圆的移动速率是每帧两个像素"）。对于质量，程序世界里并没有合适的单位，我们只是随便拿一个量代表它。比如，我们可以随意选择一个数字 10 作为质量，但它没有单位，只要你愿意，完全可以用任意单位表示。为了易于演示，我们将质量和像素结合在一起（比如质量为 10 的物体，其绘制半径是 10 个像素），这么做能让我们对物体的质量有直观的认识。但在现实世界中，尺寸并不代表质量，一个小铁球的质量比一个大气球的质量大很多，因为它的密度更大。

质量是一个数字，用于描述物体中物质的量，因此它是标量（浮点数），不是向量。给定一个物体，我们可以根据它的形状计算面积，然后把面积当作质量，但我想让问题更简单，直接假定物体的质量是10。

```
Mover() {
    location = new PVector(random(width),random(height));
    velocity = new PVector(0,0);
    acceleration = new PVector(0,0);
    mass = 10.0;
}
```

这么做并不好，因为让不同的物体拥有不同的质量，情况才会变得更有趣，但这只是开始。在后面实现牛顿第二定律时，我们会使用物体的质量：

```
void applyForce(PVector force) {
    force.div(mass);                         牛顿第二定律（力的累加和质量）
    acceleration.add(force);
}
```

尽管我们的代码看上去很合理，但这种实现还存在一个很大的问题。考虑下面的场景，有两个Mover对象同时在风力作用下运动：

```
Mover m1 = new Mover();
Mover m2 = new Mover();

PVector wind = new PVector(1,0);

m1.applyForce(wind);
m2.applyForce(wind);
```

首先，在风力(1,0)的作用下，对象m1的加速度等于风力除以质量（10）：

| *m1所受的风力:* | (1,0) |
| *风力除以质量10:* | (0.1,0) |

然后，转到对象m2，其也受风力(1,0)的作用。等一下，现在风力的值是多少？仔细一看，你会发现它已经等于(0.1,0)！这是因为你传入的函数参数是对象的引用，而不是对象的副本！因此，如果函数内部改变了参数对象（在本例中，风力向量除以质量），那么这个参数对象将被永久改变。但我们并不希望m2所受的风力已经除以m1的质量，我们希望风力还是原来的(1,0)。因此，在把风力除以质量之前，我们要先创建一个风力向量的副本*f*。幸运的是，PVector类提供了一个简单的方法——get()函数，用于生成对象的副本。get()函数返回的对象拥有和原对象一样的数据。最后，我们可以这么修改applyForce()函数：

```
void applyForce(PVector force) {
    PVector f = force.get();          在使用PVector对象之前先创建一份副本！
    f.div(mass);
    acceleration.add(f);
}
```

我们还可以用静态的div()方法实现上面的函数。下面的练习会帮你回顾第1章有关静态函数的内容。

练习 2.2

用静态函数 div()代替 get()函数，重新实现 applyForce()方法。

```
void applyForce(PVector force) {
    PVector f = _____.____(____,____);
    acceleration.add(f);
}
```

2.5 制造外力

先停下来看看我们已经进行到哪一步了。我们已经知道力是什么（力是一个向量），也知道如何对物体施加力（除以物体的质量后，再和加速度向量相加）。我们还缺什么？我们还没搞清楚如何获取一个外力，现实世界的各种力到底从何而来？

在本节，我们将探讨在Processing中制造外力的两种方法。

(1) 编造一个力！你是程序员，在程序世界里，你就是造物主。你完全可以随心所欲地编造一个力，再把它作用在物体上。

(2) 模拟现实世界中的力！现实世界中存在各种力，各种物理学教科书都会教你它们的数学公式。我们可以使用这些公式，把它们翻译成源代码，最后用Processing模拟它们。

编造外力最简单的方法就是随意选取一个向量作为外力。我们可以从模拟风力的例子开始。试想，有个Mover对象m受风力作用产生运动，风力很弱，方向朝右，我们可以这样模拟：

```
PVector wind = new PVector(0.01,0);
m.applyForce(wind);
```

程序运行结果并不是非常有趣，但这是一个很好的开头。在这里，我们创建了一个PVector对象，对它进行初始化，然后把它传给对象的applyForce()方法（最后作用在对象的加速度上）。如果我们想同时模拟风力和重力（重力略大，方向向下），可以这么做：

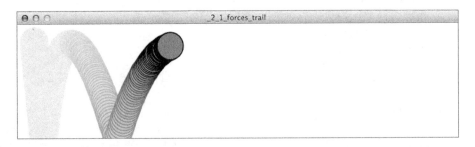

示例代码2-1

```
PVector wind = new PVector(0.01,0);
PVector gravity = new PVector(0,0.1);
m.applyForce(wind);
m.applyForce(gravity);
```

现在我们拥有了两个外力，它们指向不同的方向，大小也不相等，同时作用在对象m上。接下来，我们可以继续深入，用Processing构建一个程序世界，让世界中的物体对外部环境做出各种反应。

为了让例子变得更激动人心，我们打算在程序中加入多个物体，物体的质量也各不相同。在此之前，我们需要复习面向对象编程。再次重申，本书不会涉及编程基础的方方面面（对此，你需要去看引言中列举的Processing介绍书籍）。然而，由于本书的许多例子都需要创建多个对象，作为本书的基础，我们有必要多花点时间讲解如何将单个对象的模拟扩展成多个对象。

下面是Mover类的全部代码。请注意它和第1章中Mover类的异同，不同点主要集中在两个方面——质量和applyForce()函数的实现。

```
class Mover {

    PVector location;
    PVector velocity;
    PVector acceleration;
    float mass;                                        现在，对象有了质量！

    Mover() {
        mass = 1;                                      为了让实现更简单，我们将质量设为1

        location = new PVector(30,30);
        velocity = new PVector(0,0);
        acceleration = new PVector(0,0);
    }

    void applyForce(PVector force) {                   牛顿第二定律


        PVector f = PVector.div(force,mass);           将力除以质量，再加上加速度
        acceleration.add(f);
    }

    void update() {
        velocity.add(acceleration);                    和第1章的实现一样（运动101）
        location.add(velocity);


        acceleration.mult(0);                          每次都要将加速度清零！
    }

    void display() {
        stroke(0);
        fill(175);
        ellipse(location.x,location.y,mass*16,mass*16);   根据质量改变对象的显示大小

    }

    void checkEdges() {                                一旦对象触及窗口边缘，我们就让它反弹
        if (location.x > width) {
            location.x = width;
            velocity.x *= -1;
        } else if (location.x < 0) {
            velocity.x *= -1;
            location.x = 0;
        }

        if (location.y > height) {
            velocity.y *= -1;                          尽管我们说过不会直接接触速度和质量，但也有例
                                                       外。当物体触及边缘时，我们可以用这种方式方便
                                                       地更改对象的运动方向

            location.y = height;
        }
    }
}
```

类已经准备好了，下面就可以开始创建对象了。我们打算在数组中创建100个Mover对象。

```
Mover[] movers = new Mover[100];
```

然后，我们在setup()函数中用循环对这些对象进行初始化。

```
void setup() {
    for (int i = 0; i < movers.length; i++) {
        movers[i] = new Mover();
    }
}
```

但这里还有个小问题，回头看看Mover对象的构造函数……

```
Mover() {
    mass = 1;                              每个对象的质量为1，位置是(30,30)
    location = new PVector(30,30);

    velocity = new PVector(0,0);
    acceleration = new PVector(0,0);
}
```

在以上代码中，每个Mover对象的初始值都是相同的。但我们应该创建质量不同、初始位置也不相同的Mover对象。为了解决这个问题，我们可以在构造函数中添加几个参数，让它变得更灵活。

```
Mover(float m, float x , float y) {
    mass = m;                              根据参数设定这些变量
    location = new PVector(x,y);

    velocity = new PVector(0,0);
    acceleration = new PVector(0,0);
}
```

这样，物体的质量和初始位置就不再是硬性编码的数值了，我们可以通过构造函数来确定它们。这样一来，我们就可以创建各种各样的Mover对象，它们的质量有大有小，可以从屏幕左边开始运动，也可以从右边开始。

```
Mover m1 = new Mover(10,0,height/2);        一个位于窗口左边的大质量Mover对象
```

```
Mover m1 = new Mover(0.1,width,height/2);   一个位于窗口右边的小质量Mover对象
```

有了数组，我们可以在循环中对这些对象进行初始化。

```
void setup() {
    for (int i = 0; i < movers.length; i++) {
        movers[i] = new Mover(random(0.1,5),0,0);    用随机的质量（和(0,0)的位置）初始化这些Mover
                                                      对象

    }
}
```

上面的Mover对象，它们的质量是介于0.1~5的随机数，初始的*x*坐标和*y*坐标都是0。这只是

一种演示，你可以用其他值初始化这些对象。

一旦对象的数组被声明、创建和初始化完成，剩余部分的代码就会很简单。我们逐个遍历对象，将环境中的力作用在它们身上。

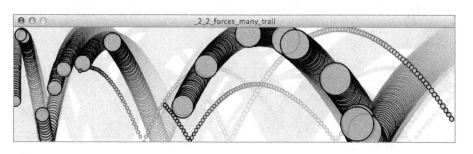

示例代码2-2

```
void draw() {
    background(255);

    PVector wind = new PVector(0.01,0);
    PVector gravity = new PVector(0,0.1);        创建两个力


    for (int i = 0; i < movers.length; i++){     遍历对象数组，将两个力作用在每个对象上
        movers[i].applyForce(wind);
        movers[i].applyForce(gravity);

        movers[i].update();
        movers[i].display();
        movers[i].checkEdges();
    }
}
```

请注意：在上图中，小圆到达窗口右侧比大圆更快，这是因为加速度=力除以质量，质量越大，加速度越小。

练习 2.3

在上面的例子中，物体将会移出屏幕的边缘。你能否改造这个程序，让屏幕的边缘对物体产生推力，使物体始终留在窗口中。你能否根据物体和边缘的距离确定推力的大小？也就是说，距离越近，推力越大。

2.6 地球引力和力的建模

在上面的例子中，你会发现一些不对劲的地方。你可能会觉得，圆越小，下降的速度应该越快才对，因为我们刚在牛顿第二定律中学到：质量越小，加速度越大。但在现实世界中，事实并非如此。如果你登上比萨斜塔的顶层，让两个质量不同的铁球同时从上面落下，哪个铁球会先着地？伽利略已经在1589年做过这个测试，他发现两个铁球下落的加速度相等，最后同时击中地面。为什么会这样呢？在本章的后面，我们会看到，重力和物体的质量成正比，质量越大，所受的重力也越大。因此，如果重力和质量成正比，在计算加速度时质量就会被除法抵消掉。我们可以用Sketch简单地模拟这个问题，只需要将质量和某个系数相乘，得到重力，最后把重力作用在物体上即可。

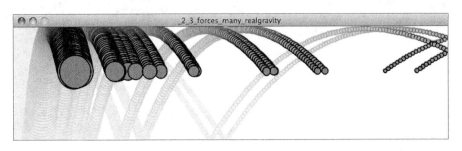

示例代码2-3

```
for (int i = 0; i < movers.length; i++) {

    PVector wind = new PVector(0.001,0);
    float m = movers[i].mass;

    PVector gravity = new PVector(0,0.1*m);        为了让模拟更准确，我们根据质量改变重力大小

    movers[i].applyForce(wind);
    movers[i].applyForce(gravity);

    movers[i].update();
    movers[i].display();
    movers[i].checkEdges();
}
```

尽管现在物体下落的速度相等，但质量越小的物体向右运动的加速度越大，因为风力的强度和物体的质量无关。

我们已经学会如何编造一个力，这能让我们走得很远。Processing的世界是一个由像素组成的模拟世界，而你就是这个世界的造物主。因此，只要你觉得某个力的存在是合理的，它就是合理的。但你可能还会感到困惑："现实世界的力是如何运作的？"

翻开高中的物理学课本，你会看到描述各种力的图表和公式——重力、电磁力、摩擦力、张力和弹力，等等。在本章中，我们将学习摩擦力和重力，这并不是因为它们对Sketch模拟有多重要，我只是拿它们举个例子，让你熟悉下面的学习套路。

❏ 理解力背后的原理。

❑ 将力的公式分解成以下两部分。

    ■ 如何计算力的方向？

    ■ 如何计算力的大小？

❑ 把力的公式实现成Processing源代码，将力的PVector对象传入Mover类的applyForce()函数。

如果能够按照上面的步骤学会重力和摩擦力，你就能自己模拟其他力。比如，你可能会去谷歌搜索"原子核弱核力"的相关知识，然后通过上面的技巧，用Processing完成力的模拟。

> ### 处理公式
>
> 接下来我们要研究有关摩擦力的力学公式，这不是本书第一次谈到数学公式，前面我们刚刚谈论完牛顿第二定律，$\vec{F} = M * \vec{A}$（或力＝质量 × 加速度），这是一个很简单的公式。然而，这是一个令人恐惧的世界。你可以先看看引言中提到的"正态"分布等式。
>
> $$f(x; \mu, \sigma^2) = \frac{1}{\sigma\sqrt{2\pi}} e^{-\frac{(x-\mu)^2}{2\sigma^2}}$$
>
> 我们可以看到，上面的公式用到很多希腊字母符号。我们下面再来看看摩擦力的力学公式。
>
> $$\vec{Friction} = -\mu N \hat{v}$$
>
> 如果你已经很久没有接触过数学公式了，我会告诉你有关数学公式的3个关键点。
>
> ❑ **计算右边的值，将计算结果赋给左边**。这和编程类似！你需要计算等号右边的部分，把得到的结果赋给左边。在摩擦力公式中，等号的左边表示我们要计算的是摩擦力向量，等号的右边表示如何计算摩擦力向量。
>
> ❑ **这是一个标量，还是向量？** 有时候我们面对的变量是一个向量，而有时候是一个标量。比如，在摩擦力公式中，摩擦力是一个向量，它的顶部有个箭头符号，既有大小又有方向；等号右边也有向量，这个向量用符号 $\hat{v}$ 表示，它表示速度的单位向量。
>
> ❑ **把符号放在相邻位置，代表将它们相乘**。上面的公式有4部分：-1、μ、N 和 $\hat{v}$。最后，我们要将它们全部相乘：$\vec{Friction} = -1 * \mu * N * \hat{v}$。

2.7 摩擦力

下面我们开始摩擦力的学习。

摩擦力是一种耗散力。耗散力的定义是：在运动中使系统总能量减少的力。比如说，开车时，脚踩刹车板会让车通过摩擦力使轮胎减速，在这个过程中，动能被转化为热能。只要两个物体的表面相互接触，它们之间就有摩擦力。摩擦力可分为静摩擦力（物体相对表面静止不动）和动摩擦力（物体在表面上运动），但我们只探讨有关动摩擦力的话题。

下面是摩擦力的力学公式：

$$摩擦力 = -1 * \mu * N * \hat{v}$$

图   2-3

我们可以将公式分成两部分，一部分用于确定摩擦力的方向，另一部分用于确定摩擦力的大小。从上面的插图可以看出：摩擦力的方向和物体运动的方向相反。实际上，公式中的 $-1*\hat{v}$ 也说明了这一点，它表示速度的单位向量乘以 -1。在Processing中，我们要先将速度向量单位化，再将单位向量乘以 -1。

```
PVector friction = velocity.get();
friction.normalize();
friction.mult(-1);                    计算摩擦力的方向（与速度方向相反的单位向量）
```

注意，上面的代码有两个额外的步骤：首先，复制一份速度向量对象，因为我们不能直接改变速度向量，不能突然让物体朝着相反的方向运动；其次，将向量单位化，因为摩擦力的大小和物体运动的速度无关，而用单位向量能让整个计算过程变简单。

根据上面的公式，摩擦力的大小等于 $\mu*N$，希腊字母 μ（发音为 "mew"）表示摩擦系数。摩擦系数代表特定表面的摩擦力强度。系数越高，摩擦力越强；系数越低，摩擦力越弱。比如，冰面的摩擦系数就比砂纸的摩擦系数低很多。在Processing构建的模拟世界中，我们可以随便确定一个数字作为摩擦系数。

```
float c = 0.01;
```

下面来看看第二部分 N。N 代表正向力，它指的是物体垂直于表面的压力。想象一辆正在路上行驶的汽车，在重力作用下，汽车对路面有个向下的压力。牛顿第三定律告诉我们路面对汽车也有一个向上的反作用力，这个力就是正向力。重力越大，正向力也越大。正如我们将在下一节中看到的，重力和质量相关，所以一辆超轻跑车所受的摩擦力比大型拖拉机所受的摩擦力小。上图中，物体在倾斜的表面运动，在这种情况下，正向力的计算方式有些复杂，因为它和重力的方向并不相同，在计算之前，我们还需要掌握角度和三角函数的知识。

上面提到的知识点都非常重要，但即使没有它们，我们仍然可以用Processing写一个足够好的模拟程序。可以先假定正向力的大小始终是1。在学完下一章的三角函数后，我们可以回过头来继续完善摩擦力程序。

```
float normal = 1;
```

得到摩擦力的大小和方向后，我们可以将它们组合在一起……

```
float c = 0.01;
float normal = 1;
float frictionMag = c*normal;          计算摩擦力的大小（一个随意确定的常量）

PVector friction = velocity.get();
friction.mult(-1);
friction.normalize();


friction.mult(frictionMag);            取单位向量并乘以大小，这样我们就有了力向量！
```

最后，把摩擦力加入程序，这样除了风力和重力，对象现在还受摩擦力的作用。

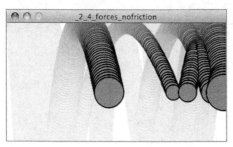
无摩擦力

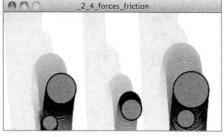
有摩擦力

示例代码2-4 加入摩擦力

```
void draw() {
    background(255);

    PVector wind = new PVector(0.01, 0);
    PVector gravity = new PVector(0,0.1);       为了让模拟更精确，我们需要根据质量改变重力的
                                                大小


    for (int i = 0; i < movers.length; i++) {

        float c = 0.01;
        PVector friction = movers[i].velocity.get();
        friction.mult(-1);
        friction.normalize();
```

```
    friction.mult(c);

    movers[i].applyForce(friction);            将摩擦力作用在对象上
    movers[i].applyForce(wind);
    movers[i].applyForce(gravity);

    movers[i].update();
    movers[i].display();
    movers[i].checkEdges();
  }
}
```

运行这个程序，你会发现屏幕上的圆很难到达窗口的右边缘。因为在物体运动过程中，摩擦力会持续给它施加一个反向的作用效果，所以物体会减速。这是一个有用的技术，你可以用它实现想要的视觉效果。

> **练习 2.4**
>
> 在 Sketch 中创建某些小区域，让物体通过这些区域时受摩擦力的作用。不同区域的摩擦强度（摩擦系数）各不相同。再试试产生反向摩擦力的效果，也就是说，当物体通过一个特定区域时会加速，而非减速。你能不能试着实现它们？

2.8   空气和流体阻力

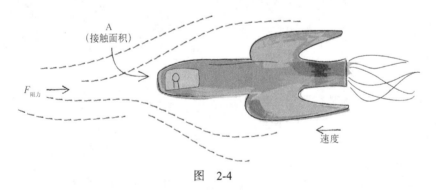

图   2-4

物体通过流体或者气体时同样会受摩擦力的作用，这种摩擦力有很多名字，如粘滞力、阻力和流体阻力。流体阻力产生的效果和前面的摩擦力相同（物体会减速），但是计算阻力的方式却有些不同。先来看看阻力公式：

$$F_d = -\frac{1}{2}\rho v^2 A C_d \hat{v}$$

让我们试着把这个公式分解，选出模拟过程中需要的部分，最后将整个公式简化，以便于用Processing模拟。

- F_d代表阻力，我们的最终目的就是计算这个阻力向量，将它传入applyForce()函数。
- –1/2是一个常量：–0.5。对我们来说，这个数值并没有多少意义，因为这只是一个随意编造的常量。但有一点很重要，该常量必须是一个负数，这代表阻力的方向和速度的方向相反（和摩擦力类似）。
- ρ是希腊字母rho，它代表流体的密度，在这里我们并不需要关心它。为了简化问题，我们假设流体的密度是1。
- v代表物体的移动速率。前面我们已经接触过它了，速率等于速度向量的大小：velocity.magnitude()，v^2指v的平方或者$v*v$。
- A代表物体前端推动流体（或气体）流动部分的面积。举个例子，根据空气动力学设计的兰博基尼跑车所受的空气阻力肯定比四四方方的沃尔沃汽车小。为了方便模拟，我们假定物体都是球形的，因此，这个变量也将被我们忽略。
- C_d是阻力系数，它和摩擦系数ρ类似，是一个常量。我们可以根据阻力的强弱确定它的大小。
- $\vec{v}$看起来是否很熟悉？它代表速度的单位向量，也就是velocity.normalize()。和摩擦力一样，阻力的方向也和物体的运动方向相反。

按照上面的公式分析，我们决定只保留其中一些有用的元素，最后得到简化版的阻力公式：

$$F_{drag} = \overbrace{\|v\|^2 \ * \ C_d}^{\text{阻力=速度的平方×阻力系数}} \ * \ \underbrace{\hat{v} \ * \ -1}_{\text{阻力的方向和速度（}v\text{）方向相反}}$$

图2-5　简化版的阻力公式

对应的代码：

```
float c = 0.1;
float speed = v.mag();
float dragMagnitude = c * speed * speed;          公式的第一部分（大小）: Cd * v²
PVector drag = velocity.get();
drag.mult(-1);                                    公式的第二部分（方向）: -1 * 速度向量
drag.normalize();
drag.mult(dragMagnitude);                         合并大小和方向！
```

在将阻力作用于Mover类之前，我想加入一个额外的功能。当我们在实现摩擦力时，摩擦力的作用一直都存在，只要物体在运动，摩擦力对物体就有减速效果。这里，我想加入一个新的东西——流体，Mover对象会穿过流体组成的区域。流体对象是一块矩形区域，有自己的位置、宽度、高度和"阻力系数",比如物体能轻易穿过空气,但难以穿过粘稠的液体,因为前者的阻力系数更小。除此之外,它还应该有个在屏幕上绘制自身的方法(还有两个方法将在后面讨论)。

```
class Liquid {
    float x,y,w,h;
    float c;                                    流体对象包含一个阻力系数变量

    Liquid(float x_, float y_, float w_, float h_, float c_) {
        x = x_;
        y = y_;
        w = w_;
        h = h_;
        c = c_;
    }

    void display() {
        noStroke();
        fill(175);
        rect(x,y,w,h);
    }

}
```

我们将在主程序中加入一个流体对象的变量声明,并在setup()函数中对它进行初始化。

```
Liquid liquid;
```

```
void setup() {                              初始化流体对象,它的阻力系数很低,等于0.1,
                                            否则对象穿过流体时会很快停止运动(无法实现你
                                            想要的效果)
    liquid = new Liquid(0, height/2, width, height/2, 0.1);
}
```

下面有一个很有趣的问题:Mover对象如何与流体对象交互?我们想达到这样的效果:

　　　　运动者穿过流体对象时会受到阻力的作用。

用Processing实现起来是这样的(假设我们用索引i遍历整个Mover对象数组):

```
if (movers[i].isInside(liquid)) {
    movers[i].drag(liquid);                 如果Mover对象位于流体内部,流体阻力将作用在
                                            物体上
}
```

从这段代码可以看出,我们需要在Mover类中加入两个额外的函数:isInside()函数用于判断Mover对象是否在流体对象内部,drag()函数计算并将流体阻力作用在Mover对象上。

isInside()函数的实现很简单,我们只需要加一个条件判断语句,判断Mover对象的位置是否在流体的矩形区域内部。

```
boolean isInside(Liquid l) {
    if (location.x>l.x && location.x<l.x+l.w && location.y>l.y && location.y<l.y+l.h)
```

这个条件判断语句可以判断对象的位置是否位于流体的矩形内

```
    {
        return true;
    } else {
        return false;
    }
}
```

drag()函数就稍显复杂，但前面我们已经实现过类似的逻辑，它只是流体阻力公式的实现：阻力的大小等于阻力系数乘以Mover对象速度的平方，方向与Mover对象的速度方向相反。

```
void drag(Liquid l) {

    float speed = velocity.mag();
    float dragMagnitude = l.c * speed * speed;
```

力的大小：$C_d * v^2$

```
    PVector drag = velocity.get();
    drag.mult(-1);
    drag.normalize();
```

力的方向：与速度相反

```
    drag.mult(dragMagnitude);
```

最终确定力：大小和方向

```
    applyForce(drag);
```

应用力

```
}
```

最后我们将这两个函数加入到主程序中：

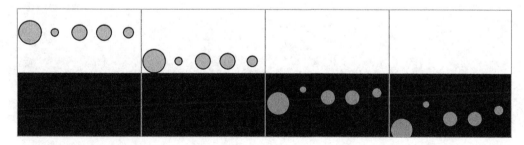

示例代码2-5　流体阻力

```
Mover[] movers = new Mover[100];

Liquid liquid;

void setup() {
    size(360, 640);
```

```
        smooth();
        for (int i = 0; i < movers.length; i++) {
            movers[i] = new Mover(random(0.1,5),0,0);
        }
        liquid = new Liquid(0, height/2, width, height/2, 0.1);
    }

    void draw() {
        background(255);

        liquid.display();

        for (int i = 0; i < movers.length; i++) {

            if (movers[i].isInside(liquid)) {
                movers[i].drag(liquid);
            }

            float m = 0.1*movers[i].mass;
            PVector gravity = new PVector(0, m);          根据质量确定重力大小

            movers[i].applyForce(gravity);
            movers[i].update();
            movers[i].display();
            movers[i].checkEdges();
        }
    }
```

　　运行这段代码，你会发现它模拟的是物体掉入水中的效果。物体穿过窗口底部的灰色区域（代表流体）时，会减速。你还会发现物体越小，速度减小地越快。回想牛顿第二运动定律，A=F/M，加速度等于力除以质量。在同一个力的作用下，物体的质量越大，加速度就越小。在本例中，阻力产生的反向加速度有减速的效果。因此物体的质量越小，减速越快。

练习 2.5

根据阻力公式，阻力 = 阻力系数 × 速度 × 速度，物体的运动速度越快，所受的阻力也越大。在上面的例子中，物体在进入流体之前是完全不受阻力作用的。试着扩展这个例子，让球从不同的高度落下，观察它们进入流体时阻力的作用效果。

练习 2.6

阻力公式包含了物体的接触面积，试想一个盒子落入水中，它所受的阻力大小和撞击水面的面积有关。请试着模拟这个场景。

实际上，流体阻力并非只和物体的运动方向相反，有时候还会与它垂直，这个垂直的阻力又称作"诱导阻力"，它能使倾斜机翼的飞机向上升起。试着模拟这种阻力。

2.9 引力

引力是最常见的力。说起引力，我们首先会想起砸中牛顿的苹果。引力会使地球上的物体下落，但这只是我们体会到的引力。实际上，在地球吸引苹果下落的同时，苹果对地球也有引力作用，只不过地球过于庞大，它使得所有其他物体的引力都可以忽略不计。有质量的任意物体之间都有引力作用。

图2-6给出了引力的计算公式。

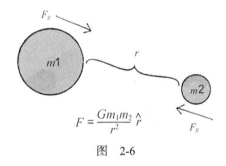

$$F = \frac{Gm_1m_2}{r^2}\hat{r}$$

图　2-6

让我们仔细分析一下这个引力公式。

- ❏ F代表引力，我们的最终目的就是计算这个引力向量，将它传入applyForce()函数。
- ❏ G是万有引力常量，在地球上，它的值等于$6.674\,28 \times 10^{-11}$ N·m^2/kg^2。对物理学家来说，这个值非常重要，但在Processing编程中，它并不重要。对我们而言，它只是一个常量，用于控制引力的强弱。我们可以随意地将它假定为1，不用考虑这个值是否正确。
- ❏ m_1和m_2代表两个物体的质量。在前面牛顿第二定律（$\vec{F} = M * \vec{A}$）的模拟中，我们忽略了质量，因为显示在屏幕上的圆并没有真正的质量。但我们也可以加入质量的作用，让质量更大的物体产生更大的引力，这样一来，整个模拟过程将变得更加有趣。
- ❏ $\hat{r}$代表由物体1指向物体2的单位向量。为了得到这个方向向量，我们将两个物体的位置向量相减。
- ❏ r^2表示物体距离的平方。公式的分子包含G、m_1和m_2，分子越大，分数值越大，因此G、m_1和m_2的值越大，引力也越大；分母越大，分数值越小，因此引力的强弱和距离的平方成反比。物体距离越远，引力越弱；物体距离越近，引力越强。

根据图2-6分解完引力公式后，我们就开始用Processing代码模拟引力。整个模拟过程都建立在以下假设基础上。

我们有两个对象：

(1) 每个对象都有一个位置，分别为向量location1和向量location2；
(2) 每个对象都有质量，分别为浮点类型的mass1和mass2；
(3) 用浮点变量G表示万有引力常量。

我们要根据上面的假设计算引力向量PVector force。计算分成两步：第一步，根据公式中的r^2计算引力的方向向量$\hat{r}$；第二步，根据物体的质量和距离计算引力的大小。

在第1章中，我们学会了如何让圆朝着鼠标所在的方向加速（图2-7）。

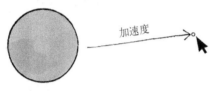

加速度

图　2-7

向量是两个点之间的差。为了得到一个由圆指向鼠标的向量，我们将两个点相减：

```
PVector dir = PVector.sub(mouse,location);
```

在这个例子中，对象1在对象2上产生的引力方向为：

```
PVector dir = PVector.sub(location1,location2);
dir.normalize();
```

别忘了我们需要的是一个单位向量，只关心它的方向，因此在将两个位置相减后，我们还需要将得到的向量单位化。

得到引力的方向后，我们开始计算引力的大小，并根据这个大小改变引力向量的长度。

```
float m = (G * mass1 * mass2) / (distance * distance);
dir.mult(m);
```

还有一个问题，我们不知道距离的值是多少。G、mass1和mass2是已知的，但距离并非已知，所以在实现上面代码之前，我们必须先计算距离的大小。前面我们已经计算过由一个位置指向另外一个位置的向量，而两点之间的距离就等于这个向量的长度。

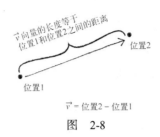

$$\vec{v} = 位置2 - 位置1$$

图　2-8

要得到两个对象之间的距离，我们只需要在向量单位化之前，用一行代码计算这个向量的长度。

```
PVector force = PVector.sub(location1,location2);    由一个对象指向另一对象的向量

float distance = force.magnitude();    向量的长度（大小）等于对象之间的距离

float m = (G * mass1 * mass2) / (distance *    用重力公式计算力的大小
distance);

force.normalize();    单位化力向量，并设置它的大小
force.mult(m);
```

注意，我们已经把前面的dir对象重命名为force对象。我们只需要一个PVector对象就能完成所有的运算，这个PVector对象就等于我们需要的引力向量。

既然我们得到了引力计算的相关代码，下面就开始在Sketch中模拟引力。在示例代码2-1中，我们创建了一个简单的Mover对象，这个对象拥有位置、速度、加速度和applyForce()函数。我们要继续用这个Mover类模拟引力，在Sketch中创建两个对象：

❑ 一个Mover对象；
❑ 一个Attractor对象（实例化自一个全新的类，它的位置是固定的）。

如图2-9所示，Mover对象受Attractor对象产生的引力作用，引力方向指向Attractor对象。

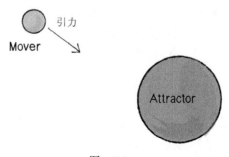

图　2-9

我们可以简单地实现这个Attractor对象——给它一个位置、质量和绘制自身的函数（根据质量大小确定显示大小）。

```
class Attractor {
    float mass;                                        Attractor对象很简单，它不会移动，只有质量和
                                                       位置

    PVector location;

    Attractor() {
        location = new PVector(width/2,height/2);
        mass = 20;
    }

    void display() {
        stroke(0);
        fill(175,200);
        ellipse(location.x,location.y,mass*2,mass*2);
    }
}
```

接着，我们在主程序中添加一个Attractor类的实例。

```
Mover m;
Attractor a;

void setup() {
    size(200,200);
    m = new Mover();
    a = new Attractor();                               初始化Attractor对象
}

void draw() {
    background(255);

    a.display();                                       显示Attractor对象

    m.update();
    m.display();
}
```

这是一个很好的程序结构：主程序中有一个Mover对象和一个Attractor对象，有两个类分别控制它们的变量和行为。还有一个问题，即我们如何让两个对象交互：让其中一个对象吸引另一个对象？

下面列举了解决这个问题的几种方法（当然还有其他方法）。

方　　法	函　　数
(1) 将Mover对象和Attractor对象同时传入一个函数	attraction(a,m)
(2) 将Mover对象传入Attractor对象的成员函数	a.attract(m)
(3) 将Attractor对象传入Mover对象的成员函数	m.attractTo(a)

（续）

方 法	函 数
(4)将Mover对象传入Attractor对象的成员函数，返回引力向量。然后将引力向量传给Mover对象的applyForce()函数	PVector f = a.attract(m); m.applyForce(f);

探索对象之间的各种交互方式是一种很好的编程实践，你可以采用上面任何一种实现方式。但对我来说，我首先会舍弃方法1，因为attraction()函数与两个对象都毫无联系，这并不是一种面向对象的实现方式；方法2可以表述为"Attractor对象吸引Mover对象"，方法3可以表述为"Mover对象被Attractor对象吸引"，它们的区别只在于表述方式的不同；方法4是我最喜欢的实现方式，至少从本书的角度考虑，我们最好采用这种方法。毕竟，前面我们花了很多时间讨论applyForce()函数，继续使用这个函数会让代码显得清晰易懂。

简要地说，以前我们的实现方式是这样的：

```
PVector f = new PVector(0.1,0);        创建一个力向量
m.applyForce(f);
```

现在，我们要改成：

```
PVector f = a.attract(m);             两个对象之间的引力
m.applyForce(f);
```

因此，draw()函数现在被写成：

```
void draw() {
    background(255);

    PVector f = a.attract(m);        计算引力，并把它作用在物体上
    m.applyForce(f);

    m.update();

    a.display();
    m.display();
}
```

Attractor类有一个attract()函数，接下来我们要实现这个函数。这个函数的参数是一个Mover对象，返回值是一个向量对象：

```
PVector attract(Mover m) {

}
```

这个函数里面有什么内容？前面我们已经搞清楚了引力公式，这个函数的内容就是实现引力公式。

```
PVector attract(Mover m) {
```

```
PVector force = PVector.sub(location,m.location);   计算力的方向

float distance = force.mag();
force.normalize();
float strength = (G * mass * m.mass) / (distance * distance);


force.mult(strength);                           计算力的大小
return force;                                    返回力，之后将它作用在对象上

}
```

差不多已经大功告成，但还有个小问题。仔细看上面的代码，你会发现有一个除法运算。只要有除法运算，我们都要问自己一个问题：要是对象之间的距离很小，甚至为零（情况更糟！）会发生什么？我们知道不能将一个数除以0，如果我们将一个数除以0.000 1，也等同于将它乘以10 000！引力公式是针对现实世界的，但现在我们在Processing的模拟世界里，这里并非现实世界。在以上Processing代码中，Mover对象可能与Attractor对象非常接近，最后产生极大的引力，导致Mover对象飞出屏幕。因此，我们最好考虑引力公式的实际表现，将对象之间的距离限制在实际可能的范围内。比如，无论Mover对象在什么位置，我们约定它和Attractor对象的距离始终都不小于5像素，不大于25像素。

```
distance = constrain(distance,5,25);
```

我们要限制对象之间的最小距离，同理，最好也要限制它们的最大距离。举个例子，如果Mover对象和Attractor对象之间的距离是500像素（这是一个不合理的值），在计算引力时，我们就需要除以250 000，最后求得的引力会变得很小，完全可以忽略不计。

现在，你可以自己决定程序表现出怎样的行为。如果你觉得"我想要一个合理的引力，不想要一个大得离谱或者小得离谱的值"，那么限制距离是一种很好的实现方式。

Mover类没有发生任何改变，所以我们可以把主程序和Attractor类看成一个整体，把万有引力常量加入其中。（在本书的源代码中，你还可以用鼠标移动Attractor对象。）

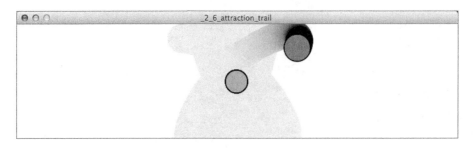

示例代码2-6　引力

```
Mover m;                                    Mover和Attractor对象

Attractor a;
```

```
void setup() {
    size(200,200);
    m = new Mover();
    a = new Attractor();
}

void draw() {
    background(255);

    PVector force = a.attract(m);              计算Attractor对象对Mover对象的引力

    m.applyForce(force);
    m.update();

    a.display();
    m.display();
}

class Attractor {
    float mass;
    PVector location;
    float G;

Attractor() {
    location = new PVector(width/2,height/2);
    mass = 20;
    G = 0.4;
}

PVector attract(Mover m) {
    PVector force = PVector.sub(location,m.location);
    float distance = force.mag();
    distance = constrain(distance,5.0,25.0);    记住，我们要限制两者之间的距离，避免对象超出
                                                控制

    force.normalize();
    float strength = (G * mass * m.mass) / (distance * distance);
    force.mult(strength);
    return force;
}

void display() {
    stroke(0);
    fill(175,200);
    ellipse(location.x,location.y,mass*2,mass*2);
    }
}
```

当然，我们还可以将这个例子扩展到多个Mover对象共同存在的情形，只需要用一个数组存放这些Mover对象即可，就像在摩擦力和阻力章节中所做的那样。

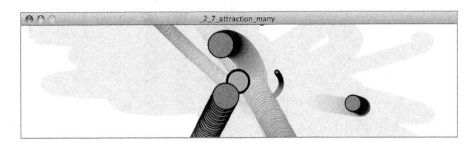

示例代码2-7   多个Mover对象之间的引力

```
Mover[] movers = new Mover[10];                    现在我们有10个Mover对象

Attractor a;

void setup() {
    size(400,400);
    for (int i = 0; i < movers.length; i++) {
        movers[i] = new Mover(random(0.1,2),random(width),random(height));
    }                                            每个对象都用随机的方式初始化

    a = new Attractor();
}

void draw() {
    background(255);

    a.display();

    for (int i = 0; i < movers.length; i++) {
        PVector force = a.attract(movers[i]);      为每个Mover对象计算引力

        movers[i].applyForce(force);

        movers[i].update();
        movers[i].display();
    }
}
```

练习 2.8

在上面的例子中，我们有一个 Mover 对象数组和一个 Attractor 对象。试着编写同时有多个 Mover 对象和多个 Attractor 对象的模型，并且让这些 Attractors 对象都在屏幕上显示出来。你能否让 Mover 都绕着 Attractor 运动？你可以参考 Clayton Cubitt 和 Tom Carden 写的 Metropop Denim 项目（http://processing.org/exhibition/works/metropop/）。

值得一提的是，我们可以参考引力设计自己的模型。本章不希望你仅仅用 Sketch 对引力建模，你应该创造性地思考如何设计驱动对象的行为规则。举个例子，你可以设计这样的力：物体距离越近，相互的作用力越小，距离越远，作用力越大；或者让你的 Attractor 能对远处的对象有引力，对近处的对象有斥力。

2.10 万有引（斥）力

我们从最简单的例子开始，也就是一个物体吸引另一个物体的模型，之后扩展到一个物体吸引多个物体的模型。希望这些例子对你有所启发。下面，我们将研究更复杂的模型：多个物体相互吸引。换句话说，在新的系统中，每个对象对其他任何对象（系统本身除外）都有吸引作用。

我们已经完成了其中的大部分工作。请思考下面的场景，有一个由Mover对象组成的数组：

```
Mover[] movers = new Mover[10];

void setup() {
    size(400,400);
    for (int i = 0; i < movers.length; i++) {
        movers[i] = new Mover(random(0.1,2),random(width),random(height));
    }
}

void draw() {
    background(255);
    for (int i = 0; i < movers.length; i++) {
        movers[i].update();
        movers[i].display();
    }
}
```

我们需要在draw()函数上做些修改，之前，我们的实现逻辑是：对每个Mover i，先更新其位置，并在屏幕上绘制出来。现在我们要把它实现成：对每个Mover i，都受到其他Mover j的吸引，更新i的位置，并在屏幕上绘制出来。

为了实现这个逻辑，我们需要再嵌套一个循环。

```
for (int i = 0; i < movers.length; i++) {
    for (int j = 0; j < movers.length; j++) {          每个Mover对象都要检查所有其他Mover对象
        PVector force = movers[j].attract(movers[i]);
        movers[i].applyForce(force);
    }
    movers[i].update();
    movers[i].display();
}
```

在前面的例子中，Attractor对象有一个attract()函数。在这里，Mover对象也能产生引力，因此我们需要将attract()函数复制到Mover类中。

```
class Mover {

//此处加上前面写过的代码
    PVector attract(Mover m) {                           现在，Mover对象知道如何吸引其他Mover对象

        PVector force = PVector.sub(location,m.location);
        float distance = force.mag();
        distance = constrain(distance,5.0,25.0);
        force.normalize();

        float strength = (G * mass * m.mass) / (distance * distance);
        force.mult(strength);
        return force;
    }
}
```

当然，这里还有一个小问题。用i和j遍历Mover数组时，碰到i等于j的情况该怎么办？比如，Mover 3对Mover 3是否有吸引作用？当然，Mover对自身是没有引力的。如果同时有5个Mover，Mover 3只对0、1、2、4有吸引作用，对自身并没有吸引作用。因此，为了完成这个模型，我们需要加入一个简单的条件判断语句，在遍历时跳过i等于j的场景。

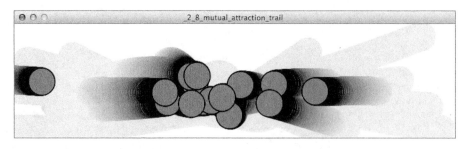

示例代码2-8   万有引力

```
Mover[] movers = new Mover[20];

float g = 0.4;

void setup() {
    size(400,400);
    for (int i = 0; i < movers.length; i++) {
        movers[i] = new Mover(random(0.1,2),random(width),random(height));
    }
}

void draw() {
    background(255);
```

```
for (int i = 0; i < movers.length; i++) {
    for (int j = 0; j < movers.length; j++) {
        if (i != j) {                                   不要吸引自身！
            PVector force = movers[j].attract(movers[i]);
            movers[i].applyForce(force);
        }
    }
    movers[i].update();
    movers[i].display();
}
```

练习 2.10

将示例代码 2-8 中的吸引力改成排斥力，你可以让所有 Mover 对象都被鼠标吸引，但相互之间有排斥作用。思考如何让引力和斥力的强弱相互平衡，如何有效地使用距离计算力的大小。

生态系统项目

第 2 步练习

我们把力的概念融合到生态系统中。你可以在环境中引入新的元素（比如食物和肉食动物），生态系统中的生物能和这些元素产生交互。请思考现实世界中的生物和哪些事物有互相吸引和排斥的作用？你能否抽象出这些经验，并根据生物的行为方式设计出更多力？

第 3 章

振　荡

"三角函数开启正弦时代。"

——佚名

在前面两章中，我们用面向对象的方法模拟了物体在屏幕上的运动，用向量表示物体的位置、速度和加速度。下面我们直接进入粒子系统，转向力和群体行为等话题，但这么做会让我们遗漏数学计算中一个很重要的知识领域：三角函数，也就是三角形运算，尤其是直角三角形的数学运算。

三角函数会给我们带来很多新工具。本章我们会学习角、角速度以及角加速度，期间还会涉及正弦函数和余弦函数，它们可以用来制作平滑的波形曲线。有了这些知识，我们就能计算更复杂的力，而这些力往往都涉及角度，比如钟摆的摆动和盒子从斜坡滑下时所受的力。

所以，本章的内容有些混杂。在最开始，我们会结合Processing学习角的基本知识，其中会涵盖三角函数的知识，最后我们会把这些知识融入到力中。后几章的例子需要我们掌握角度的知识基础，因此本章会为后面的学习铺平道路。

3.1　角度

开始学习本章之前，我们需要先理解Processing中的角是什么。如果你之前用过Processing，那么肯定碰到过这样的场景：用rotate()函数旋转物体，在这个过程中你已经接触到了角的概念。

首先要学习的是弧度和度数。你可能已经熟悉度数这个单位，比如，一个完整的旋转是从0度转到360度。90度（直角）就是360度的1/4，下图中有两条相互垂直的直线，它们构成了一个直角。

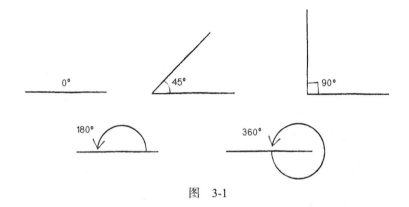

图　3-1

对我们来说，用度数去度量一个角是相当直观的方式。比如，图3-2中的正方形绕着它的中心旋转了45度。

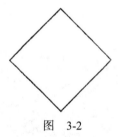

图　3-2

Processing要求我们用弧度表示一个角。弧度也是角的度量单位，它是角所对的弧长除以半径后得到的值。如图3-3所示，弧度为1代表弧长除以半径等于1。180度＝π弧度，360度＝2π弧度，90度＝π/2弧度。

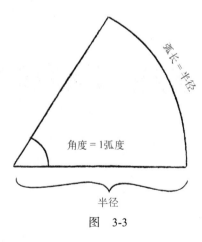

图　3-3

可以通过下面的公式将度数转化为弧度：

弧度 = 2π × (角度 / 360)

值得庆幸的是，如果我们更喜欢用度数思考问题，但却要在代码中使用弧度，Processing提供了简便的转化方法，它有一个radians()函数，可以将度数值转化为弧度值。它还提供了两个常量PI和TWO_PI，分别对应两个常用的弧度值π和2π（即180度和360度）。以下代码就使用了弧度转换函数，它实现的功能是将图形旋转60度。

```
float angle = radians(60);
rotate(angle);
```

如果你不清楚如何用Processing实现旋转，我建议你看看这篇文档"Processing – 2D Transformations"（http://www.processing.org/learning/transform2d/ ）。

π 是什么？

数学常量 π 是一个实数，被定义为圆的周长（周边的距离）与直径（穿过圆心的线段）的比例。它约等于 3.141 59，我们可以通过 Processing 的内置变量 PI 获取它的值。

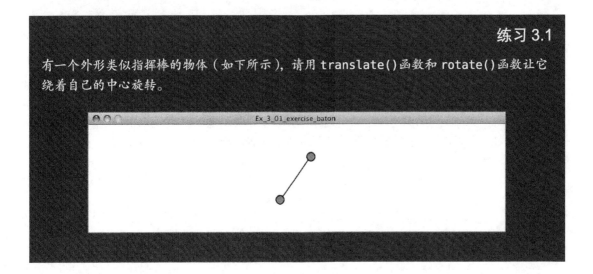

练习 3.1

有一个外形类似指挥棒的物体（如下所示），请用 translate() 函数和 rotate() 函数让它绕着自己的中心旋转。

3.2   角运动

你还记得下面的公式吗？

位置 = 位置 + 速度
速度 = 速度 + 加速度

上面的公式几乎是前两章的全部内容，我们可以把相同的逻辑运用到物体的旋转运动上。

角度 = 角度 + 角速度

角速度 = 角速度 + 角加速度

实际上，这个公式比第一个公式还要简单，因为角度是一个标量——只是一个数字，不是向量！

下面来解决练习3.1，如果我们想用Processing将指挥棒旋转一定角度，可以这么实现：

```
translate(width/2,height/2);
rotate(angle);
line(-50,0,50,0);
ellipse(50,0,8,8);
ellipse(-50,0,8,8);
```

将其加入运动模拟，我们可以得到下面的结果。

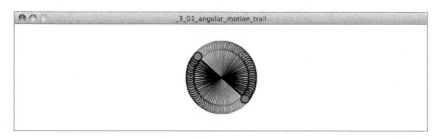

示例代码3-1 用rotate()函数实现的角运动

```
float angle = 0;                                位置

float aVelocity = 0;                            速度

float aAcceleration = 0.001;                    加速度

void setup() {
    size(200,200);
}

void draw() {
    background(255);

    fill(175);
    stroke(0);
    rectMode(CENTER);
    translate(width/2,height/2);
    rotate(angle);
    line(-50,0,50,0);
    ellipse(50,0,8,8);
    ellipse(-50,0,8,8);
```

```
    aVelocity += aAcceleration;                    在角度中实现velocity.add(acceleration)

    angle += aVelocity;                            在角度中实现location.add(velocity)
}
```

程序开始运行时,指挥棒并没有转动,随着旋转加速,它的转动速度也越来越快。

我们可以在之前的Mover对象中加入相同的实现。比如,我们可以把与角运动相关的变量加入到Mover类中。

```
class Mover {

    PVector location;
    PVector velocity;
    PVector acceleration;
    float mass;

    float angle = 0;
    float aVelocity = 0;
    float aAcceleration = 0;
```

在update()函数中,我们用相同的算法同时更新Mover对象的位置和角度!

```
void update() {

    velocity.add(acceleration);                    常规的运动
    location.add(velocity);

    aVelocity += aAcceleration;                    新的角运动
    angle += aVelocity;

    acceleration.mult(0);
}
```

当然,为了得到最终的效果,我们还需要在display()函数中旋转对象。

```
void display() {
    stroke(0);
    fill(175,200);
    rectMode(CENTER);
    pushMatrix();                                  pushMatrix()和popMatrix()使图形的旋转不
                                                   会影响程序的其他部分

    translate(location.x,location.y);              将原点设为图形所在的位置

    rotate(angle);                                 转过一定角度

    rect(0,0,mass*16,mass*16);
    popMatrix();
}
```

如果我们直接运行上面的代码，并不会看到任何新的效果。因为角加速度（float aAcceleration = 0;）被初始化为0。为了让对象旋转，我们需要给它一个角加速度！我们可以在代码中设置（硬编码）一个初始加速度。

```
float aAcceleration = 0.01;
```

我们还可以根据环境中的力为角加速度分配一个动态值，这样运行效果会更有趣。除此之外，还有更复杂的修改方式，比如用力矩（http://en.wikipedia.org/wiki/Torque）和转动惯量（http://en. wikipedia. org/wiki/Moment_of_inertia）的概念模拟角加速度物理学。然而，这已经超出了本书的讨论范围（在本章后面，我们将看到更多关于角加速度和钟摆建模的例子，并在第5章学习如何用Box2D物理库逼真地模拟物体的转动）。

现在，我们只需要一个简单快捷的解决方法：简单地将物体的加速度向量映射成一个合理的角加速度。比如：

```
aAcceleration = acceleration.x;
```

这是一种很随意的方法，但却能起到一定的效果。如果物体的加速度向右，它就有一个顺时针的角加速度；如果加速度向左，它就有一个逆时针的角加速度。除了方向，我们还要考虑角加速度的大小。加速度的x分量可能很大，以至于会导致物体旋转的速度过快，使运行效果不符合实际情况。为了得到一个大小合理的角加速度，我们可以将x分量除以某个值，或将角速度限定在合理的范围内。下面给出的update()函数就充分考虑了这一情况。

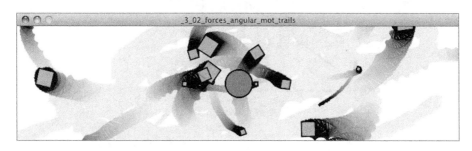

示例代码3-2 力和（随意）角运动的结合

```
void update() {

    velocity.add(acceleration);
    location.add(velocity);

    aAcceleration = acceleration.x / 10.0;      根据加速度的水平分量计算角加速度
    aVelocity += aAcceleration;
    aVelocity = constrain(aVelocity,-0.1,0.1);   用constrain()函数确保角速度不会超出控制
    angle += aVelocity;
```

```
    acceleration.mult(0);
}
```

3.3　三角函数

我们已经掌握了角的概念，知道如何让物体转动，接下来，是时候学习sohcahtoa了。sohcahtoa看起来是一个毫无意义的词语，但实际上却是计算机图形学的基础。如果你想做角度相关的运算，求两点之间的距离，以及处理圆、弧或者线条的运算，那么必须掌握三角函数的相关知识。sohcahtoa就是三角函数中正弦、余弦和正切的计算口诀（看起来有些奇怪）。

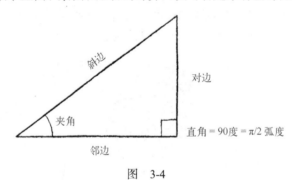

图　3-4

- **soh**：正弦（sin）= 对边 / 斜边
- **cah**：余弦（cos）= 邻边 / 斜边
- **toa**：正切（tan）= 对边 / 邻边

你没有必要死记硬背图3-4，但请确保自己能很顺畅地使用这些公式。请你在纸上把它重新画一遍。在图3-5中，我用了另一种画法。

注意我们是如何根据向量创建一个直角三角形的。向量是三角形的斜边，它的x分量和y分量是三角形的两条直角边。图中还标注了一个夹角，这个夹角可以用来表示向量的方向。

在本书中，三角函数是非常有用的知识点，因为三角函数的存在，我们才能在向量的两个分量和大小方向之间建立联系。下面，让我们来看个例子，这个例子要用到三角函数中的正切函数。

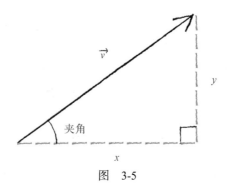

图 3-5

3.4 指向运动的方向

回顾示例代码1-10，在这个例子中，我们让Mover对象朝着鼠标所在的方向加速。

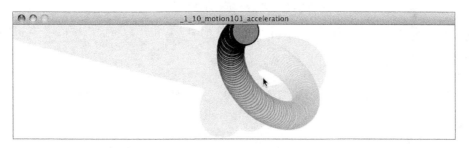

你可能会注意到，目前为止我们画的大部分物体都是圆形的。原因有很多，其中一个原因是我们不想考虑物体自身的旋转，而圆的旋转是看不出来的。然而，有时候我们想让物体能始终指向它运动的方向，而且这个物体的形状是不规则的，它的外形可能类似蚂蚁、汽车或者太空飞船。前面说的"始终指向它运动的方向"，实际上是指它能"根据当时的速度发生旋转"。速度是一个向量，有x分量和y分量，但为了在Processing中做旋转操作，我们需要一个以弧度为单位的角度作为参数。让我们先根据速度向量画出三角函数的示意图（如图3-6所示）。

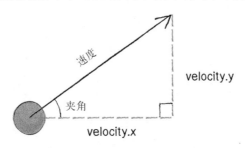

tan(夹角)=velocity.y / velocity.x

图 3-6

我们知道正切（tan）的计算方法是：

tan(夹角)=velocity_y / velocity_x

但问题是：我们知道速度向量，不知道这个夹角，因此需要通过某种方式计算这个夹角。有一个专门的函数用于求解这个问题，这个函数就是反正切函数，用arctan或者tan^{-1}表示（此外还存在反正弦和反余弦函数）。

反正切函数：如果a的正切等于b，那么b的反正切就是a。

如果   tan(a) = b

那么 a = arctan(b)

反正切函数和正切函数存在互逆的关系。我们可以利用反正切函数计算角度：

如果   tan(夹角) = $velocity_y$ / $velocity_x$

那么   夹角 = arctan($velocity_y$ / $velocity_x$)

我们已经得到反正切函数的公式，下面就要在display()函数中使用反正切。在Processing中，反正切函数是atan()。

```
void display() {
    float angle = atan(velocity.y/velocity.x);     用atan()函数计算角度

    stroke(0);
    fill(175);
    pushMatrix();
    rectMode(CENTER);
    translate(location.x,location.y);
    rotate(angle);                                 按照求得的角度旋转

    rect(0,0,30,10);
    popMatrix();
}
```

上面的代码已经接近成品了，但还有一个很大的问题。请看下面的两个速度向量：

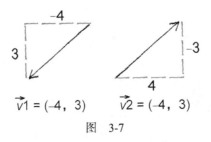

图 3-7

上面的两个向量看起来很相似，但是它们的方向是完全相反的。如果我们用反正切函数分别求解这两个向量的角度：

$V1 \Rightarrow$ 夹角 = atan(–4/3) = atan(–1.25) = –0.927 295 2 弧度 = –53 度

$V2 \Rightarrow$ 夹角 = atan(4/–3) = atan(–.25) = –0.927 295 2 弧度 = –53 度

对上面两个向量，我们用反正切函数计算得到的角度是相等的。这个计算结果肯定是不对的，因为两个向量的方向完全相反！这是在计算机图形学中很常见的问题。为了解决这个问题，你并不需要继续调用atan()函数，再加上一大堆条件判断语句以确定正确的正负符号，因为Processing提供了一个现成的函数（实际上，大部分编程环境都会为你提供这个函数），这个函数就是atan2()。

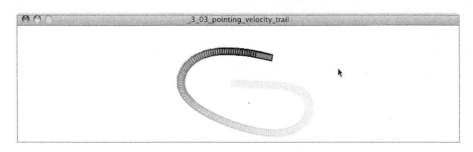

示例代码3-3 指向运动的方向

```
void display() {
    float angle = atan2(velocity.y,velocity.x);        用atan2()函数计算角度

    stroke(0);
    fill(175);
    pushMatrix();
    rectMode(CENTER);
    translate(location.x,location.y);
    rotate(angle);                                     按照求得的角度旋转

    rect(0,0,30,10);
    popMatrix();
}
```

为了进一步简化这个问题，PVector类提供了heading2D()函数（这个函数会在内部调用atan2()函数），可以用来直接获取任何向量的弧度。

```
float angle = velocity.heading2D();                    最简单的实现方式
```

练习 3.3

模拟一辆汽车的运动，你可以用方向键控制汽车在屏幕上的运动：左方向键使汽车向左运动，右方向键使汽车向右运动。在运动时，汽车还需要始终朝向自己运动的方向。

3.5　极坐标系和笛卡儿坐标系

如果我们想在屏幕上显示一个图形，我们必须指定图形的*x*坐标和*y*坐标。这个坐标系称为笛卡儿坐标系，它是以勒内·笛卡儿命名的，勒内·笛卡儿是一位法国数学家，是笛卡儿空间的创始人。

除了笛卡儿坐标系，还有一个很重要的坐标系，就是极坐标系。极坐标系的任意位置都可由一个夹角和一段距原点的距离表示。向量有以下两种表示方法。

❑ 笛卡儿坐标系——向量的*x*分量和*y*分量
❑ 极坐标系——向量的大小（长度）和方向（角度）

Processing的绘图函数并不能理解极坐标系。如果要用Processing绘制某个图形，我们必须用笛卡儿坐标系的坐标(*x*,*y*)指定它的位置。但是，有时候用极坐标系设计模型会更方便。幸运的是，我们可以通过三角函数完成笛卡儿坐标和极坐标的相互转化，因此可以用任意坐标系设计模型，最后用笛卡儿坐标系绘制图形。

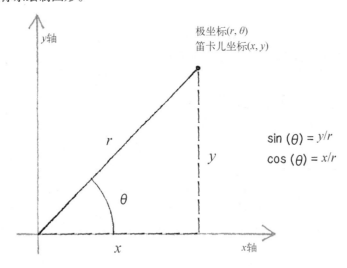

图3-8　希腊字母*θ*常用于表示一个角。由于极坐标一般表示为(*r*, *θ*)，这里我们也用*θ*来表示角度

$$\sin(\theta) = y/r \rightarrow y = r * \sin(\theta)$$

$$\cos(\theta) = x/r \rightarrow x = r * \cos(\theta)$$

举个例子，如果*r*等于75，而*θ*等于45度（即π/4弧度），我们可以通过极坐标计算*x*坐标和*y*坐标，计算方法如以下代码所示。在Processing中，计算正弦和余弦的函数分别是sin()和cos()，这两个函数的参数都是一个弧度值。

```
float r = 75;
float theta = PI / 4;
```

```
float x = r * cos(theta);
float y = r * sin(theta);
```
将极坐标(r, θ)转化为笛卡儿坐标(x, y)

在某些应用程序中，这样的坐标转换是非常有用的。比如，让一个图形绕着圆运动，我们用笛卡儿坐标系很难实现这样的功能。用极坐标系却很容易实现，转动角度就可以了。

下面我们用极坐标系的r和θ（theta）解决这个问题。

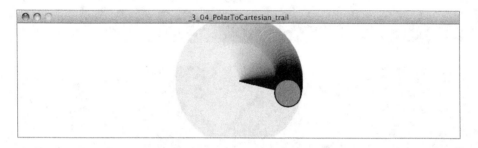

示例代码3-4 将极坐标转化为笛卡儿坐标

```
float r = 75;
float theta = 0;

void setup() {
    size(200,200);
    background(255);
    smooth();
}

void draw() {

    float x = r * cos(theta);
    float y = r * sin(theta);

    noStroke();
    fill(0);
    ellipse(x+width/2, y+height/2, 16, 16);

    theta += 0.01;
}
```
为了在ellipse()函数中使用笛卡儿坐标，
这里将极坐标(r, θ)转化为笛卡儿坐标(x, y)

练习3.4

请在示例代码 3-4 的基础上画一个螺旋的路径，螺旋从中间向周围散开。提示：我们只需要分别修改和添加一行代码就能实现这个功能。

练习 3.5

请模拟飞船在"行星"（Asteroids）游戏中的飞行效果。如果你不熟悉"行星"游戏，下面有个简短的描述：一艘飞船（用三角形表示）在二维空间中飞行，按下左方向键能让它逆时针旋转，按下右方向键，则使它顺时针旋转。按下 z 键能让飞船在当前方向加速。

3.6　振荡振幅和周期

我们已经见识到了正切函数的作用（计算向量的角度），以及正弦和余弦函数的作用（将极坐标转化为笛卡儿坐标），你是否感到惊讶？然而这只是开始，我想告诉你，正弦和余弦函数能做的并不仅限于两个数学公式和直角三角形的相关运算。下面我们将会更深入地研究它们的作用。

先来看看下图所示的正弦曲线，曲线对应的函数是$y=\sin(x)$。

你会发现sin()函数的结果是一条介于–1~1的平滑曲线。这条曲线符合振荡的效果，振荡是两点之间的周期性运动。吉他琴弦的振动、钟摆的摆动、弹簧的运动，这些都是振荡。

很高兴我们能发现这样一个事实：可以在Sketch中用正弦曲线模拟振荡的运动轨迹。注意，在"引言"中，我们将Perlin噪声运用到模拟中，在这里可以按同样的方法使用正弦曲线。

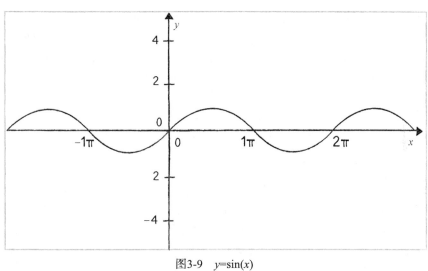

图3-9　$y=\sin(x)$

让我们从一个很基本的场景开始，用Processing模拟这样的效果：让一个圆在窗口中做左右振荡，如下图所示。

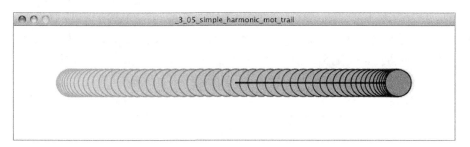

这样的运动称作简谐运动（也就是"物体按正弦曲线周期性振荡"），我们只需要写一个简单的程序就能模拟它，但开始模拟前，让我们先熟悉振荡（波）的相关术语。

简谐运动可以表示为位置（在这里，只需要x坐标）和时间的函数，它有以下两个参数。

❑ 振幅　离开运动中心的最大距离。
❑ 周期　完成一次往复运动所花费的时间。

从正弦曲线（图3-9）中可以看出，曲线的振幅是1，周期是2π（TWO_PI）；正弦函数的结果从来不会大于1，也不会小于-1；每隔2π弧度（或者360度）波形就会重复。

如何用Processing表示振幅和周期？振幅可以简单地用像素表示，如果窗口的宽度是200像素，我们可以让物体在距离中心点左右分别100像素的范围内运动。因此：

```
float amplitude = 100;                              振幅的单位是像素
```

周期是每次往复运动所花费的时间，而在Processing中，时间又该怎么表示？比如，有个振荡的周期是3秒，我们可以用Processing的millis()函数计算毫秒数，并由此按照现实世界的时间设计振荡模拟算法。但对我们来说，现实世界的时间并不是那么重要，Processing的时间单位应该是帧数。因此，在Processing中，振荡的周期应该用帧数表示，比如30帧、50帧，或者1000帧。

```
float period = 120;                               周期的单位是帧（动画的单位时间）
```

搞清楚振幅和周期的概念后，我们就可以学习相应的公式了，这个公式根据时间（也就是帧数）计算物体的*x*坐标。

float x = 振幅 * cos(2π * 帧数 / 周期)

让我们详细了解这个公式的每个组成部分：公式右边的第一项是振幅，这是最容易理解的。我们知道，余弦函数的输出结果范围总是−1~1，如果把余弦的结果乘以振幅，会得到一个大小介于负振幅到振幅之间的值，这正是我们想要的。（注意：我们还可以用Processing的map()函数将余弦函数的结果映射到指定范围。）

公式cos()函数中有以下内容：

2π * 帧数 / 周期

这里又发生了什么？我们知道余弦函数的周期是2π弧度——比如，它从0开始振荡，在2π、4π和6π等位置又开始重复运动。同理，如果物体简谐运动的周期等于120帧，我们就希望它在120帧、240帧和360帧等位置重复运动。在这里帧数（frameCount）是唯一的变量，它从0开始不断向上增长。让我们来看看将这些值代入公式后得到的结果。

帧数	帧数 / 周期	2π* 帧数 / 周期
0	0	0
60	0.5	π
120	1	2π
240	2	2 * 2π (或 4 * π)
等等		

将当前帧数除以周期，我们可以知道已经完成了多少次循环。比如，是否进行到第一次循环的一半，是否已经完成了两次循环。由于2π是余弦（或正弦）函数的周期，因此我们只需将帧数乘以2π，就能得到最终想要的结果。

下面的示例代码实现了以上所有逻辑，它模拟圆的简谐运动，其中振幅为100像素，周期是120帧。

示例代码3-5   简谐运动

```
void setup() {
    size(200,200);
```

```
    }
void draw() {
    background(255);

    float period = 120;
    float amplitude = 100;
    float x = amplitude * cos(TWO_PI * frameCount / period);
```
根据简谐运动的公式计算水平位置
```
    stroke(0);
    fill(175);
    translate(width/2,height/2);
    line(0,0,x,0);
    ellipse(x,0,20,20);
}
```

有必要说说简谐运动的另一个术语——频率。频率的定义：单位时间的周期数。它等于1除以周期，如果周期是120帧，那么1帧内完成的周期数就是1/120，所以频率就等于1/120。在上面的例子中，我们选择用周期描述振荡的速率，因此不需要涉及频率。

练习3.6

窗口的顶部悬挂着一根弹簧，弹簧的底部悬挂着一个钟摆，用正弦函数模拟钟摆的上下摆动。试着用 Processing 的 map() 函数计算钟摆的纵坐标。在本章的后面，我们会学习如何利用胡克定律模拟弹簧的弹力。

3.7 带有角速度的振荡

为了模拟现实世界的各种运动，我们必须要掌握振荡、振幅和频率/周期这些概念。然而，对于上面的例子，我们还可以用更简单的方法实现。振荡的公式：

```
float x = 振幅 * cos(2π * 帧数 / 周期)
```

还可以写成：

```
float x = 振幅 * cos ( 某个缓慢递增的变量 )
```

在上述第一个公式中，我们有一个精确的振荡周期，并能根据当前的动画帧数计算物体的位置。但从第二个公式看，我们还能简化这个例子，其中需要用到3.2节引入的角速度（和角加速度）的概念。假设：

```
float angle = 0;
float aVelocity = 0.05;
```

在draw()函数中，我们可以加入：

```
angle += aVelocity;
float x = amplitude * cos(angle);
```

这里的角度（angle）就是前面提到的"某个缓慢递增的变量"。

示例代码3-6   简谐运动2

```
float angle = 0;
float aVelocity = 0.05;

void setup() {
    size(200,200);
}

void draw() {
    background(255);

    float amplitude = 100;
    float x = amplitude * cos(angle);
    angle += aVelocity;              用角速度的概念增加角度变量

    ellipseMode(CENTER);
    stroke(0);
    fill(175);
    translate(width/2,height/2);
    line(0,0,x,0);
    ellipse(x,0,20,20);
}
```

尽管上例没有直接引用周期变量，但这并不代表我们可以完全脱离周期这个概念。毕竟，角速度和周期存在着这样的关系：角速度越大，物体振荡的速度越快（振荡周期也越短）。实际上，周期就等于物体以当前角速度转过2π弧度需要花费的时间，也就是：

周期 = 2π / 角速度

让我们进一步扩展这个例子：创建一个Oscillator（振荡者）类，让振荡同时发生在x轴（如上所示）和y轴。我们需要在类中加入两个角度变量、两个角速度变量和两个振幅（分别针对x轴和y轴）。正好，我们可以用向量封装这些变量！

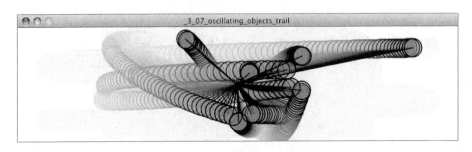

示例代码3-7　Oscillator对象

```
class Oscillator {

    PVector angle;                                          用一个PVector对象表示两个角度
    PVector velocity;
    PVector amplitude;

    Oscillator() {
        angle = new PVector();
        velocity = new PVector(random(-0.05, 0.05), random(-0.05, 0.05));
        amplitude = new PVector(random(width/2), random(height/2));
                                                            随机的速度和振幅
    }

    void oscillate() {
        angle.add(velocity);
    }

    void display() {
        float x = sin(angle.x)*amplitude.x;                x轴上的振荡

        float y = sin(angle.y)*amplitude.y;                y轴上的振荡

        pushMatrix();
        translate(width/2, height/2);
        stroke(0);
        fill(175);
        line(0, 0, x, y);                                  绘制Oscillator对象：相互连接的线段和圆
        ellipse(x, y, 16, 16);
        popMatrix();
    }
}
```

练习 3.7

之前我们随意地确定了 Oscillator 对象的角速度和振幅，现在我希望你用某种规则初始化它们以达到特定的视觉效果。你能否让振荡对象的运动轨迹看起来像昆虫的腿？

练习 3.8

请将角加速度加入 Oscillator 对象。

3.8   波

如果你想说："哇，上面的程序确实很酷，可是我想要在屏幕上画个波形。"下面，我将满足你这个愿望，而且我们已经搞定了其中的大部分工作。当我们用正弦函数让一个圆在屏幕上做上下振荡运动时，实际上是让一个点沿着x轴上的波形轨迹运动。现在，我们只需要加入一个for循环，就能让一串圆互相间隔地散布在x轴上做振荡运动，形成一个波形。

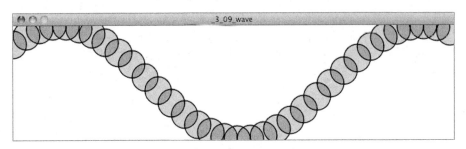

这样的波形可以用来模拟生物体的外形和质地柔软的表面（比如水面）。

我们还要继续讨论振幅（波形的高度）和周期。由于本例要绘制一个完整地波形，可以用波形的宽度（像素）表示它的周期，而不是用时间表示周期。和简谐运动一样，我们可以根据周期模拟波形，也可以用角速度模型模拟波形。

先从简单的方法开始，也就是角速度模型。在这里，我们需要：一个角度、角速度和振幅。

```
float angle = 0;
float angleVel = 0.2;
float amplitude = 100;
```

下面我们要遍历x轴上的值，并在这些位置上画波形对应的点。假设遍历间隔是24个像素，在遍历的循环中，我们要做3件事：

(1) 根据振幅和角度的正弦值计算y坐标；
(2) 在(x, y)位置画一个圆；
(3) 根据角速度递增角度。

```
for (int x = 0; x <= width; x += 24) {

    float y = amplitude*sin(angle);            1）根据振幅和角度的正弦值计算y坐标


    ellipse(x,y+height/2,48,48);               2）在(x, y)位置画一个圆


    angle += angleVel;                         3）根据角速度递增角度

}
```

让我们看看不同角速度对应的运行效果图：

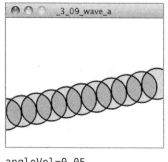 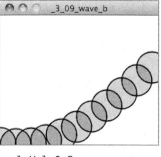 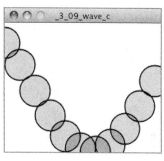

angleVel=0.05　　　　　angleVel=0.2　　　　　angleVel=0.4

请注意，尽管这里没有用到波形的周期，我们还是可以看到这样的规律：角速度越大，波形的周期越短。还有一个效果：周期越短，波形的效果也就越不明显，因为两点之间的距离也随之增大。有一种方法能绘制连续的波形曲线，就是用beginShape()和endShape()将这些点连成线。

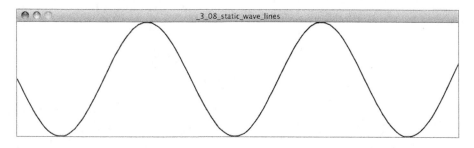

示例代码3-8　用连续的线条绘制静止的波形

```
float angle = 0;
float angleVel = 0.2;
float amplitude = 100;

size(400,200);
background(255);
smooth();

stroke(0);
strokeWeight(2);
noFill();

beginShape();
for (int x = 0; x <= width; x += 5) {
    float y = map(sin(angle),-1,1,0,height);        这里使用了map()函数，替代之前的实现方式

    vertex(x,y);                                     有了beginShape()函数和endShape()函数，你
                                                     就可以用vertex()函数设置形状的各个顶点

    angle +=angleVel;
```

```
}
endShape();
```

你可能已经注意到，上面的例子是静态的。波形永远不会改变，永远不会波动。为了让它产生波动，接下来的工作会有些棘手，你的第一直觉可能是："没问题，只需要加一个全局变量θ，每次调用draw()函数绘制圆时，让这个全局变量递增即可。"

尽管这是一个很好的想法，但它并不管用。从它的运行效果中可以看出，波形最右边的点和最左边的点不互相匹配，每一轮draw()函数绘制的波形并不是接着上一轮开始的。

我们还可以再引入一个角度变量，用它表示整个波形的起始角度，这个角度（用startAngle表示）也根据角速度递增。

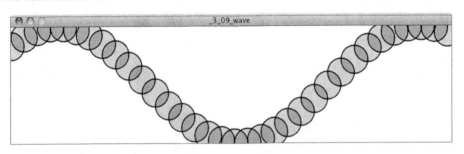

示例代码3-9   波形

```
float startAngle = 0;
float angleVel = 0.1;

void setup() {
    size(400,200);
}

void draw() {
    background(255);

    float angle = startAngle;                          为了移动波形，每一帧的θ值都不相同。
                                                       startAngle += 0.02

    for (int x = 0; x <= width; x += 24) {
        float y = map(sin(angle),-1,1,0,height);
        stroke(0);
        fill(0,50);
        ellipse(x,y,48,48);
        angle += angleVel;
    }
}
```

练习 3.9

在上例中，试着用 Perlin 噪声函数代替正弦和余弦函数。

练习 3.10

将上例封装成一个波形类，在 Sketch 中用这个类同时创建两个波形（振幅和周期都不相同），
如下图所示。把圆和线条替换成其他形状，尝试着用创造性的方式展示波形。

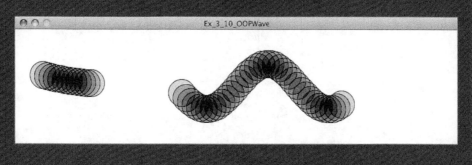

练习 3.11

我们可以将不同的波融合在一起，从而创建更复杂的波形。在 Sketch 中实现这样的波形，
效果如下图所示。

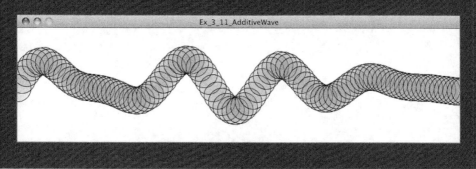

3.9　三角函数和力：钟摆

你想念牛顿运动定律吗？我想你肯定会想念它。接下来，我们将重拾牛顿运动定律。学习三

角形、正切和波是一件有趣的事，但本书的核心是用代码模拟运动的物理学，让我们来看看三角
函数在这方面能派上什么用场。

钟摆模型就是摆锤悬挂在枢轴点上的运动。很显然，现实世界的钟摆是建立在三维空间上的，
但我们想简化模型，因此本章的钟摆模型建立在二维空间上——也就是Processing的动画窗口中
（见图3-10）。

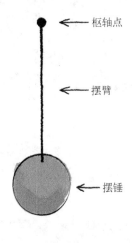

图   3-10

在第2章的讲解中，我们知道力（比如图3-11中的重力）如何让一个物体产生加速，也就是
F = M * A或者**A = F / M**。然而本例和图3-11有所不同，钟摆上的物体并不会落到地面，因为
绳子的另一头固定在支点上。因此，为了计算物体的角加速度，我们不仅要考虑重力的作用，还
要考虑钟摆绳子在某个角度上（钟摆静止时的角度为0）的拉力。

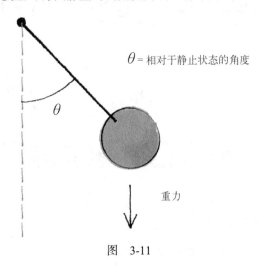

图   3-11

在上面的模型中，由于钟摆的绳子长度是固定的，唯一变化的部分就是绳子的角度。我们可以用角速度和角加速度模拟钟摆的运动，计算角速度的过程会涉及牛顿第二定律和三角函数。

让我们在钟摆的示意图上加上一个直角三角形。

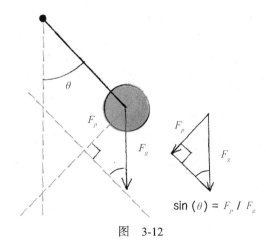

$$sin(\theta) = F_p / F_g$$

图 3-12

我们看到摆锤所受的力（F_p）和钟摆摆动的方向相同，这个力和绳子互相垂直。设想，如果没有绳子，摆锤会垂直下落，绳子的拉力使物体朝着钟摆静止的状态加速。重力（F_g）的方向竖直向下，我们可以在F_p和F_g两个向量上创建一个直角三角形，三角形的斜边就是重力向量。因此，重力向量被分解成两个分量，一个分量代表钟摆上物体受到的力。正弦等于对边除以斜边：

$$sin(\theta) = F_p / F_g$$

因此：

$$F_p = F_g * sin(\theta)$$

我们唯一的疑问就是：如何计算钟摆的角加速度？只要有了角加速度，我们就可以把运动的一般规律运用到钟摆上，最后得到下一时刻钟摆所在的角度。

角速度 = 角速度 + 角加速度
角度 = 角度 + 角速度

牛顿第二运动定律告诉我们力和加速度的关系，也就是**F = M * A**，或者**A = F / M**。因此，如果钟摆上物体受到的力等于重力乘以θ的正弦，就可以得到：

钟摆的角加速度 = 重力加速度 * sin(θ)

我需要提醒你：我们是Processing程序员，不是物理学家。地球的重力加速度是9.8 m/s^2，但作为Processing程序员，这个值与我们无关，我们可以用任意常量（称为重力）代替它，只要这个常量带来的加速度能够产生合理的动画效果。

角加速度 = 重力 * sin(θ)

令人惊讶的是，最后的公式变得如此简单。你可能会疑惑，为什么我们要做这些推导？我想说的是，整个学习过程很重要，我可以直接告诉你"钟摆的角加速度就等于某个常量乘以角度的正弦值"，但本书的目的并不是让你单纯学习钟摆的运动或者重力的作用，而是学会创造性地思考如何用计算机图形系统模拟物体的运动。钟摆只是一个学习用例，如果你搞清楚了模拟钟摆运动的方法，可以将其运用到其他任何实例上。

当然，我们还没有完成整个程序。我们可能会沉溺于这个简单而优雅的公式，但别忘了，最后还要将它实现成代码。同时，这也是实践面向对象编程技术的好机会。下面，我们将实现一个钟摆类。回顾在推导过程中碰到的各种属性，钟摆类需要以下几个变量：

❑ 摆臂长度
❑ 角度
❑ 角速度
❑ 角加速度

```
class Pendulum {
    float r;                    摆臂长度

    float angle;                摆臂角度

    float aVelocity;            角速度

    float aAcceleration;        角加速度
```

我们还需要一个update()函数，这个函数根据上面的公式更新钟摆的角度……

```
void update() {
    float gravity =0.4;                         任意常数

    aAcceleration = -1 * gravity * sin(angle);  根据公式计算加速度

    aVelocity += aAcceleration;                 增加速度

    angle += aVelocity;                         增加角度
}
```

除了update()函数，我们还需要一个display()函数用于绘制钟摆。这会引入另一个问题：

在什么位置绘制钟摆？已知当前的角度和绳子的长度，如何计算枢轴点（我们称为原点）和钟摆所在位置的x坐标和y坐标（笛卡儿坐标系）？答案还是三角函数。

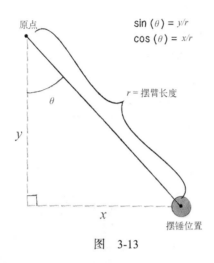

$$\sin(\theta) = y/r$$
$$\cos(\theta) = x/r$$

图　3-13

原点是我们随意编造的一个点，跟绳子的长度一样，它可以是任意值。假设：

```
PVector origin = new PVector(100,10);
float r = 125;
```

变量angle代表当前的角度，因此相对于原点，钟摆所在的位置用极坐标表示就是：(r, angle)。我们应该将它转化为笛卡儿坐标。前面已经学习如何将极坐标转化为笛卡儿坐标：

```
PVector location = new PVector(r*sin(angle),r*cos(angle));
```

由于钟摆的极坐标是相对于原点而言的，我们需要将上面的结果加上原点以得到真实的坐标：

```
location.add(origin);
```

剩下的就只有绘制线条和圆的代码了（在这里，你应该用创新的方法）。

```
stroke(0);
fill(175);
line(origin.x,origin.y,location.x,location.y);
ellipse(location.x,location.y,16,16);
```

在将所有东西整合在一起之前，还有最后一个小细节我忘了提及。思考以下问题。钟摆摆臂的材质是什么？一根金属棒？一根绳子？橡皮筋？它是如何连接到枢轴点上的？它有多长？它自身的质量是多少？当前是否有风力的作用？我们还可以继续问更多的问题，这些问题都会影响模拟过程。但我们的模拟世界是假想出来的，在这个假想的世界里，钟摆的摆臂是一根理想化的杆子，它从来不会弯曲，它的质量集中在一个无限小的点上。尽管不需要考虑上面的所有问题，但我们还是需要添加更多变量用于计算角加速度。为了让问题尽可能简单，在钟摆加速度公式的推导过程中，我们假定钟摆摆臂的长度等于1。实际上，钟摆摆臂的长度对加速度影响很大：摆臂越长，加速度越小。为了更精确地模拟钟摆运动，我们将加速度除以摆臂长度（假设以*r*表示）。如果你想知道更详细的解释，请访问这个网址：http://calculuslab.deltacollege.edu/ODE/7-A-2/7-A-2-h.html。

```
aAcceleration = (-1 * G * sin(angle)) / r;
```

最后，现实世界的钟摆还受摩擦力（枢轴点位置）和空气阻力的作用。在我们的例子中，钟摆将会永远摆动，为了让它更接近现实，我们可以用一种"衰减"的手段。为什么称之为"手段"，因为这并不是在精确模拟阻力（就像第2章里做的那样），而是在每一轮中减小角速度以达到相同的效果。下面的代码以每帧1%的幅度减小速度（将当前速度乘以99%）：

```
aVelocity *= 0.99;
```

将所有东西都放在一起，我们有了下面的代码（钟摆的初始角度是45度）。

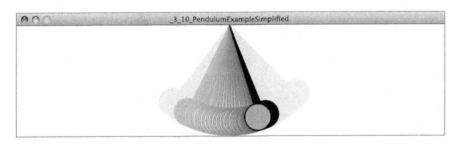

示例代码3-10   摆动的钟摆

```
Pendulum p;

void setup() {
    size(200,200);
    p = new Pendulum(new PVector(width/2,10),125);   我们用一个原点位置和摆臂长度初始化钟摆对象
}

void draw() {
    background(255);
    p.go();
}

class Pendulum {
    PVector location;     // 摆锤位置          这些变量用于控制钟摆的属性
    PVector origin;       // 枢轴点位置
    float r;              // 摆臂长度
    float angle;          // 摆臂角度
    float aVelocity;      // 角速度
    float aAcceleration;  // 角加速度
    float damping;        // 减震幅度

    Pendulum(PVector origin_, float r_) {
```

```
        origin = origin_.get();
        location = new PVector();
        r = r_;
        angle = PI/4;

        aVelocity = 0.0;
        aAcceleration = 0.0;
        damping = 0.995;                            任意的减震系数，使钟摆减慢摆动速度
    }

    void go() {
        update();
        display();
    }

    void update() {
        float gravity = 0.4;
        aAcceleration = (–1 * gravity / r) * sin(angle);    角加速度公式


        aVelocity += aAcceleration;                 标准角运动算法
        angle += aVelocity;


        aVelocity *= damping;                       加入减震
    }

    void display() {
        location.set(r*sin(angle),r*cos(angle),0);  坐标系转换告诉我们摆锤的位置

        location.add(origin);

        stroke(0);
        line(origin.x,origin.y,location.x,location.y);   摆臂
        fill(175);
        ellipse(location.x,location.y,16,16);       摆锤
    }
}
```

（注意：对于本例，本书网站的示例代码中还有一些额外的代码，这些代码能让用户用鼠标控制钟摆的摆动。）

练习 3.12

试着模拟将一系列钟摆串联在一起，一个钟摆的位置是另一个钟摆的枢轴点。注意，这样模拟的效果可能和实际的物理效果不符。双摆的模拟涉及复杂的数学公式，你可以在这里看到更多资料：http://scienceworld.wolfram.com/physics/DoublePendulum.html。

练习 3.13

用三角函数计算下图中的正向力大小（力的方向垂直于斜坡）。注意，如图所示，正向力也等于重力的某个分量。

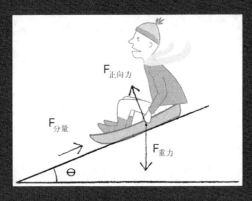

练习 3.14

模拟箱子从斜坡滑下的运动效果，滑下的过程受摩擦力作用。注意摩擦力的大小等于箱子对斜坡的压力。

3.10   弹力

在3.6节，我们研究了如何对简谐运动建模，当时的做法是将正弦波映射到目标像素范围内。在练习3.6中，你需要用同样的方法模拟悬挂在弹簧上的物体的上下摆动。用sin()函数模拟这样的运动，只需要几行代码就可以实现想要的效果，但这是一种快速但粗糙的做法，因为如果钟摆受环境中其他力的作用（比如风力和重力），这个模型就不再适用了。为了实现这类模拟，我们需要用向量模拟弹力的作用。

弹簧的弹力可以根据胡克定律计算得到，胡克定律以英国物理学家罗伯特·胡克命名，他在1660年发明了这个公式。胡克最初是用拉丁文描述这个公式的——"Ut tensio, sic vis"，这句话的意思是"力如伸长（那样变化）"。我们可以这么理解它：

弹簧的弹力与弹簧的伸长量成正比。

图 3-14

也就是说，弹簧被拉伸的越长，它的弹力（F_{spring}）也越大；被拉伸的越短，弹力越小。从数学上，你可以这么表示该定律：

$$F_{spring} = -k * x$$

☐ k是一个常量，它会影响弹力的大小。它的弹性如何？是紧绷的还是松垮的？

☐ x代表弹簧的形变，也就是当前长度和静止长度的差。静止长度被定义为弹簧在平衡状态下的长度。

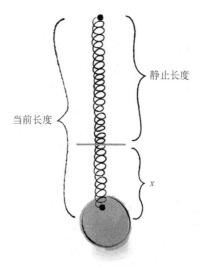

图3-15 x = 当前长度 – 静止长度

请记住，弹力是一个向量，除了大小，我们还应该计算它的方向。再来看看一个有关弹簧的示意图，图中标示了可能出现在Processing Sketch中的有关变量。

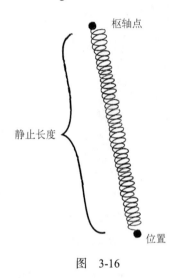

图　3-16

下面，我们要创建图3-16所示的3个变量。

```
PVector anchor;
PVector location;
float restLength;
```

我们先用胡克定律计算弹力的大小。我们需要知道k和x的值：k很简单，它只是一个常量，我们可以随意选择一个数。

```
float k = 0.1;
```

x可能会更复杂，我们需要知道"当前长度和静止长度的差"。可以用restLength表示静止长度，而当前长度等于多少？它的大小等于枢轴点和摆锤之间的距离。如何计算这个距离？距离等于从枢轴点到摆锤的向量的长度。（在示例代码2-9中计算引力时，我们用相同的方法计算过两点之间的距离。）

```
PVector dir = PVector.sub(bob,anchor);          由枢轴点指向摆锤的向量，它告诉我们弹簧的当前
                                                长度

float currentLength = dir.mag();
float x = restLength - currentLength;
```

搞清楚如何计算弹力的大小（$-1 * k * x$）之后，接下来就要开始计算它的方向，我们需要得到弹力方向的单位向量。幸运的是，前面已经得到了这个向量，我们刚刚还在思考这样的问题："如何计算枢轴点到摆锤的距离？从枢轴点到摆锤的向量大小是多少？"这个向量就是弹力的方向！

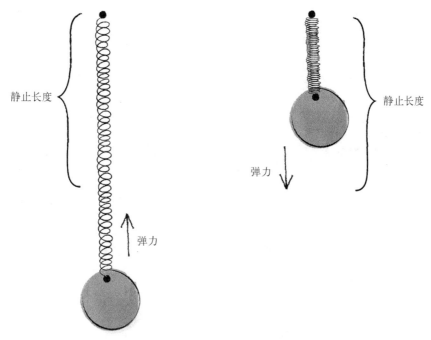

图 3-17

在图3-17中，我们可以看到：如果弹簧被拉伸，当前长度大于静止长度，它就会产生一个指向枢轴点的拉力；如果弹簧被压缩，当前长度小于静止长度，它就会产生一个相反的推力。在公式中，我们用-1表示相反的方向，因此只需将前面计算距离的过程中得到的向量单位化。在下面的代码中，我们用force变量表示弹力向量。

```
float k = 0.1;                              按照胡克定律计算得到的弹力

PVector force = PVector.sub(bob,anchor);
float currentLength = dir.mag();
float x = restLength – currentLength;

force.normalize();                          弹力的方向（单位向量）

force.mult(-1 * k * x);                     把方向和大小放在一起！
```

得到计算弹力向量的算法后，我们还有一个问题：要用什么样的面向对象编程结构实现这个模型？对于这个问题，我想重申，它并没有"正确"的答案。有很多实现方式可供利用，采用何种方式取决于最终目的和我们的编程习惯。前面我们已经研究过Mover类的结构，在这里我想用类似的框架把之前的Mover类当作弹簧上的钟摆。为了能在屏幕上运动，钟摆也有对应的位置、速度和加速度向量。钟摆受重力的作用，因此我们也需要调用applyForce()函数将重力作用在钟摆上。除此之外，还有最后一步——将弹力作用在摆锤上。

```
Bob bob;

void setup() {
    bob = new Bob();
}

void draw() {
    PVector gravity = new PVector(0,1);              和第2章的做法相同：编造一个重力

    bob.applyForce(gravity);
    PVector springForce = _____????        我们还需要计算和应用一个弹簧弹力！
    bob.applyForce(spring);


    bob.update();                                    标准的update()函数和display()函数
    bob.display();
}
```

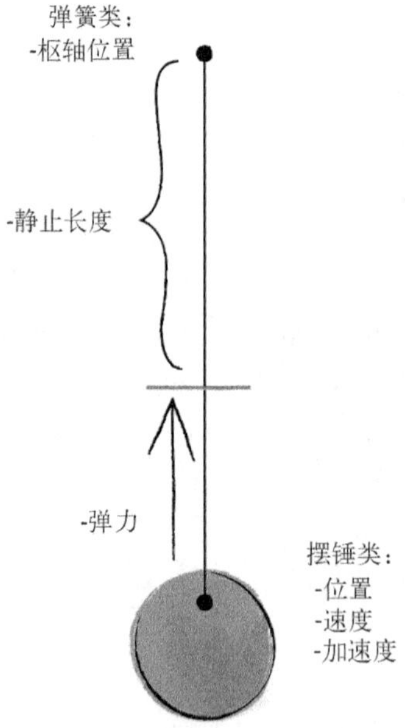

弹簧类：
-枢轴位置

-静止长度

-弹力

摆锤类：
-位置
-速度
-加速度

图　3-18

有一种实现方式是：在主draw()循环上实现所有弹力相关的代码。但我们需要有超前思维：如果同时有多个钟摆和多个弹簧互相连接，该怎么办？更好的实现方法应该是创建一个弹簧类（spring）。如图3-18所示，钟摆类（bob）主要用于管理钟摆的运动；弹簧类用于管理弹簧的枢轴点位置、静止长度和计算作用在钟摆上的弹力。

按照上面的程序结构，我们就有了一个漂亮的主程序：

```
Bob bob;
Spring spring;                                       加入一个Spring对象
```

```
void setup() {
    bob = new Bob();
    spring = new Spring();
}

void draw() {
    PVector gravity = new PVector(0,1);
    bob.applyForce(gravity);

    spring.connect(bob);                          这个新加入的函数负责计算弹簧弹力

    bob.update();
    bob.display();
    spring.display();
}
```

你可能会注意到，本例和示例代码2-6中Attractor类的实现方式类似。在Attractor类中，我们用到了这样的代码：

```
PVector force = attractor.attract(mover);
mover.applyForce(force);
```

如果用类似的方法模拟本例的弹力，代码看起来会是这样的：

```
PVector force = spring.connect(bob);
bob.applyForce(force);
```

然而，在这个例子中，我们却是这么做的：

```
spring.connect(bob);
```

为什么我们不在钟摆对象上调用applyForce()函数？答案是：我们当然需要在钟摆对象上调用applyForce()函数，但不是在draw()函数中直接调用它。我们打算使用另一种合理的实现方式：在connect()函数内部对钟摆对象调用applyForce()函数，这种做法更合理。

```
void connect(Bob b) {
    PVector force = some fancy calculations

    b.applyForce(force);                          connect()函数负责调用applyForce()函数，因
                                                  此不需要再返回一个向量

}
```

为什么弹簧类的实现方式和Attractor类的实现方式不同？因为刚开始学习力的建模时，我们喜欢在主draw()函数中实现力的作用，这样做会让程序的意图更清晰，让读者更容易理解力的累加效应。上面的目的达成后，我还是希望采用更简单的做法：在对象内部封装这部分逻辑。

让我们看看弹簧类剩下的实现：

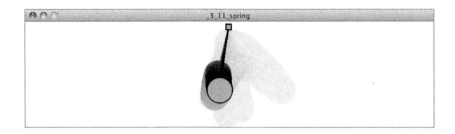

示例代码3-11 弹簧连接

```
class Spring {

    PVector anchor;                          弹簧的枢轴点位置

    float len;                               静止长度和相关常量
    float k = 0.1;

    Spring(float x, float y, int l){         在构造函数中初始化枢轴点和静止长度
        anchor = new PVector(x,y);
        len = l;
    }

    void connect(Bob b) {                    计算弹力，实现胡克定律

        PVector force =                      获取由枢轴点指向摆锤的向量
        PVector.sub(b.location,anchor);

        float d = force.mag();
        float stretch = d - len;             计算距离和静止长度的差值

        force.normalize();                   合并大小和方向
        force.mult(-1 * k * stretch);

        b.applyForce(force);                 调用applyForce()函数
    }

    void display() {                         绘制枢轴点
        fill(100);
        rectMode(CENTER);
        rect(anchor.x,anchor.y,10,10);
    }

    void displayLine(Bob b) {                绘制摆锤和枢轴点之间的连接
        stroke(255);
        line(b.location.x,b.location.y,anchor.x,anchor.y);
    }

}
```

本例的所有代码都可以在本书的官方网站中找到,代码的网络版本还包含了两个额外的功能:

(1) 钟摆类包含了与鼠标交互相关的代码,我们可以用鼠标拉动钟摆,从而触发它的运动;

(2) 弹簧类包含了一个额外的函数,这个函数能限制弹簧的最小长度和最大长度。

练习 3.15

在运行上面的程序之前,思考长度限制函数该如何实现,试着完成下面的程序填空题。

```
void constrainLength(Bob b, float minlen, float maxlen) {
    PVector dir = PVector.sub(_____,_____);      由摆锤指向枢轴点的向量
    float d = dir.mag();

    if (d < minlen) {                              它的长度是否过短?
        dir.normalize();
        dir.mult(_____);
        b.location = PVector.add(_____,_____);   限制位置
        b.velocity.mult(0);
    } else if (_____) {                     它的长度是否过长?
        dir.normalize();
        dir.mult(_____);
        b.location = PVector.add(_____,_____);   限制位置
        b.velocity.mult(0);
    }
}
```

练习 3.16

创建一个有多个钟摆和弹簧连接的系统,试着让一个钟摆连接到另一个钟摆上,而不是连接在一个固定的枢轴点上。

生态系统项目

第 3 步练习

选择生态系统中的某一种生物,将振荡融入到它的运动效果中。你可以用示例代码 3-7 中的 Oscillator 类,Oscillator 对象是绕着一个固定的枢轴点(窗口中央)运动的,试着让你的生物绕着一个正在移动的枢轴点运动。换句话说:创建一种生物,让它根据位置、速度和加速度在屏幕上运动。注意:这种生物的体形并不是固定的,它的体形类似振荡的效果,考虑在体形振荡速度和整体运动速度之间建立某种联系。你可以参考蝴蝶的振翅和昆虫的腿型,可以让它的内部运动(振荡)驱动整体运动。在随书代码中有一个例子是 "AttractionArrayWithOscillation",你可以参考它的实现。

第 4 章

粒子系统

"不管如何,我使用逻辑,逻辑明确地表示多数人的需求高于少数人。"

——史波克(电影《星际迷航》)

1982年,卢卡斯影业的研究员William. T. Reeves正致力于电影《星际迷航2:可汗之怒》的制作。整部电影都围绕着创世武器展开,它是一种鱼雷,能让荒芜死寂的星球发生物质重组,最后创造出适合人类居住的环境。电影中有这样一幕,某个星球在被"改造"的过程中,表面蔓延着一道火墙。粒子系统这个术语,就是在这个特效的制造过程中出现的,后来它成为计算机图形学中最常用的技术之一。

"粒子系统是由许多粒子组成的用于代表模糊对象的集合。在一段特定时间内,粒子在系统中生成、移动、转化,最后消亡。"

——William Reeves, "Particle Systems——A Technique for Modeling a Class of Fuzzy Objects", ACM Transactions on Graphics 2:2 (1983年4月), 92

从20世纪80年代初开始,粒子系统就被用于制作各种电子游戏、动画、数码艺术作品,还被用于模拟各种不规则的自然现象,比如火焰、烟雾、瀑布、草丛和泡沫。

本章讨论粒子系统的实现策略。我们将探讨以下问题:在实现粒子系统时,如何组织代码;如何存放单个粒子及整个系统的相关信息。本章将给出很多模拟程序,以便展示如何管理粒子系统的相关数据。在模拟过程中,我们用最简单的图形代表粒子,并且只涉及粒子的最基本行为(比如在重力作用下的行为)。尽管如此,你可以在代码框架中加入更有趣的渲染方式和模拟行为,实现各种视觉效果。

4.1 为什么需要粒子系统

粒子系统就是一系列独立对象的集合,这些对象通常用简单的图形或者点来表示。为什么我们要学习粒子系统呢?毫无疑问,粒子系统可以用于模拟各种自然现象(比如爆炸)。实际上,它的作用不局限于此。如果我们要用代码对自然界的各种事物建模,要接触的系统肯定并不是由单个物体组成的，系统内部会有很多物体，而粒子系统非常适合对复数系统进行建模。比如一堆弹球的弹跳运动、鸟群的繁殖，以及生态系统的演化，这些研究对象都是由复数组成的系统。

本书的后续章节都会涉及对一组对象的处理。在前面向量和力的示例程序中，我们简单地用数组表示一组对象，但从本章开始，我们要用一种更强大的方式表示它们。

首先，列表中物体的数量应该是可变的：可能没有物体，可能只有1个物体，也可能有10个物体或成千上万的物体。其次，除了定义粒子类，我们还会定义一个类表示粒子的集合——也就是粒子系统（ParticleSystem）类，在实现过程中，我们会更深入地使用面向对象方法。最后的主程序看起来会是这样：

```
ParticleSystem ps;                              这样的主程序是不是显得非常简洁优雅？

void setup() {
    size(200,200);
    ps = new ParticleSystem();
}

void draw() {
    background(255);
    ps.run();
}
```

上面的程序并没有涉及单个粒子，但在最终的运行效果中，你会在屏幕上看到无数移动的粒子。在后面的学习中，你会发现本章涉及的各种编程技术都非常有用，包括：如何用Processing实现多个类，如何实现对象的容器类。

最后，在粒子系统的研究过程中，我们将会接触两种面向对象编程的关键技术：继承和多态。在前面的例子中，数组中存储的只是同种类型的对象，就像Mover和Oscillator数组。有了继承（和多态）之后，我们就可以在数组中存放不同类型的对象。粒子系统中的粒子通常有多种类型。

还要特别指出：粒子系统有多种实现方式，本章的内容就是学习这些实现方式。然而，你的想象不能被限制在本章特定的实现中。这里描述的粒子系统可能会发光、会向前飞动，或是受重力作用下落，但这并不意味着你的粒子系统就必须有这些特性。

我们在这里要特别关注多元素系统的实现，至于这些元素有何功能及外形，那都由你决定！

4.2　单个粒子

在学习系统之前，我们要先实现一个类，这个类用于表示单个粒子。好消息是：我们已经在前面做过这件事情，第2章中的Mover类就是一个很好的模板。粒子就是在屏幕中移动的对象，它有位置、速度和加速度变量，有构造函数用于内部变量的初始化，有display()函数用于绘制自身，还有update()函数用于更新位置。

```
class Particle {
    PVector location;
    PVector velocity;
    PVector acceleration;

    Particle(PVector l) {
        location = l.get();
        acceleration = new PVector();
        velocity = new PVector();
    }

    void update() {
        velocity.add(acceleration);
        location.add(velocity);
    }

    void display() {
        stroke(0);
        fill(175);
        ellipse(location.x,location.y,8,8);
    }
}
```

Particle对象是Mover对象的别名，它有位置、速度和加速度

这是一个很简单的粒子，我们可以继续完善这个粒子类：可以在类中加入applyForce()函数用于影响粒子的行为（后面的例子会实现这一特性）；可以加入其他变量用于描述粒子的色彩和形状，或是用PImage对象绘制粒子。但现在，我们只想在类中加入一个额外的变量：生存期（lifespan）。

典型的粒子系统中都有一个发射器，发射器是粒子的源头，它控制粒子的初始属性，包括位置、速度等。发射器发射的粒子可能是一股粒子，也可能是连续的粒子流，或是同时包含这两种发射方式。有一点非常关键：在一个典型的粒子系统中，粒子在发射器中诞生，但并不会永远存在。假设粒子永不消亡，系统中的粒子将越积越多，Sketch的运行速度也会越来越慢，最后程序会挂起。新的粒子不断产生，与此同时，旧的粒子应该不断消亡，只有这样，程序的性能才不会受到影响。决定粒子何时消亡的方法很多，比如，粒子可以和另一个粒子结合在一起，或在离开屏幕时消亡。这是本章的第一个粒子类（Particle），我希望它尽可能简单，因此用一个lifespan变量代表粒子的生存期，这个变量从255开始，逐步递减，递减到0时粒子消亡。加入生存期后的Particle类如下所示：

```
class Particle {
    PVector location;
    PVector velocity;
    PVector acceleration;
    float lifespan;

    Particle(PVector l) {
        location = l.get();
        acceleration = new PVector();
```

该变量用于管理粒子的“生存”时长

```
        velocity = new PVector();
        lifespan = 255;                              为了便于实现，我们从255开始递减

    }

    void update() {
        velocity.add(acceleration);
        location.add(velocity);
        lifespan -= 2.0;                             递减生存期变量

    }

    void display() {
        stroke(0, lifespan);                         由于生存期的范围是255~0，我们可以把它当成
        fill(175,lifespan);                          alpha值

        ellipse(location.x,location.y,8,8);
    }
}
```

为了便利，我们让生存期从255开始递减，直至减到0。因为我们让粒子的alpha透明度等于生存期，所以当粒子"消亡"时，会变得完全透明，这样它在屏幕中也就不可见了。

有了lifespan变量之后，我们还需要添加另一个函数，它返回一个布尔值，用于检查粒子是否已经消亡。这个函数将在粒子系统类的实现中派上大用场。粒子系统的主要职责是管理粒子的列表。这个函数的实现非常简单，我们只需要检查lifespan变量是否小于0：如果小于0，就返回true；如果不小于0，就返回false。

```
boolean isDead(){
    if (lifespan < 0.0){                             粒子是否还"活"着
        return true;
    } else {
        return false;
    }

}
```

在创建多个粒子对象之前，应该确保粒子类能够正常工作，我们可以用Sketch模拟单个粒子对象的运动情况。模拟代码如下所示，我在其中加入了两个额外功能：首先，为了方便调用，我在其中加入了run()函数，这个函数只是简单地调用了update()函数和display()函数；其次，为了模拟重力，我们为粒子对象赋予一个随机的初始速度和向下的加速度。

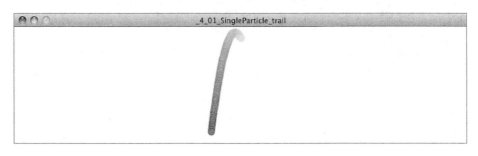

示例代码4-1   单个粒子

```
Particle p;

void setup() {
    size(200,200);
    p = new Particle(new PVector(width/2,10));
    smooth();
}

void draw() {
    background(255);

    p.run();                                    操作单个粒子

    if (p.isDead()) {
        println("Particle dead!");
    }
}

class Particle {
    PVector location;
    PVector velocity;
    PVector acceleration;
    float lifespan;

    Particle(PVector l) {
        acceleration = new PVector(0, 0.05);     为了演示，我们为粒子赋予一个初始速度和常量加
                                                 速度
        velocity = new PVector(random(-1,1),random(-2,0));

        location = l.get();
        lifespan = 255.0;
    }

    void run() {                                 为了便利，有时用run()函数调用其他所需函数

        update();
        display();
    }

    void update() {
        velocity.add(acceleration);
        location.add(velocity);
        lifespan -= 2.0;
    }

    void display() {
        stroke(0,lifespan);
        fill(0,lifespan);
        ellipse(location.x,location.y,8,8);
    }

    boolean isDead() {                           粒子是"活着"，还是"死亡"？
```

```
        if (lifespan < 0.0) {
            return true;
        } else {
            return false;
        }
    }
}
```

练习 4.1

请重新实现上面的示例程序，在粒子类中添加 applyForce() 函数，让粒子可以受力的作用。

练习 4.2

在粒子中加入角速度（旋转），用你自己设计的形状（不能是圆形）绘制粒子。

到这里，一个完整的粒子类已准备好了，我们可以开始新的话题。这里先提出一个问题：如果系统中的粒子数量未知，那么如何管理这样的粒子列表？

4.3　使用 ArrayList

我们可以使用数组管理这些粒子对象。如果粒子系统的粒子数量是恒定的，数组是非常有效的工具。此外，Processing还提供了一些函数用于改变数组长度，比如expand()、contract()、subset()、splice()等。然而在本章，我们要使用Java的ArrayList类，这是一种更高级的对象列表管理方法。你可以在java.util包中找到该类的相关文档（http://download.oracle.com/javase/6/docs/api/java/util/ArrayList.html）。

ArrayList的实现思路和普通数组类似，但它们的语法并不相同。下面的两个例子（假设Particle子类已经存在）实现了同样的效果：前者用数组实现，后者用ArrayList实现。

用数组实现：

```
int total = 10;
Particle[] parray = new Particle[total];

void setup() {
    for (int i = 0; i < parray.length; i++) {      这是我们之前的做法，用下标和[]访问数组元素
        parray[i] = new Particle();
    }

}
void draw() {
    for (int i = 0; i < parray.length; i++) {
```

```
        Particle p = parray[i];
        p.run();
    }
}
```

用ArrayList实现：

```
int total = 10;
```
你曾经看到过这种语法吗？这是Java 1.6引入的特性（称为"泛型"），Processing现在也支持这个特性，它允许我们提前指定ArrayList存放的对象类型

```
ArrayList<Particle> plist = new ArrayList<Particle>();
void setup() {
    for (int i = 0; i < total; i++) {
        plist.add(new Particle());
    }
}
```
使用add()函数将对象加入ArrayList

```
void draw() {
    for(int i = 0; i < plist.size(); i++) {
```
size()函数返回ArrayList的长度

```
        Particle p = plist.get(i);
```
用get()函数访问ArrayList的对象，由于这里使用了泛型，获取对象时不需要指定具体的对象类型

```
        p.run();
    }
}
```

我们可以看到，在两种实现路径中，最后一个for循环的实现方式非常相似，都是通过一个下标遍历数组中的每个元素。我们创建了变量i，让它从0开始每次递增1，逐个访问ArrayList的元素，直到遍历结束。除此之外，Java（和Processing）还提供了一种更简洁的"改进型for循环"。改进型循环在ArrayList和普通数组中都可以使用，使用方式如下：

```
ArrayList<Particle> plist = new ArrayList<Particle>();

for (Particle p: particles) {
    p.run();
}
```

我们可以这样翻译上面的代码：把"for"当作"for each"，把"："当作"in"。于是就有了："对列表中的每个粒子对象p，都调用run()函数！"

当看到这个简洁的写法时，你肯定抑制不住内心的兴奋。我可以告诉你，我也根本无法抑制自己内心的兴奋，忍不住要把它重写一遍。

```
for (Particle p : particles) {
```
改进型for循环也支持普通数组！

```
    p.run();
}
```

我非常喜欢这种循环写法，因为它简单、优雅、简洁、可爱……但有一个坏消息：尽管我们很喜欢这个改进型循环，但粒子系统还有些特别的特性，这些特性导致我们不能使用这种优雅的循环方式。接下来，我们将探讨这个问题。

上面的代码并没有用到ArrayList的动态长度特性，它的长度被定为10。我们需要重新设计一个例子，让它更符合粒子系统的场景：一个典型的粒子系统会发射连续的粒子流，因此每个draw()循环都会把新的粒子对象加入ArrayList。这里的粒子类和上例相同，因此不再赘述。

```
ArrayList<Particle> particles;

void setup() {
    size(200,200);
    particles = new ArrayList<Particle>();
}

void draw() {
    background(255);
    particles.add(new Particle(new PVector(width/2, 50)));
                                          在每一轮draw()函数中，粒子系统都将加入新的粒子

    for (int i = 0; i < particles.size(); i++) {
        Particle p = particles.get(i);
        p.run();
    }
}
```

运行上述代码，几分钟后，你会发现程序的帧速越来越慢，最后程序会挂起（在我的测试环境中，运行15分钟后程序就已经慢得不行了）。问题的原因在于：我们只在系统中创建和添加粒子对象，却从不移除任何粒子对象。

幸运的是，ArrayList类提供了一个remove()函数，我们可以通过这个函数非常方便地移除某个粒子对象（通过对象的下标）。但我们不能在改进型for循环遍历元素的同时删除元素，这也是我们不能在粒子系统中使用这个函数的原因。我们应该判断粒子对象的isDead()函数是否返回true，如果返回true，就调用remove()函数移除这个对象。

```
for (int i = 0; i < particles.size(); i++) {
    Particle p = particles.get(i);
    p.run();
    if (p.isDead()) {                         如果粒子"死亡"，我们可以就将它从列表中删除，
        particles.remove(i);                  然后向前遍历
    }
}
```

尽管上面的代码能够正常运行（程序永远不会挂起），但我们已经在其中引入了另一个问题：在列表遍历的过程中，操纵里面的数据会引入麻烦。举个例子，请看以下代码：

```
for (int i = 0; i < particles.size(); i++) {
    Particle p = particles.get(i);
```

```
p.run();
particles.add(new Particle(new PVector(width/2,50)));
```
是否在遍历的同时向列表中添加新的粒子对象
```
}
```

这个例子有些极端（它本身的实现逻辑就有问题），但可以证明一个事实。如果在列表遍历元素的过程中不断向其中添加新粒子对象（进而影响ArrayList的大小），最后会变成无限循环，因为我们永远无法让下标值超过ArrayList的大小。

在ArrayList循环的过程中删除元素并不会让程序崩溃（在循环过程中不断添加元素才会让程序崩溃），但这样做的问题更加严重，因为它不会产生任何错误迹象。为了发现这个问题，我们需要了解它的内部原理。当对象从ArrayList中移除出去时，它右边的所有元素将会向左移动一位。下图中，粒子C（下标为2）被移除，粒子A和粒子B保持原来的下标，但是粒子D和粒子E的下标分别由原来的3和4变为2和3。

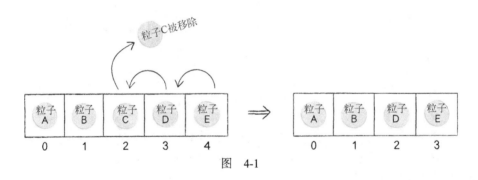

图   4-1

让我们用i人工遍历ArrayList。

如果 i = 0 → 检查粒子A → 保留对象
如果 i = 1 → 检查粒子B → 保留对象
如果 i = 2 → 检查粒子C → 删除对象
        分别将粒子D和粒子E从槽3和槽4移到槽2和槽3
如果 i = 3 → 检查粒子E → 保留对象

你可能已经注意到：在遍历过程中，我们没有检查粒子D！当C从槽2中被移除时，D被移到了槽2的位置，但是下一个遍历的元素是槽3。这并不是一场灾难，因为下一轮循环还是会遍历到粒子D，但这不符合我们的目的：遍历ArrayList中的每个元素，不能跳过其中的某个元素。

这个问题有两种解决方案。第一种方案是：反向遍历ArrayList。按上面的原理，如果对象删除时，它的空缺将由右侧的对象填充，因此反向遍历不会漏掉任何元素。该方案的代码如下：

```
for (int i = particles.size()-1; i >= 0; i--){
```
反向遍历列表
```
    Particle p = (Particle) particles.get(i);
    p.run();
    if (p.isDead()) {
```

```
            particles.remove(i);
        }
    }
```

上面的解决方案适用于大部分场景，但在某些场景中，对象的遍历顺序很重要，因为它会影响绘制顺序，所以你可能并不想让它反向遍历。对此，Java提供了一个特殊类——迭代器，它可以满足你各种各样的遍历需求。比如，你的需求可能是这样的：

> 我要遍历这个 `ArrayList`。你能否每次返回列表中的下一个元素，直到列表的末尾？如果我在遍历过程中移动或者删除了这些元素，你能否确保不会重复检查或漏掉任何元素？

`ArrayList`的`iterator()`函数会返回一个迭代器对象。

```
Iterator<Particle> it = particles.iterator();
```
对于迭代器对象，我们也可以使用新的<类名>泛型语法为迭代器指定类型

得到迭代器对象之后，它的`hasNext()`函数会告诉我们是否有下一个粒子对象，而调用`next()`函数得到这个粒子对象。

```
while (it.hasNext()) {
    Particle p = it.next();
    p.run();
```
迭代器对象替你完成遍历

在遍历过程中，如果你用迭代器调用了`remove()`函数，当前的粒子对象就会被删除（接着向前遍历`ArrayList`，下一个对象并不会被跳过）。

```
    if (p.isDead()) {
        it.remove();
    }
}
```
迭代器会替你删除对象

将上面的代码合并在一起，就有了以下程序：

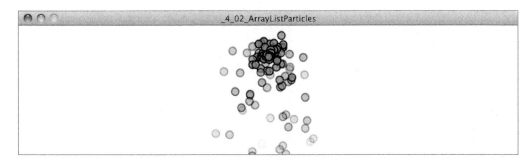

示例代码4-2   用迭代器遍历ArrayList

```
ArrayList<Particle> particles;

void setup() {
    size(200,200);
    particles = new ArrayList<Particle>();
}
void draw() {
    background(255);

    particles.add(new Particle(new PVector(width/2,50)));

    Iterator<Particle> it = particles.iterator();
    while (it.hasNext()) {                              用迭代器对象代替下标i
        Particle p = it.next();
        p.run();
        if (p.isDead()) {
            it.remove();
        }
    }
}
```

4.4   粒子系统类

到目前为止，我们已经做了两件事情：首先，完成了粒子类，用它描述单个粒子对象；之后，学会了ArrayList的用法，掌握了如何用它管理粒子对象列表（随心所欲地添加和删除列表中的对象）。

我们不能在这里停住，下面还要做一件重要事情，那就是用一个类描述由粒子对象组成的系统——粒子系统类。通过它，我们可以将复杂的遍历逻辑从主程序中移除，也可以非常方便地加入其他粒子系统。

回头看看本章最初列出的学习目标，我们想让主程序看起来是这样的：

```
ParticleSystem ps;                              只需要一个粒子系统对象！

void setup() {
    size(200, 200);
    ps = new ParticleSystem();
}

void draw() {
    background(255);
    ps.run();
}
```

以示例代码4-2中的代码为例，我们顺便复习一下面向对象编程技术。请看下表，注意主程序中的各部分代码如何被映射成粒子系统的实现。

主程序中的ArrayList	粒子系统中的ArrayList
| ```
ArrayList<Particle> particles;

void setup() {
    size(200,200);
    particles = new ArrayList<Particle>();
}

void draw() {
    background(255);

    particles.add(new Particle());



    Iterator<Particle> it =
        particles.iterator();
    while (it.hasNext()) {
        Particle p = it.next();
        p.run();
        if (p.isDead()) {
            it.remove();
        }
    }
}
``` | ```
class ParticleSystem {

    ArrayList<Particle> particles;


    ParticleSystem() {
        particles = new ArrayList<Particle>();
    }



    void addParticle() {
        particles.add(new Particle());
    }



    void run() {
        Iterator<Particle> it =
            particles.iterator();
        while (it.hasNext()) {
            Particle p = it.next();
            p.run();
            if (p.isDead()) {
                it.remove();
            }
        }
    }
}
``` |

我们还可以在粒子系统中加入一些新特性。比如，加入一个粒子的原点，也就是粒子创建的初始位置，即粒子的发射点，这恰好符合粒子系统"发射器"的概念。这个原点必须在粒子系统的构造函数中初始化。

示例代码4-3 单个粒子系统

```
class ParticleSystem {
    ArrayList particles;
    PVector origin;                                         这个粒子系统包含一个原点

    ParticleSystem(PVector location) {
        origin = location.get();
        particles = new ArrayList();
    }
```

```
void addParticle() {
    particles.add(new Particle(origin));        在粒子系统的构造函数中传入原点
}
```

练习 4.3

让粒子系统的原点能够动态移动，试着让粒子从鼠标所在的位置发射出来，或者用速度和加速度的原理让粒子系统自主移动。

练习 4.4

改写第 3 章的 "行星" 游戏，用粒子系统模拟飞船的发射行为，粒子的初始速度应该和飞船的当前方向有关。

4.5　由系统组成的系统

我们看看已经进行到哪一步了：我们已经知道如何实现粒子对象，也学会了如何实现粒子对象组成的系统，这个系统称为 "粒子系统"，粒子系统就是由一系列独立对象组成的集合。但粒子系统本身不也是一个对象？如果粒子系统也是个对象，我们可以让这些粒子系统对象组成一个集合，产生一个由系统组成的系统。

这样的思维方式能让我们走得更远，但是你可能会陷入这样的思维陷阱：尝试着去构建一个由系统组成的系统，再由这个系统组成新的系统，再由新系统组成更高一级的系统……这样的想法并没有错，毕竟现实世界就是这么运作的，比如：器官是由细胞组成的系统，而人体则是由器官组成的系统，社区是由人组成的系统，城市是由社区组成的系统，依次类推……尽管这么一直研究下去会很有趣，但这已经超出了本书的讨论范围，我们只想掌握如何在 Sketch 中同时模拟多个粒子系统，其中的每个粒子系统都由很多粒子组成。来看看以下场景：

从一块空白的屏幕开始。

在屏幕上点击鼠标，在点击位置产生一个粒子系统。

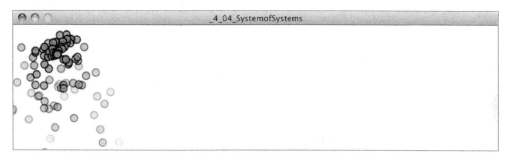

每次点击鼠标，点击位置都会产生一个新的粒子系统。

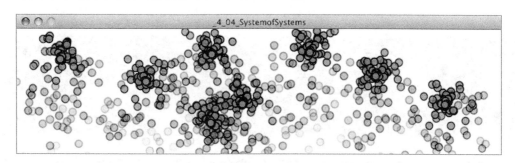

在示例代码4-3中，我们在程序中声明了一个存放粒子系统对象的变量ps。

```
ParticleSystem ps;

void setup() {
    size(200,200);
    ps = new ParticleSystem(1,new PVector(width/2,50));
}

void draw() {
    background(255);
    ps.run();
    ps.addParticle();
}
```

在这里，我们需要创建一个ArrayList用于存放多个粒子系统对象，并在setup()函数中将这个ArrayList初始为空。

示例代码4-4　由系统组成的系统

```
ArrayList<ParticleSystem> systems;          这次，我们要在ArrayList中放入粒子系统对象
void setup() {
    size(600,200);
    systems = new ArrayList<ParticleSystem>();
}
```

一旦鼠标被点击，一个新的粒子系统对象将会被创建并放入ArrayList中。

```
void mousePressed() {
    systems.add(new ParticleSystem(new PVector(mouseX,mouseY)));
}
```

在Sketch的draw()函数中，原先我们只需要引用全局的粒子系统对象，而现在需要遍历ArrayList中的所有粒子系统对象，并且分别调用它们的run()函数。

```
void draw() {
    background(255);
    for (ParticleSystem ps : systems) {          这里不会删除元素，因此可以使用改进型for循环

        ps.run();
        ps.addParticle();
    }
}
```

练习 4.5

重写示例代码4-4，让程序中的粒子系统不能永远存在，一旦某个粒子系统为空（比如，它的 ArrayList 中已经没有任何粒子对象），就把它从系统的 ArrayList 中删除。

练习 4.6

模拟一个物体碎裂成很多块的效果。如何将一个大图形分解成许多小粒子？如果屏幕中有很多大图形，它们一被鼠标点中，就会碎裂，如何模拟这一现象？

4.6   继承和多态的简介

在阅读本书之前，或许你已经接触过继承和多态这两个概念，面向对象编程有3个最基本的特性，继承和多态就是其中两个（另一个是封装）。有些Java编程和Processing编程的教学书籍可能不会涵盖这两个知识点。我之前的著作*Learning Processing*一书中，就有一整章（第22章）内容都在介绍继承和多态。

虽然你或许已经了解了继承和多态的概念，但很可能只是在理论层面接触过，并没有机会在实践中使用它们。如果真是这样，你就来对地方了。没有继承和多态，你对粒子和粒子系统建模的能力将会大打折扣。（在下一章中，我们会看到如何利用这两个特性更好地使用Processing的物理函数库。）

想象下面的场景：这是周六的早晨，你刚结束一个舒服的晨跑，享受着美味的早餐。你静静

地坐在电脑面前喝着茶，然后想起来今天刚好是老朋友的生日，你决定用Processing给他做一张电子贺卡，并在贺卡上添加各种各样的生日彩条——紫色彩条、粉红色彩条、星形彩条、方形彩条、快速飞过的彩条、摆动的彩条，等等。最后的效果是，你的朋友一打开贺卡，他就可以看到不同外形和效果的彩条同时出现在屏幕中。

很显然，上面描述的贺卡就是一个粒子系统——由一系列彩条（粒子）组成的集合。我们可以在粒子类中放入各种效果所需的全部变量，比如颜色、形状、行为，等等，然后随机地初始化这些变量，这样做就可以实现想要的效果。但如果这些粒子之间的差异很大，整个程序将会变得非常混乱，因为不同粒子对应的所有代码都被塞到一个类中。对此，你可能会用以下几个类改进这个程序：

```
class HappyConfetti {

}

class FunConfetti {

}

class WackyConfetti {

}
```

这是个不错的解决方案：我们用3个类分别描述3种不同的彩条，这3种彩条都有可能出现在粒子系统中。在粒子系统的构造函数中，我们随机地创建这3种实例变量，并放入ArrayList中。"随机选择"这部分的代码和"引言"中的随机游走示例的代码是一样的。

```
class ParticleSystem {
    ParticleSystem(int num) {
        particles = new ArrayList();
        for (int i = 0; i < num; i++) {
            float r = random(1);
                                        随机选择一种粒子
            if      (r < 0.33) { particles.add(new HappyConfetti()); }
            else if (r < 0.67) { particles.add(new FunConfetti());   }
            else               { particles.add(new WackyConfetti()); }
        }
    }
```

好了，先暂停一会儿。别担心，我们并没有做错什么，我们只是想祝朋友生日快乐，并能快乐地写几行有用的代码。但很显然，我们碰到了两个问题。

问题1：难道我们要在不同的"彩条"类之间复制或粘贴很多重复的代码？

是的，尽管粒子之间的差异很大，以至于我们要用不同类的分别实现，但它们之间仍然存在很多可以共用的代码。比如：它们都有位置、速度和加速度向量；它们都有一个update()函数用于实现运动的算法，等等。

而继承在这里正好派上用场。面向对象的继承特性让它可以从另一个类中继承变量和函数，如此一来，这个类只需要实现自己特有的特性。

问题2：ArrayList怎么知道它里面的对象是什么类型？

这是一个很重要的问题。请记住，我们在ArrayList中存放的是泛型类型。那么是否需要创建3个不同的ArrayList，分别存放不同类型的粒子？

```
ArrayList<HappyConfetti> a1 = new ArrayList<HappyConfetti>();
ArrayList<FunConfetti>   a2 = new ArrayList<FunConfetti>();
ArrayList<WackyConfetti> a3 = new ArrayList<WackyConfetti>();
```

这个实现看起来非常烦琐，最好能用一个列表存放粒子系统中的所有对象。有了面向对象的多态特性，这就能得以实现。通过多态，我们可以把不同类型的对象当成同种类型，并将它们存放在单个ArrayList中。

既然已经知道问题所在，我们将更深入地探讨它们，然后用继承和多态重新实现这个粒子系统。

4.7   继承基础

我们来看看另一个例子，这是一个由各种动物组成的世界，包括：狗（dog）、猫（cat）、猴子（monkey）、熊猫（panda）、袋熊（wombat）和水母（sea nettle）。从实现Dog类开始，一个Dog对象有年龄变量age（整数），还有eat()、sleep()和bark()函数（分别对应吃饭、睡觉和吠叫）。

```
class Dog{
    int age;
    Dog(){

        age = 0;
    }

    void eat() {
        println("Yum!");
    }

    void sleep() {
        println("Zzzzzz");
    }

    void bark() {
        println("WOOF!");
    }
}
```

狗和猫都有的变量（age）和函数（eat()、sleep()）

狗会吠叫，所以还有个特殊的bark()函数

下面，我们开始实现Cat类。

```
class Cat {
    int age;

    Cat() {
        age = 0;
    }
    void eat() {
        println("Yum!");
    }
    void sleep() {
        println("Zzzzzz");
    }
    void meow() {
        println("MEOW!");
    }
}
```

我们还要为鱼、马、考拉和狐猴分别写类重写同样的代码，这样的实现过程难免重复而单调。我们应该实现一个泛型的动物类（Animal）用于描述各种类型的动物。所有动物都会吃和睡，因此我们可以说：

❑ 狗是动物的一种，它拥有动物的所有属性，动物能做什么，它就能做什么，除此之外，它还会吠叫；

❑ 猫是动物的一种，它拥有动物的所有属性，动物能做什么，它就能做什么，除此之外，它还会喵喵叫。

继承让上述需求的实现成为可能。通过继承，类可以从其他类中继承属性（变量）和功能（方法）。Dog类是Animal类的子类，子类自动从父类中继承所有变量和函数，除此之外，子类还可以有父类没有的函数和变量。继承关系符合树形结构，就像是一棵不断演化的"生命之树"。比如，狗继承自犬类，犬类继承自哺乳动物，而哺乳动物则继承自动物。

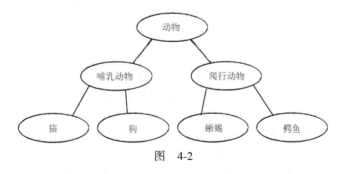

图　4-2

下面是继承的语法。

class Animal {	Animal类是父类（即超类）
int age;	Dog类和Cat类会继承age变量

```
    Animal() {
        age = 0;
    }

    void eat() {                          Dog类和Cat类会继承eat()和sleep()函数
        println("Yum!");
    }

    void sleep() {
        println("Zzzzzz");
    }

}


class Dog extends Animal {                "extends Animal" 指Dog类是Animal类的子类
    Dog() {
        super();                          super()函数执行父类中的代码
    }
    void bark() {                         我们在子类中定义bark()函数，因为它不是父类的
                                          一部分

        println("WOOF!");
    }
}

class Cat extends Animal {
    Cat() {
        super();
    }

    void meow() {
        println("MEOW!");
    }
}
```

这里有两个新关键字，如下。

❑ Extends　该关键词指出当前类的父类。注意，类只能直接继承一个父类，尽管如此，类的父类可以继承其他类。举个例子，狗继承自动物，梗犬则继承自狗。继承关系会自下而上一直延续下去。

❑ super()　它会调用父类的构造函数。换句话说，你在父类的构造函数中做了什么，子类的构造函数也会做同样的事情。除了调用super()函数，你还可以在子类的构造函数中进行子类专有的初始化操作。如果父类的构造函数带有参数，super()函数也带有相同的参数。

子类可以拥有父类没有的功能和属性。比如：我们可以假设狗对象除了年龄变量，还有一个代表毛发颜色的变量，在构造函数中，这个变量被设成一个随机值。实现如下：

```
class Dog extends Animal {
```

```
    color haircolor;                              子类可以引入父类没有的新变量

    Dog() {
        super();
        haircolor = color(random(255));
    }

    void bark() {
        println("WOOF!");
    }
}
```

注意上面的类如何通过super()函数调用父类的构造函数,在父类的构造函数中,年龄(age)变量被设为0,但是毛发颜色(haircolor)变量的设置是在子类的构造函数中完成的。如果狗对象的进食行为和一般动物不同,只需要在子类中重新定义eat()函数,把父类中的同名函数**覆盖**即可。

```
class Dog extends Animal {
    color haircolor;

    Dog() {
        super();
        haircolor = color(random(255));
    }

    void eat() {                                  子类可以覆盖父类的函数


        println("Woof! Woof! Slurp.");            Dog类特有的进食行为
    }

    void bark() {
        println("WOOF!");
    }
}
```

但如果狗的进食行为和普通动物一样,仅仅是多了部分功能,这时候又该怎么实现?子类可以调用父类的函数,再加入属于自身的定制代码。

```
class Dog extends Animal {
    color haircolor;

    Dog() {
        super();
        haircolor = color(random(255));
    }

    void eat() {
        super.eat();                              调用Animal类的eat()函数。子类可以调用父类的
                                                  函数,也可以加入自己的实现
```

```
        println("Woof!!!");                        为狗特殊的进食行为加入额外的代码
    }

    void bark() {
        println("WOOF!");
    }
}
```

4.8　用继承实现粒子类

我们已经掌握了继承的理论知识和语法，下面要在粒子类上实践继承的用法。

我们先复习一个简单的 Particle 类实现，下面的例子是示例代码4-1的简化版。

```
class Particle {
    PVector location;
    PVector velocity;
    PVector acceleration;

    Particle(PVector l) {
        acceleration = new PVector(0,0.05);
        velocity = new PVector(random(-1,1),random(-2,0));
        location = l.get();
    }

    void run() {
        update();
        display();
    }

    void update() {
        velocity.add(acceleration);
        location.add(velocity);
    }

    void display() {
        fill(0);
        ellipse(location.x,location.y,8,8);
    }
}
```

下一步，我们创建一个子类（类名为 Confetti），让它继承 Particle 类。Confetti 类会从 Particle 类中继承所有的变量和方法，我们还要为它定义自己的构造函数，并通过 super() 函数调用父类的构造函数。

```
class Confetti extends Particle {

                                               我们可以在这里加入Confetti专有的变量

    Confetti(PVector l) {
        super(l);
    }
```

```
                                              这里没有update()的实现，因为我们从父类中继
                                              承了update()函数

  void display() {                            覆盖display方法
      rectMode(CENTER);
      fill(175);
      stroke(0);
      rect(location.x, location.y, 8, 8);
  }

}
```

可以把本例实现得稍微复杂一些：让Confetti粒子像苍蝇一样在空中飞动旋转。对此，可以用第3章里的角速度和角加速度实现旋转，但我们打算用一种更简单的解决方案。

我们知道粒子的x坐标，它的值介于0和窗口宽度之间。我们想要实现这样的效果：如果粒子的x坐标为0，它转动的角度也是0；如果x坐标等于窗口宽度，它转动的角度就等于2π。对此，你有没有一些想法？是的，我们想把某个区间内的值映射到另一个区间，Processing的map()函数正好能完成这样的操作。我们曾在引言中学习过这个函数的具体用法。

```
float angle = map(location.x,0,width,0,TWO_PI);
```

如果要让旋转效果更加明显，我们可以把角度映射到0和$2\pi*2$之间。在display()函数中加入以上逻辑：

```
void display() {
    float theta = map(location.x,0,width,0,TWO_PI*2);

    rectMode(CENTER);
    fill(0,lifespan);
    stroke(0,lifespan);

    pushMatrix();                              使用rotate()函数之前，
    translate(location.x, location.y);         我们必须熟悉变换。
    rotate(theta);                             如果想了解更多，可以访问：
    rect(0,0,8,8);                             http://processing.org/learning/trans
    popMatrix();                               form2d/

}
```

练习 4.7

除了能用 map() 函数计算旋转的角度 theta（θ），还能用什么方法模拟角速度和角加速度？

我们已经学会如何让Confetti类继承Particle类，下面要开始学习如何让粒子系统类同时管理不同类型的粒子。为了达到这个目的，让我们回到之前的动物世界，看看如何将多态的概念运用在此处。

4.9   多态基础

有了继承之后，我们就可以开始对丰富的动物世界建模了，按照之前的思路，我们可能会建立多个ArrayList——每个ArrayList分别存放一种动物，比如狗的ArrayList，猫的ArrayList和乌龟的ArrayList等。

```
ArrayList<Dog> dogs = new ArrayList<Dog>();        每种动物都有单独的ArrayList
ArrayList<Cat> cats = new ArrayList<Cat>();
ArrayList<Turtle> turtles = new ArrayList<Turtle>();
ArrayList<Kiwi> kiwis = new ArrayList<Kiwi>();

for (int i = 0; i < 10; i++) {
    dogs.add(new Dog());
}
for (int i = 0; i < 15; i++) {
    cats.add(new Cat());
}
for (int i = 0; i < 6; i++) {
    turtles.add(new Turtle());
}
for (int i = 0; i < 98; i++) {
    kiwis.add(new Kiwi());
}
```

随着时间流逝，动物们感到饥饿，于是开始进食。下面我们分别遍历这几个ArrayList，对每个对象都调用eat()函数。

```
for (Dog d: dogs) {                    对每种动物都执行循环
    d.eat();
}
for (Cat c: cats) {
    c.eat();
}
for (Turtle t: turtles) {
    t.eat();
}
for (Kiwi k: kiwis) {
    k.eat();
}
```

上面的代码运行正常，但动物世界会不断扩张，物种也会越来越多，到后面我们会发现，重复编写这些循环是一件麻烦的事情。真有必要做这些事情吗？试想，这里的对象都是动物，而动物都有进食的行为，为什么不只创建一个存放动物对象的ArrayList，把这些不同种类的动物都放进这个ArrayList呢？

```
ArrayList<Animal> kingdom = new ArrayList<Animal>();
                        将所有动物都放在同一个ArrayList中
```

```
for (int i = 0; i < 1000; i++) {
    if (i < 100) kingdom.add(new Dog());
    else if (i < 400) kingdom.add(new Cat());
    else if (i < 900) kingdom.add(new Turtle());
    else kingdom.add(new Kiwi());
}

for (Animal a: kingdom) {
    a.eat();
}
```

Dog对象可以当作Dog类的实例，也可以当作Animal类的实例，这就是多态的一个例子。多态（polymorphism，源自希腊语polymorphos，指多种形态）指的就是把一个实例对象当作多重形态。Dog对象肯定是Dog类的实例，Dog类同时继承自Animal类，因此Dog对象也可以当作Animal类的实例。在代码中，我们可以用这两种类型引用对象。

```
Dog rover = new Dog();
Animal spot = new Dog();
```

尽管第二行代码看起来不符合语法规则，但这两种声明方式都是合法的。虽然spot被声明为Animal对象，但它是一个Dog对象，可以放在spot变量中。我们可以用spot变量安全地调用Animal类的所有方法，因为继承的规则表明：狗可以做动物做的任何事情。

假如Dog类覆盖了Animal类的eat()函数，会发生什么？尽管spot被声明为Animal对象，Java还是会把它当作Dog类的实例，因此会调用Dog类的eat()函数。

在数组或ArrayList的使用过程中，这些概念和规则都非常有用。

4.10　用多态实现粒子系统

我们假设没有多态的存在，这时要实现前面的粒子系统类，使粒子系统同时包含多个粒子对象和Confetti对象。

```
class ParticleSystem {

    ArrayList<Particle> particles;        两个列表，所以我们要重复操作两次！
    ArrayList<Confetti> confetti;

    PVector origin;

    ParticleSystem(PVector location) {
        origin = location.get();
        particles = new ArrayList<Particles>();    两个列表，所以我们要重复操作两次！
        confetti = new ArrayList<Confetti>();
    }

    void addParticle() {
        particles.add(new Particle(origin));        两个列表，所以我们要重复操作两次！
        particles.add(new Confetti(origin));
```

```
    }

    void run() {
        Iterator<Particle> it = particles.iterator();      两个列表，所以我们要重复操作两次！
        while (it.hasNext()) {
            Particle p = it.next();
            p.run();
            if (p.isDead()) {
                it.remove();
            }
        }

        it = confetti.iterator();
        while (it.hasNext()) {
            Confetti c = it.next();
            c.run();
            if (c.isDead()) {
                it.remove;
            }
        }
    }
}
```

上述代码创建了两个列表，一个用于存放粒子对象，另一个用于存放Confetti对象。我们要对同样的操作重复两次！有了面向对象的多态，以上代码就能得到简化：只需创建一个ArrayList，同时存放粒子对象和Confetti对象。我们并不需要关心获得的对象属于什么类型，多态会替我们完成这些事情！（主程序和其他类的代码并没有发生变化，因此这里没有列出这些代码，你可以在网站上下载完整的代码。）

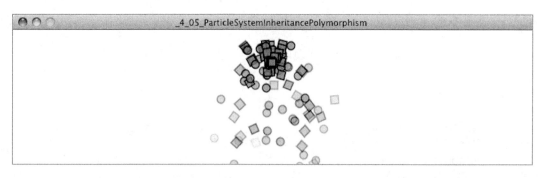

示例代码4-5   粒子系统的继承和多态

```
class ParticleSystem {
    ArrayList<Particle> particles;              单个列表，所有粒子对象或者粒子子类对象都放在
                                                这个列表中

    PVector origin;

    ParticleSystem(PVector location) {
```

```
        origin = location.get();
        particles = new ArrayList<Particle>();
    }

    void addParticle() {
        float r = random(1);
        if (r < 0.5) {                                      每种粒子的添加概率都是50%

            particles.add(new Particle(origin));
        } else {
            particles.add(new Confetti(origin));
        }
    }

    void run() {
        Iterator<Particle> it = particles.iterator();
        while (it.hasNext()) {
            Particle p = it.next();                         多态允许我们把所有东西都当成一个粒子对象，不
                                                            管它是粒子还是Confetti

            p.run();
            if (p.isDead()) {
                it.remove();
            }
        }
    }
}
```

练习 4.8

创建一个粒子系统，系统中存在不同"类型"的粒子（不只是外形有差异）。如何用继承处理粒子的不同行为？

4.11 受力作用的粒子系统

目前为止，我们的注意力都放在这两个问题上：如何用面向对象方法组织程序结构；如何管理粒子的集合。你可能已经注意到了，本章我们无意识地回顾了前面几章研究过的知识点。让我们来看看粒子类的构造函数。

```
Particle(PVector l) {
    acceleration = new PVector(0, 0.05);                 将加速度设为常量

    velocity = new PVector(random(-1, 1), random(-2, 0));
    location = l.get();
    lifespan = 255.0;
}
```

然后再来看看update()函数的实现。

```
void update() {
    velocity.add(acceleration);
    location.add(velocity);

    //对加速度清零的代码去哪儿了?

    lifespan -= 2.0;
}
```

以上粒子类（Particle）中的加速度是一个常量，它从来不会发生变化。然而，一个更好的模拟框架应该遵循牛顿第二定律（F = M * A），并能将第2章中力的累加算法作用在粒子上，下面就让我实现这样的特性。

第一步，我们需要添加一个applyForce()函数。（记住：在将力向量除以质量之前，我们要先创建一个副本。）

```
void applyForce(PVector force) {
    PVector f = force.get();
    f.div(mass);
    acceleration.add(f);
}
```

我们还要在update()函数中多加一行代码，用于清除之前的加速度。

```
void update() {
    velocity.add(acceleration);
    location.add(velocity);
    acceleration.mult(0);                          在这里对加速度清零!

    lifespan -= 2.0;
}
```

下面就是这个完整的Particle类！

```
class Particle {
    PVector location;
    PVector velocity;
    PVector acceleration;
    float lifespan;

    float mass = 1;                                我们可以改变加速度，从而得到更有趣的效果!

    Particle(PVector l) {
        acceleration = new PVector(0,0);           从加速度为0开始

        velocity = new PVector(random(-1,1),random(-2,0));
        location = l.get();
        lifespan = 255.0;
    }

    void run() {
        update();
        display();
```

```
    }

    void applyForce(PVector force) {          牛顿第二定律和力的累加
        PVector f = force.get();
        f.div(mass);
        acceleration.add(f);
    }


    void update() {                           标准的update()函数
        velocity.add(acceleration);
        location.add(velocity);
        acceleration.mult(0);
        lifespan -= 2.0;
    }


    void display() {                          粒子是一个圆
        stroke(255,lifespan);
        fill(255,lifespan);
        ellipse(location.x,location.y,8,8);
    }


    boolean isDead() {                        粒子是否已经死亡?

        if (lifespan < 0.0) {
            return true;
        } else {
            return false;
        }
    }
}
```

完成Particle类之后，我们还有一个很重要的问题：在何处调用applyForce()函数，即在代码的哪个位置实现力对粒子的作用？事实上，这个问题没有绝对正确的答案，它取决于你的具体需求。话虽如此，但我们还是可以实现一种适用于大部分情况的通用解决方案，并构造一个模型应用于每个粒子都受力的作用的系统。

假设我们要实现以下需求：在每次调用draw()函数时，都将力作用在每个粒子上。假设这是一个向下的力，类似重力。

```
PVector gravity = new PVector(0,0.1);
```

我们要在draw()函数中实现力的作用，先看看draw()函数中有什么内容。

```
void draw() {
    background(100);
    ps.addParticle();
    ps.run();
}
```

现在我们碰到了一个小问题，applyForce()是粒子类的方法，但是我们没法在draw()函数中引用任何粒子对象，这里只有一个粒子系统对象：变量ps。

由于系统内的所有粒子都受力的作用，所以我们可以把力作用在粒子系统上，粒子系统再将这个力传递给每个粒子。

```
void draw() {
    background(100);

    PVector gravity = new PVector(0, 0.1);
    ps.applyForce(gravity);                    把力作用在粒子系统上
    ps.addParticle();
    ps.run();
}
```

如果要在draw()函数中调用粒子系统的新函数，我们必须在粒子系统类中定义这个函数。该函数的作用是：传入力向量，将力作用在每个粒子上。

代码如下：

```
void applyForce(PVector f) {
    for (Particle p: particles) {
        p.applyForce(f);
    }
}
```

这个函数实现起来非常简单，它的功能只是"将力作用在粒子系统上，系统再将力作用在每个粒子上"。这是一种非常合理的程序结构。因为粒子系统对象的职责是管理粒子，如果要操纵粒子，我们必须通过粒子的管理者——粒子系统。（还有，这里可以使用改进型for循环，因为我们不会在遍历过程中删除任何元素！）

下面有一个完整的示例代码（不包含前面实现的Particle类，因为我们不需要修改Particle类）：

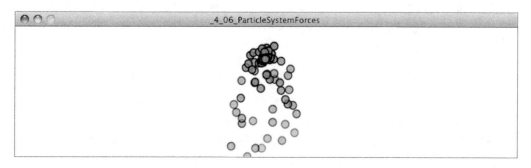

示例代码4-6　受力作用的粒子系统

```
ParticleSystem ps;

void setup() {
    size(200,200);
```

```
    smooth();
    ps = new ParticleSystem(new PVector(width/2,50));
}

void draw() {
    background(100);

    PVector gravity = new PVector(0,0.1);          这个力将作用在所有粒子上

    ps.applyForce(gravity);

    ps.addParticle();
    ps.run();
}

class ParticleSystem {
    ArrayList<Particle> particles;
    PVector origin;

    ParticleSystem(PVector location) {
        origin = location.get();
        particles = new ArrayList<Particle>();
    }

    void addParticle() {
        particles.add(new Particle(origin));
    }

    void applyForce(PVector f) {
        for (Particle p: particles) {               用改进型for循环遍历所有粒子
            p.applyForce(f);
        }
    }

    void run() {
        Iterator<Particle> it = particles.iterator();  这里不能使用改进型for循环，因为我们要在遍历
        while (it.hasNext()) {                          过程中删除元素
            Particle p = (Particle) it.next();
            p.run();
            if (p.isDead()) {
                it.remove();
            }
        }
    }
}
```

4.12　带排斥对象的粒子系统

　　我们想进一步优化这个粒子系统，在其中加入一个排斥对象（Repeller）——排斥对象的作用力和第2章中的引力相反，排斥对象对其他对象有斥力作用，以防止对方靠近。这个特性实

现起来比较复杂，和重力不同，Attractor或者Repeller对每个粒子的作用力都不相同，我们需要逐个计算。

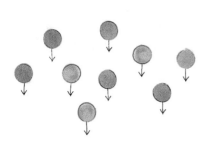

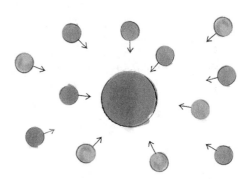

图4-3   重力——每个力向量都相同　　　　图4-4   引力——每个力向量都不同

我们打算在上面的示例程序中加入这个排斥对象。我们需要加入两个额外的功能点：

(1) 排斥对象（声明、初始化和显示）；

(2) 在粒子系统中加入一个新函数，该函数以Repeller对象为参数，它的功能是将排斥力作用在每个粒子上。

```
ParticleSystem ps;
Repeller repreller;                                新代码：声明一个排斥对象

void setup() {
    size(200, 200);
    smooth();
    ps = new ParticleSystem(new PVector(width/2, 50));
    repeller = new Repeller(width/2-20, height/2);  新代码：初始化排斥对象
}

void draw() {
    background(100);
    ps.addParticle();

    PVector gravity = new PVector(0, 0.1);
    ps.applyForce(gravity);

    ps.applyRepeller(repeller);                    新代码：该函数将排斥对象的斥力作用在
                                                   粒子系统上

    ps.run();
    repeller.display();                            新代码：实现排斥对象
}
```

实现排斥对象很容易，它和第2章示例代码2-6中Attractor类的代码一样。

```
class Repeller {
    PVector location;                         排斥对象并不移动,所以你只需要知晓位置即可

    float r = 10;

    Repeller(float x, float y) {
        location = new PVector(x,y);
    }

    void display() {
        stroke(255);
        fill(255);
        ellipse(location.x, location.y, r*2, r*2);
    }
}
```

难题是：如何实现addlyForceRepeller()函数？在前面的applyForce()函数中，我们需要传入一个向量对象；而这里要传入一个排斥对象，并用函数计算排斥对象对每个粒子的排斥力。下面，让我们比较这两个函数的实现。

applyForce()	applyRepeller
`void applyForce(PVector f) {`	`void applyRepeller(Repeller r) {`
`  for (Particle p: particles) {`	`  for (Particle p: particles) {`
`    p.applyForce(f);`	`    PVector force = r.repel(p);`
`  }`	`    p.applyForce(force);`
`}`	`  }`
	`}`

这两个函数的实现几乎相同，只有两个不同点。我们已经提过第一个不同点——后者的函数参数是排斥对象，而不是力向量。第二个不同点很重要，我们必须要为每个粒子分别计算排斥力向量，并将这个力向量作用在相应的粒子上。如何计算排斥力向量？我们打算在repel()函数中计算排斥力，这个函数和Attractor类中的attract()函数恰好相反。

```
PVector repel(Particle p) {                   计算步骤和引力的计算相同,只有方向相反


    PVector dir =                             1)获取力的方向
        PVector.sub(location, p.location);


    float d = dir.mag();                      2)获取距离 (限制距离)
    d = constrain(d, 5, 100);

    dir.normalize();
    float force = -1 * G / (d * d);           3)计算大小


    dir.mult(force);                          4)组合方向和大小
    return dir;
}
```

请注意一个关键点，在加入排斥对象的整个过程中，我们从来没有直接在Particle类上作任何修改。粒子不需要知道外部环境的细节，它只需要管理自身的位置、速度和加速度，并接受外力作用。

下面，让我们看看本例的全部代码，这里还是忽略了Particle类，因为我们没有对它作任何修改。

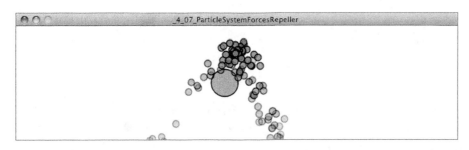

示例代码4-7　带Repeller的粒子系统

```
ParticleSystem ps;                                      粒子系统


Repeller repeller;                                      排斥对象


void setup() {
    size(200,200);
    smooth();
    ps = new ParticleSystem(new PVector(width/2,50));
    repeller = new Repeller(width/2-20,height/2);
}

void draw() {
    background(100);
    ps.addParticle();
    PVector gravity = new PVector(0, 0.1);              一个全局的重力

    ps.applyForce(gravity);
    ps.applyRepeller(repeller);                         重力作用


    ps.run();
    repeller.display();
}
class ParticleSystem {                                  管理所有粒子的粒子系统类

    ArrayList<Particle> particles;
    PVector origin;

    ParticleSystem(PVector location) {
        origin = location.get();
        particles = new ArraryList<Particle>();
```

```
        }

        void addParticle() {
            particles.add(new Particle(origin));
        }

        void applyForce(PVector f) {                将力作用在粒子上

            for (Particle p: particles) {
                p.applyForce(f);
            }
        }

        void applyRepeller(Repeller r) {
            for (Particle p: particles) {           根据Repeller计算每个粒子受到的斥力
                PVector force = r.repel(p);
                p.applyForce(force);
            }
        }

        void run() {
            Iterator<Particle> it = particles.iterator();
            while (it.hasNext()) {
                Particle p = (Particle)it.next();
                p.run();
                if (p.isDead()) {
                    it.remove();
                }
            }
        }
    }

class Repeller {
    float strength = 100;                           斥力的强弱

    PVector location;
    float r = 10;

    Repeller(float x, float y) {
        location = new PVector(x,y);
    }

    void display() {
        stroke(255);
        fill(255);
        ellipse(location.x, location.y, r*2, r*2);
    }

    PVector repel(Particle p) {
        PVector dir = PVector.sub(location, p.location);    使用第2章提出的算法：计算引（斥）力
        float d = dir.mag();
        dir.normalize();
        d = constrain(d, 5, 100);
```

```
        float force = -1 * strength / (d * d);
        dir.mult(force);
        return dir;
    }
}
```

练习 4.9

扩展上面的例子，使其包含多个 Repeller（使用数组或者 ArrayList）。

练习 4.10

创建一个粒子系统，使其中的任何粒子之间都有相互的作用力。（在第 6 章，我们会详细学习这个问题的实现。）

4.13　图像纹理和加法混合

尽管本书关注的重点是程序的行为和算法，不是计算机图形学和设计，但既然谈到粒子系统，我们还是有必要探讨一下用粒子纹理化渲染图像的例子。在你在设计特效时，如何选择粒子的绘制方式往往是个难题。

下面让我们来看一个烟效模拟示例。我们先看看以下两幅图像。

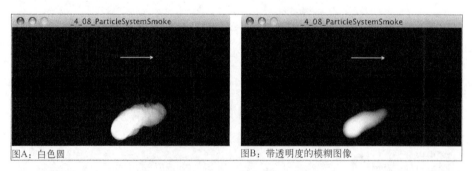

图A：白色圆　　　　　　　　　图B：带透明度的模糊图像

这两幅图像是由同一个算法生成的。唯一的区别是：在图A中，每个粒子的图像都是白色的圆；而在图B中，每个粒子的图像都是"模糊"的点。

好消息是：你并不需要付出多大的努力，就能得到这样的效果。在开始编码前，我们应该先准备好纹理图像。我建议你使用PNG格式的图像，因为在绘制图像时，Processing会为你保留PNG的alpha通道（透明度），这是你将这些纹理作为粒子叠加渲染时所必须的。一旦你将PNG图像放到Sketch的data目录中，后续只要写少量代码就可以完成这个功能。

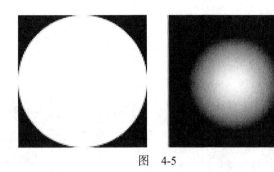

图 4-5

首先，我们需要声明一个**PImage**对象。

示例代码4-8 粒子系统图像纹理

```
PImage img;
```

在**setup()**函数中加载图像。

```
void setup() {
    img = loadImage("texture.png");          加载PNG图像
}
```

下面开始绘制粒子，和前面的椭圆或者矩形不同，这次我们将用图像对象绘制这些粒子。

```
void render() {
    imageMode(CENTER);
    tint(255, lifespan);                      tint()和前面的fill()作用相同
    image(img, loc.x, loc.y);
}
```

碰巧的是，本例让我们有机会复习"引言"中的高斯分布。为了让烟效显得更加真实，我们不想用完全随机的方式确定粒子的运动方向，我们想让速度向量分布在平均值附近（在两侧分布的概率更低），这样一来，最后的效果会更像烟（或者火焰），而不会像喷泉。

假设有一个随机数对象**generator**，我们可以用以下方式创建初始速度：

```
float vx = (float) generator.nextGaussian()*0.3;
float vy = (float) generator.nextGaussian()*0.3 - 1.0;
vel = new PVector(vx,vy);
```

最后，烟雾还受风力的作用，风力的大小由鼠标的水平位置映射得到。

```
void draw() {
    background(0);

    float dx = map(mouseX,0,width,-0.2,0.2);
    PVector wind = new PVector(dx,0);          风力方向指向鼠标位置

    ps.applyForce(wind);
```

```
        ps.run();
    for (int i = 0; i < 2; i++) {                    在每一轮draw()函数中加入两个粒子
        ps.addParticle();
    }
}
```

练习 4.11

尝试为不同的特效创建独特的纹理图案，看看你能否让它产生火焰的效果？

练习 4.12

创建一个图像对象数组，将这些不同的图像分别赋给每个粒子对象。尽管多个粒子会使用同一个图像，但你可以确保不重复调用 `loadImage()` 函数。这么做不会重复加载同一张图像。

最后，还有一个要点值得一提：计算机图形学有很多颜色混合算法，这些算法通常称作"混合（blend）模式"。在Processing中，如果在一幅图像之上绘制另一幅图像，默认显示最上层图像——这通常称为"常规"混合模式。如果图像有一定的透明度（就像模拟烟效程序中用到的图像），Processing会使用alpha透明度混合算法将一定比例的背景像素和前景像素结合起来，混合比例根据alpha值确定。

除此之外，我们还可以使用其他混合模式，对粒子系统来说，有一种混合模式非常适用，它就是"加法（additive）模式"。Processing中的加法混合模式是由Robert Hodgin（http://roberthodgin.com）开发的，他在粒子系统和力的模拟上很有建树。他开发了Magnetosphere，后来成为iTunes的可视化效果。更多信息请见Magnetosphere（http://roberthodgin.com/magnetosphere-part-2/）。

实际上，加法混合是最简单的混合算法之一，它只是将两个图层的像素值相加（当然，相加结果的最大值是255），最后形成的效果就是：随着图层增多，色彩变得越来越亮。

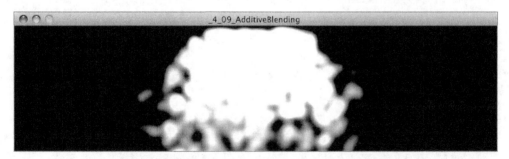

为了在Processing中使用加法混合，你需要使用P2D或者P3D渲染器。

示例代码4-9　加法混合

```
void setup() {
    size(200,200,P2D);                         使用P2D渲染器
}
```

在绘制图形之前，你需要调用blendMode()函数用于设置混合模式：

```
void draw() {
    blendMode(ADD);                            加法混合

    background(0);                             注意：在白色背景下，加法混合的"累积"效果并
                                               不会出现


                                               在这里绘制其他粒子
}
```

练习 4.13

使用加法混合模式，结合 tint()函数，制造彩虹效果。

练习 4.14

尝试使用其他混合模式，比如 SUBSTRACT、LIGHTEST、DARKEST、DIFFERENCE、EXCLUSION 或者 MULTIPLY 模式。

生态系统项目

第 4 步练习

在第 3 步的基础上，创建一个由生物组成的粒子系统。如何让系统内的生物产生交互？你能否使用继承和多态创建各种各样的生物，而且让它们继承自同一个基类？你可以设计一种生物竞争资源（比如食物）的规则，用粒子的生存期变量表示生物的"生存状况"，并在合适的时间将它们从系统中移除，然后再设计一种生物诞生的规则。

（除此之外，你还可以考虑使用粒子系统绘制生物的外形，如果粒子系统的发射器和生物的位置有关，会发生什么？）

第 5 章

物理函数库

"一座图书馆正是一种信仰的行为，证明愚昧无知的人们，一代又一代，在茫茫的黑夜里尊重曙光的到来。"

——维克多·雨果

在学习本章内容之前，我们先回顾一下前4章做了什么。

(1) 学习物理世界中的一些概念，比如什么是向量，什么是力，以及什么是波。

(2) 理解这些概念背后的数学和算法原理。

(3) 用面向对象方法实现这些算法。

我们通过这些活动开发了很多运动模拟程序，借此能随心所欲地构建虚拟物理世界（无论是现实的，还是想象的世界）。当然，我们并不是第一批这么做的人。计算机图形学和编程领域有很多现成代码可用于模拟，只要用谷歌搜索关键词"open-source physics engine"（开源物理引擎），你就能找到丰富的代码库。说到这里，我们必须思考一个问题：如果用现成的代码库就能完成物理模拟，为何还要花时间学习算法的实现过程？

这关系到本书的教学理念。尽管很多物理函数库能提供现成的物理实现（包括一些高级的物理学原理），但在使用它们之前，我们仍需从基础开始学习，原因有很多：第一，如果没有向量、力和三角函数的基础知识作为铺垫，我们就无法读懂库的文档；第二，尽管库会替我们完成数学运算，但它并不会简化代码，后面我们会看到，理解物理函数库的工作原理需要花费很多精力，学会如何使用它也不是一件容易的事；最后，有了这些基础知识，如果你愿意深入探究，完全可以按照自己的意愿开发和模拟可视化程序，最终达成的效果也可以媲美这些物理函数库。尽管库的作用很大，但它的功能有限，在用Processing编程时，你需要知道何时在限制中行事，何时突破限制。

本章致力于讲解两个开源物理库——Box2D和toxiclibs中的VerletPhysics引擎。在讲解过程中，我会指出这些库的优缺点，以及在项目中采用它们的原因。

5.1 Box2D 及其适用性

Box2D的开发者是Eric Catto，他在2006年的游戏开发者大会上用C++编写了一套物理编程教学资料，Box2D就源自这些教学资料。最近几年，Box2D已经发展成一个丰富的开源物理引擎，被用于无数项目，尤其是一些成功的游戏，比如备受赞誉的益智游戏"蜡笔物理学"，以及能在手机和平板上运行的"愤怒的小鸟"。

我们必须知道一个事实：Box2D只是一个物理引擎。它和计算机图形学无关，和像素世界也没有关联；它只负责接收输入数据，返回计算结果。Box2D使用的数据单位和现实世界的单位一样，也就是米、千克和秒等。但有一点不同：Box2D的世界是一个有边界（上下左右）的二维平面。举个例子，你可以告诉Box2D"在我们的世界里，重力是9.81 N/kg，现在有一个半径为4 m，质量为15 kg的圆圈，位于参照面以上10 m处"，它会告诉你"2 s后，这个圆圈位于参照面以下10 m处"。尽管它提供了一个强大的物理引擎，但我们仍需编写一些复杂的代码，以便于在物理"世界"（Box2D的关键术语）和Processing的像素世界之间实现坐标转换。

Box2D值得我们花费精力去学习使用吗？如果只是简单地模拟圆圈受重力作用下落的过程，我是否需要特地使用Box2D，写很多额外的代码完成这样的功能？答案是：不需要。在第1章里，我们很轻松地就实现了这个功能。换个场景，假如有100个物体同时下落，这些物体不是圆形，而是不规则的多边形，并且需要像现实世界中一样考虑物体之间的碰撞……这时候，我们是否要用Box2D实现这个功能？

你可能会发现，在前4章运动和力的模拟中，我们忽略了一个关键点——碰撞。下面我们假装不知道物理库能完成碰撞模拟，先自己处理碰撞。为了模拟碰撞，我们需要根据以下两个问题设计算法。

(1) 如何确定两个物体是否发生碰撞（它们是否相交）？
(2) 如何确定物体碰撞后的速度？

如果物体的形状是矩形或者圆形，问题(1)解决起来也挺简单。我们知道如果两个圆圈之间的距离小于它们半径的和，它们就相交，参见图5-1。

以上方法可用于确定两个圆圈是否会发生碰撞，那它们相撞后速度会怎样变化？我们不打算在这里讨论下去，要知道理解碰撞背后的计算原理固然重要（其实我在随书源代码中加入了模拟碰撞的例子，而且没有用到物理库），但生命是有限的。我们无法把物理模拟中的每个细节都一一学到。就碰撞而言，除了两个圆圈碰撞，还有矩形的碰撞、不规则多边形的碰撞、曲面的碰撞、带有弹性摆臂的钟摆的碰撞……

用Sketch模拟碰撞是一件非常复杂的事，但是有了Box2D，你可以节省很多时间和精力——这就是本章的目的。Erin Catto花了好几年的时间研究上述问题的解决方案，但现在你不需要再花时间自己研究这些问题。

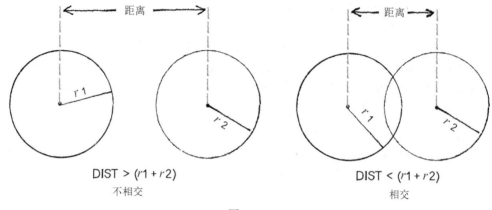

$$DIST > (r1 + r2)$$
不相交

$$DIST < (r1 + r2)$$
相交

图   5-1

总之，如果你发现自己在用Sketch模拟"碰撞"相关的问题，这时候就该使用Box2D。（除此之外，还有很多关键词能把你引到Box2D上，比如"关节""枢轴""滑轮""马达"等。）

5.2   获取 Processing 中的 Box2D

前面说过，Box2D只是一个用C++实现的物理引擎，它与以像素为基础的计算机图形学毫无关联，那么我们该如何在Processing中使用它？

好消息是：Box2D是一个非常有用的库，人们想把它移植到各个平台上——Flash、JavaScript、Python、Ruby，当然还有Java。Box2D有个Java的移植版，它的名字是JBox2D。由于Processing是构建在Java基础上的语言，因此我们可以直接在Processing中使用JBox2D。

我们可以访问以下两个网站获取相关信息：

❑ Box2D官方网站（http://www.box2d.org/）；
❑ JBox2D官方网站（http://www.jbox2d.org/），可供了解与Processing的兼容性。

了解这些信息后，我们就可以在Processing中开始Box2D的开发了。但在后面的开发过程中，我们会发现自己在反反复复地实现一些相同的功能。因此，有必要在Sketch和JBox2D之间添加一个中间层，我把它称作PBox2D——一个Box2D的Processing"辅助"代码库，你可以在本书的随书源代码中找到它。

❑ PBox2D GitHub代码库（http://github.com/shiffman/PBox2D）

请注意，PBox2D并不是Box2D在Processing语言上的封装。毕竟，Box2D是一个精心组织和结构良好的API，我们没有理由把它拆开然后重新实现。然而，PBox2D提供了一小部分的功能函数，这些函数能帮助你快速建立Box2D的模拟世界，让你很方便地绘制Box2D形状，这就是PBox2D的作用。

除了PBox2D，我们还有其他Box2D的Processing封装库可用。我推荐你看看Ricard Marxer写的Fisica（http://www.ricardmarxer.com/fisica/）。

5.3 Box2D 基础

不要沮丧！下面我们就要接触代码了，而且要把先前的工作全部推翻。但在这之前，我想先概述一下Box2D的使用流程。首先，让我们用伪代码总结前4章中每个示例程序的实现流程。

SETUP

(1) 创建模拟世界中的所有对象。

DRAW

(1) 计算所有力向量。
(2) 将所有力作用在对象上（F = M * A）。
(3) 根据加速度更新所有对象的位置。
(4) 绘制所有对象。

下面让我们用伪代码表示Box2D程序的实现流程。

SETUP

(1) 创建模拟世界中的所有对象。

DRAW

(1) 绘制所有对象。

这就是Box2D的神奇之处。我们摆脱了所有痛苦的计算步骤，不需要根据速度和加速度计算对象的移动，Box2D会替我们接管这些计算任务。Box2D就像一个魔术盒，替我们完成了整个模拟流程，这真是一个令人欣慰的消息！

在setup()函数中，我们告诉Box2D："我的模拟世界中需要这些物体。"在draw()函数中，我们只需要向Box2D询问："我想绘制模拟世界中的这些物体，你能否告诉我它们在什么位置？"

还有一个坏消息：情况并不像上面描述的那样简单。首先，我们在Box2D的世界中创建物体之前，要先读一遍文档，学会如何创建和配置不同形状的对象。其次，我们不能把任何与像素相关的东西告诉Box2D，因为它根本无法理解像素。在告诉Box2D怎样创建模拟物体之前，我们必须先将像素单位转换为Box2D"世界"的单位。同理，绘制物体之前还要做一次相反的转换，Box2D只会告诉我们它的世界中的位置，我们应该将这个位置翻译成像素世界中的位置。

5.3.1　SETUP

(1) 创建像素世界中的所有对象。

(2) 将像素世界转换为Box2D的模拟世界。

5.3.2　DRAW

(1) 向Box2D询问各个对象的位置。

(2) 将Box2D的返回值转化为像素世界的位置。

(3) 绘制所有对象。

现在我们知道Processing Sketch中的所有物体都要被放到Box2D的世界中，下面来看看Box2D世界由哪些元素组成。

5.3.3　Box2D 世界的核心元素

(1) 世界（world）　管理整个物理模拟过程，它知道坐标空间的所有信息，存放了世界中的所有物体。

(2) 物体（body）　Box2D世界的基础元素，有自己的位置和速度。是否感到似曾相识？在前面力和向量的模拟程序中，我们开发了很多类，Box2D的物体就等同于这些类。

(3) 形状（shape）　记录所有与碰撞相关的几何信息。

(4) 夹具（fixture）　将形状赋给物体，设置物体的一些属性，比如密度、摩擦系数、复原性。

(5) 关节（joint）　充当两个物体之间的连接器（或者物体和世界之间的连接器）。

在后面的4节中，我们将详细介绍这些元素，并根据它们创建一些示例程序。但现在，我们还需要学习另一个关键元素。

(6) Vec2　描述Box2D世界中的向量。

在这里，我们必须了解一些关于物理库的事实。任何物理模拟都要涉及向量的概念。这是件好事，因为在前面几章，我们一直在学习如何用向量描述运动和力的作用，所以并不需要在本章学习任何新的向量概念。

但有个坏消息：Box2D没有PVector类。虽然Processing为我们提供了PVector类，但任何物理库都有它自己的向量实现。这是合情合理的，因为物理库怎么会知道PVector类的任何信息？一般情况下，为了兼容其他代码，物理库会按自己的需求实现一个向量类。虽然我们不需要接触任何新的概念，但还是要学习新的命名规则和语法。参照PVector类，下面列出了Vec2的基础用法。

假如我们要将两个向量相加。

PVector	Vec2
PVector a = new PVector(1,-1); PVector b = new PVector(3,4); a.add(b);	Vec2 a = new Vec2(1,-1); Vec2 b = new Vec2(3,4); a.addLocal(b);
PVector a = new PVector(1,-1); PVector b = new PVector(3,4); PVector c = PVector.add(a,b);	Vec2 a = new Vec2(1,-1); Vec2 b = new Vec2(3,4); Vec2 c = a.add(b);

将向量乘以标量，改变它的长度。

PVector	Vec2

PVector a = new PVector(1,-1);
float n = 5;
a.mult(n);
	Vec2 a = new Vec2(1,-1);
	float n = 5;
	a.mulLocal(n);

PVector a = new PVector(1,-1); float n = 5; PVector c = PVector.mult(a,n);	Vec2 a = new Vec2(1,-1); float n = 5; Vec2 c = a.mul(n);

获取它的长度，将向量单位化。

PVector	Vec2

PVector a = new PVector(1,-1);
float m = a.mag();
a.normalize();
	Vec2 a = new Vec2(1,-1);
	float m = a.length();
	a.normalize();

从以上几个表中可以看出，PVector和Vec2涉及的基本概念是一样的，但函数名和参数却有细微差异。比如，Vec2没有用静态和非静态函数区分两种不同用途的add()函数和mult()函数，如果Vec2对象在调用过程中被修改，那么函数名将包含"Local"——addLocal()、multLocal()。

本章会讲解Vec2的基础用法，后面的模拟过程也会涉及这些用法，如果你想知道Vec2的更多信息，请查看它的文档，文档放在JBox2D的源代码中（http://code.google.com/p/jbox2d/）。

5.4　生活在 Box2D 的世界

Box2D中World对象掌管着所有事物：它管理着模拟世界的坐标空间和所有物体，还能决定时间的推进。

为了在Processing Sketch中使用Box2D，World对象应该是第一个被初始化的，因为它在程序中引入了Box2D，代表着整个模拟世界。

```
PBox2D box2d;

void setup() {
    box2d = new PBox2D(this);
```

```
    box2d.createWorld();                          用默认设置初始化Box2D世界
}
```

createWorld()函数被调用后，PBox2D会为你设置一个默认的重力（方向向下），你也可以通过以下方式更改重力：

```
box2d.setGravity(0, -10);
```

值得一提的是：重力不一定是固定的，方向也不一定向下；你可以在程序运行过程中调整重力向量，还可以取消重力，只需要将重力向量设为(0, 0)即可。

上面程序中的数字0和-10又代表什么？它在提醒我们：Box2D的坐标系统并不是之前的像素坐标系统！让我们来看看Box2D和Processing窗口的坐标系统有什么不同。

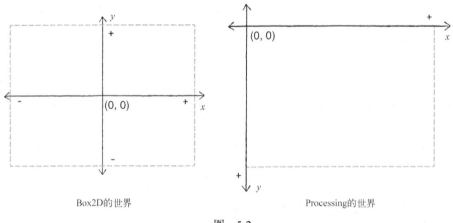

图　5-2

从上图可以看出，在Box2D中，(0, 0)坐标位于正中间，y轴的正方向垂直向上。Box2D的坐标系统和笛卡儿坐标系一样。但Processing使用的是传统的计算机图形坐标系，在这种坐标系中，(0, 0)坐标位于左上方，y轴的正方向向下。因此，如果要在Box2D中模拟物体受重力作用下落，我们必须用一个负的y坐标初始化重力向量。

```
Vec2 gravity = new Vec2(0, -10);
```

幸运的是，如果我们更倾向于用图形学的坐标系思考问题（作为Processing程序员，我们更喜欢这么做），那也没问题，因为PBox2D专门提供了一系列辅助函数用于实现像素空间和Box2D空间的相互转换。在学习下一节内容之前，让我们先看看这些辅助函数的调用方法。

假如我们想告诉Box2D当前鼠标光标所在的位置，在Processing中鼠标光标所在的坐标是(mouse, mouseY)。我们需要将这个"坐标"（coordinate）从"像素"（pixel）坐标空间转换为Box2D"世界"（world）的坐标空间——也就是调用coordPixelsToWorld()函数。用代码表示为：

```
Vec2 mouseWorld =
```

```
box2d.coordPixelsToWorld(mouseX,mouseY);
```
　将mouseX、mouseY转化成Box2D世界的坐标

如果我们要将一个Box2D坐标转换为像素空间的坐标，又该怎么做？

```
Vec2 worldPos = new Vec2(-10, 25);
```
　为了演示，我们编造一个Box2D坐标

```
Vec2 pixelPos = box2d.coordWorldToPixels(worldPos);
```
　将Box2D坐标转化为像素空间坐标，这一步是必须的，因为我们要根据坐标在屏幕中绘制元素

```
ellipse(pixelPos.x, pixelPos.y, 16, 16);
```

PBox2D提供了一系列函数用于两个坐标系的互相转换。通过实践能更好地学习这些函数，但我们可以先看看到底有哪些函数。

任　务	函　数
将Box2D坐标转化为像素坐标	Vec2 coordWorldToPixels(Vec2 world)
将Box2D坐标转化为像素坐标	Vec2 coordWorldToPixels(float worldX,float worldY)
将像素坐标转化为Box2D坐标	Vec2 coordPixelsToWorld(Vec2 screen)
将像素坐标转化为Box2D坐标	Vec2 coordPixelsToWorld(float pixelX,float pixelY)
将像素尺寸（比如高度、宽度或半径）转化为Box2D尺寸	float scalarPixelsToWorld(float val)
将Box2D尺寸转化为像素尺寸	float scalarWorldToPixels(float val)

除了以上函数，还有其他辅助函数能自动转换PVector对象。但由于本章只讨论Box2D的相关内容，为了让问题更简单，我们把Vec2类当作唯一的向量类。

世界被初始化后，我们就准备把Box2D的各种物体放入其中。

5.5　创建一个 Box2D 物体

物体是Box2D世界中的基本元素，它等同于我们在前面几章中创建的Mover类——在力的作用下运动的物体。Box2D的物体也可以是静止的（固定在某处，不会发生移动）。需要注意的是，物体自身并没有几何外形，它并不是实际存在的物体。但是，我们可以将某个形状绑定在物体上。（也就是说，物体可以是一个矩形，也可以是一个带圆圈的矩形。）对于形状，我们将在下一节讨论。下面让我们先创建一个Box2D物体。

5.5.1　第 1 步：定义一个物体

我们要做的第一件事情是创建"物体的定义"，可以在定义中指定物体的某些属性。第一次碰到这种用法时，你可能会觉得很怪异。这就是Box2D的组织方式，如果想创建任何"东西"，你必须先创建"东西的定义"。创建物体（body）、形状（shape）和关节（joint）时，都要如此。

```
BodyDef bd = new BodyDef();
```
　创建物体之前先创建定义

5.5.2 第 2 步：设置物体的定义

如果想赋予物体某些初始属性，我们可以在物体的定义上设置这些属性。举个例子，起始位置就是物体的属性。假如我们想让物体处于Processing运行窗口的正中间。

```
Vec2 center = new Vec2(width/2, height/2);          Processing窗口正中间的位置向量
```

这一行代码会将我们引入一个危险的方向，我不会在之后的每个例子中都这么提醒你。请记住，如果想在Box2D中指定物体的起始位置，你必须要用Box2D坐标表示这个位置！我们可能更习惯于用像素坐标表示一个位置，但Box2D并不关心我们的习惯。因此在指定初始位置之前，请一定调用辅助函数进行坐标转换。

```
Vec2 center =
box2d.coordPixelsToWorld(width/2, height/2);        转化为Box2D坐标后，位于Processing窗口正中
                                                    间的向量
```

```
bd.postion.set(center);                             设置Box2D物体定义中的位置属性
```

我们还要在定义中指定物体的“类型”，有如下3种可能的类型。

- ❑ **动态（Dynamic）** 大部分情况下我们会使用这个类型——一个“完全模拟”的物体。动态的物体能在Box2D的世界中运动，能和其他物体发生碰撞，并能感应环境中的力。
- ❑ **静态（Static）** 静态的物体不能发生移动（假设它的质量为无穷大）。我们可以把某些固定的平台和边界当作静态物体。
- ❑ **Kinematic** 对此类物体，你可以通过设置它的速度向量来控制其移动。如果你的世界中有一个完全由用户控制的对象，你可以创建Kinematic类型的物体。注意，Kinematic的物体只会和动态的物体发生碰撞，不会和静态或者Kinematic的物体发生碰撞。

你还可以在定义中设置其他属性。比如，如果想让物体拥有固定的转动属性（即永远不旋转），你可以这么做：

```
bd.fixedRotation = true;
```

你还可以设置物体的线性阻尼和角速度阻尼，如果存在摩擦力，物体会因此减速。

```
bd.linearDamping = 0.8;
bd.angularDamping = 0.9;
```

除此之外，对于快速运动的物体，你必须把它的bullet属性设为true，这相当于告诉Box2D引擎：该物体的运动速度非常快，要更仔细地检查它的碰撞，防止它突然穿过其他物体。

```
bd.bullet = true;
```

5.5.3 第 3 步：创建物体

创建完定义（BodyDef）之后，我们就可以用这个定义创建物体了。对此，PBox2D提供了

一个辅助函数——createBody()函数。

```
Body body = box2d.createBody(bd);
```
传入物体定义，创建物体（可以用同一个定义创建多个物体）

5.5.4　第 4 步：为物体的初始状态设置其他属性

最后一步不是必须的，但如果你想为物体设置其他初始属性，可以在新创建的物体对象上指定属性值，如线性速度或者角速度。

```
body.setLinearVelocity(new Vec2(0,3));
body.setAngularVelocity(1.2);
```
设置任意的初始速度
设置任意的初始角速度

5.6　三要素：物体、形状和夹具

其实Box2D中的物体并不是直接存在于世界中，它就像脱离肉体的灵魂。对于一个有质量的物体，我们必须再定义一个形状，通过夹具将这个形状连接在物体上。

Box2D中形状类的主要职责就是管理与碰撞相关的几何结构，除此之外，你还可以通过它设置一些与运动相关的属性，比如设置决定物体质量的密度属性。形状还有摩擦性和复原性（"弹力"），这两个属性可以通过夹具设置。Box2D区分了物体和形状的概念，并将它们独立地放在两个对象中，这是一个很不错的设计，如此一来，用户就可以将多个形状连接到同一个物体上。在后面的例子中，我们将看到这种用法。

为了创建一个形状，我们需要先确定形状的类型。多边形对象适用于大部分非圆形的情形。举个例子，让我们来看看矩形的定义方法。

5.6.1　第 1 步：定义形状

```
PolygonShape ps = new PolygonShape();
```
定义形状：一个多边形

下面，我们要设定矩形的宽度和高度。假如本例要创建150像素×100像素的矩形，请记住：像素单位不能用于Box2D的形状设定！必须先用辅助函数转换这个单位。

```
float box2Dw = box2d.scalarPixelsToWorld(150);
float box2Dh = box2d.scalarPixelsToWorld(100);
```
将像素尺寸转化为Box2D尺寸

```
ps.setAsBox(box2Dw, box2Dh);
```
用setAsBox()函数将形状定义为矩形

5.6.2　第 2 步：创建夹具

形状和物体是两个独立的实体，为了把形状加在物体上，我们需要创建一个夹具对象。夹具的创建方式和物体一样，要用夹具定义（FixtureDef类）创建，此外还要为夹具对象指定一个形状对象。

```
FixtureDef fd = new FixtureDef();
fd.shape = ps;                                      将刚刚创建的PolygonShape对象赋给夹具对象
```

一旦有了夹具定义对象，我们就可以为它连接的形状设置各种物理属性。

```
fd.friction = 0.3;                                  形状的摩擦系数，一般为0~1
```

```
fd.restitution = 0.5;                               形状的复原性（也就是弹性）：0~1
```

```
fd.density = 1.0;                                   形状的密度，以kg/m² 为单位
```

5.6.3　第 3 步：用夹具将形状连接到物体上

夹具被定义之后，剩下的事情就是调用createFixture()函数将形状连接到物体上。

```
body.createFixture(fd);                             创建夹具，将形状加到物体对象上
```

如果你不需要设置物理属性，可以跳过第2步（Box2D会使用默认的物理属性），将创建夹具和连接形状这两个操作合并成一步。

```
body.createFixture(ps,1);                           创建夹具，连接形状，将密度设为1
```

在大部分例子中，我们都是在物体创建时为它连接一个形状，但这并不是因为Box2D的限制，Box2D也允许我们在运行期创建和删除形状。

将上述代码放入Processing Sketch之前，先总结创建物体需要经过哪些步骤：

(1) 用BodyDef对象定义一个物体（设置一些属性，比如位置）；

(2) 用定义对象创建物体对象；

(3) 用多边形类（PolygonShape）、圆形类（CircleShape）和其他形状类创建形状对象；

(4) 用FixtureDef定义一个夹具对象，为夹具对象指定形状对象（设置一些属性，比如摩擦系数、密度和复原性）；

(5) 把形状连接到物体上。

```
BodyDef bd = new BodyDef();                          第1步：定义物体
bd.position.set(box2d.coordPixelsToWorld(width/2,height/2));
```

```
Body body = box2d.createBody(bd);                    第2步：创建物体
```

```
PolygonShape ps = new PolygonShape();               第3步：定义形状
float w = box2d.scalarPixelsToWorld(150);
float h = box2d.scalarPixelsToWorld(100);
```

```
ps.setAsBox(w, h);

FixtureDef fd = new FixtureDef();                    第4步：定义夹具

fd.shape = ps;
fd.density = 1;
fd.friction = 0.3;
fd.restitution = 0.5;

body.createFixture(fd);                              第5步：用夹具把形状连接到物体上
```

练习 5.1

根据你现在掌握的 Box2D 的知识，完成下面的程序填空，该程序的目的是在 Box2D 中创建一个圆形的形状对象。

```
CircleShape cs = new CircleShape();
float radius = 10;
cs.m_radius = _____;
FixtureDef fd = new FixtureDef();
fd.shape = cs;
fd.density = 1;
fd.friction = 0.1;
fd.restitution = 0.3;

body.createFixture(fd);
```

5.7　Box2D 和 Processing 的结合

　　物体被创建好之后就扎根于Box2D的物理世界，Box2D知道它的位置，检查它是否发生碰撞，根据力的作用让它运动……你不需要动一根手指，Box2D就会替你完成所有事情！但是，它无法显示这个物体。这也是一件好事，因为你可以尽情地发挥这方面的才能。在使用Box2D时，我们实际上是在说："我想做这个虚拟世界的设计者，Box2D，我希望你帮我完成所有的物理计算。"

　　Box2D会将世界上的所有物体都存放在一个列表中，你可以调用World对象的getBodyList()函数访问这个列表。接下来，我想展示如何在程序中保存物体列表，你可能觉得这样做是多余的，并且会牺牲一定的性能，但它带来的便利性足以弥补这些代价。这样做使我们能够用原来的方法编写Processing程序，并能方便地跟踪并渲染物体。考虑下图中的Processing Sketch结构：

图　5-3

　　这跟前面碰到的结构有所不同。我们有3个标签页，主标签页是"Boxes"，另外两个标签页

是 "Boundary" 和 "Box"。让我们先来看看Box标签，我们在这里放置了盒子（Box）对象的实现，盒子对象是一个矩形物体。

```
class Box {

    float x,y;                              我们的盒子对象有x坐标、
    float w,h;                              y坐标、宽度和高度

    Box(float x_, float y_) {
        x = x_;                             通过构造函数参数初始化位置
        y = y_;

        w = 16;
        h = 16;
    }

    void display() {
        fill(175);                          用Processing的rect()函数绘制盒子对象

        stroke(0);
        rectMode(CENTER);
        rect(x,y,w,h);
    }
}
```

在主标签页中，我们要实现这样的功能：在鼠标点击的位置创建一个盒子对象，将这个对象存放在ArrayList中。（这跟第4章粒子系统的示例程序非常相似。）

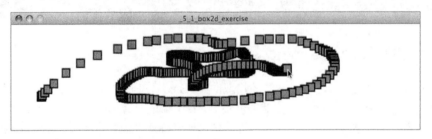

示例代码5-1　一个简单的Box2D程序

```
ArrayList <Box>boxes;                       存放所有盒子对象的列表

void setup() {
    size(400,300);
    boxes = new ArrayList<Box> ();
}

void draw() {
    background(255);

    if (mousePressed) {                     一旦鼠标被点击，
        Box p = new Box(mouseX, mouseY);    就新增一个盒子对象
```

```
        boxes.add(p);
    }

    for(Box b: boxes) {                    显示所有的盒子对象
        b.display();
    }
}
```

我们的任务是改造上面的程序，把原先静止的盒子替换成具有物理特性（通过Box2D模拟）的盒子。

为了完成这个目的，我们需要做两件事。

5.7.1　第1步：在主程序（即 setup()和 draw()函数）中添加 Box2D

这一步并不难，我们已经在前面实现过这样的功能，可以用PBox2D辅助类完成这一步。以下代码在setup()函数中创建并初始化PBox2D对象。

```
PBox2D box2d;

void setup() {
    box2d = new PBox2D(this);              初始化和创建Box2D世界
    box2d.createWorld();
}
```

在draw()函数中，我们必须调用一个重要的函数：step()函数。如果不调用这个函数，Box2D的模拟世界将不会发生任何改变！step()函数的作用就是让Box2D世界里的时间向前推进一步。在Box2D内部，它会遍历每个物体，逐个计算它们的处理方式。调用step()函数会根据某些设置推动Box2D世界的发展，你可以自定义这些设置（PBox2D的源代码中有相关文档）。

```
void draw() {
    box2d.step();                          我们必须推进时间
}
```

5.7.2　第2步：建立 Processing 盒子对象和 Box2D 物体对象之间的联系

现在，盒子类包含了位置、宽度和高度这几个变量。我们想要说：

"本人要把对象位置的管理权交给Box2D。我再也不记录任何位置、速度以及加速度的相关信息，只需持有一个Box2D的物体引用，剩下的全部都交给Box2D完成。"

```
class Box {

    Body body;                             用Box2D的物体引用代替之前的变量
    float w;
    float h;
```

我们不需要(x,y)变量了，因为现在物体能够管理自己的位置。从技术层面说，物体还可以记录自己的高度和宽度，但由于在盒子对象的生存期内，Box2D不会改变它的高度和宽度，因此我们可以继续在盒子对象中记录它们，以便于盒子的绘制。

在构造函数中，除了初始化宽度和高度，我们还可以把创建Box2D物体和形状的代码放进去。

```
Box() {
    w = 16;
    h = 16;

    BodyDef bd = new BodyDef();                          构建物体
    bd.type = BodyType.DYNAMIC;
    bd.position.set(box2d.coordPixelsToWorld(mouseX,mouseY));
    body = box2d.createBody(bd);

    PolygonShape ps = new PolygonShape();                构建形状

    float box2dW = box2d.scalarPixelsToWorld(w/2);       Box2D把矩形的宽度和高度当成中心到
    float box2dH = box2d.scalarPixelsToWorld(h/2);       边缘的距离（等于正常高度和宽度的一半）

    ps.setAsBox(box2dW, box2dH);

    FixtureDef fd = new FixtureDef();
    fd.shape = ps;
    fd.density = 1;
    fd.friction = 0.3;                                   设置物理参数
    fd.restitution = 0.5;
    body.createFixture(fd);                              用夹具连接形状和物体
}
```

在使用Box2D之前，绘制盒子是一件很容易的事情。盒子对象的位置被存放在变量x和y中。

```
void display() {                                         使用rect()函数绘制对象
    fill(175);
    stroke(0);
    rectMode(CENTER);
    rect(x,y,w,h);
}
```

但现在Box2D管理着对象的运动，因此我们不能再用自己的变量显示物体了。别害怕！盒子对象有一个Box2D物体对象的引用，我们只需要向物体询问："请问你在哪个位置？"由于我们经常会做这样的询问，为了方便调用，PBox2D实现了一个辅助函数：getBodyPixelCoord()。

```
Vec2 pos = box2d.getBodyPixelCoord(body);
```

仅仅知道物体的位置还不够，我们还需要知道它的转动角度。

```
float a = body.getAngle();
```

拥有位置和角度之后，我们只需要简单地调用translate()函数和rotate()函数就能显示这个对象。请注意，Box2D坐标系统的转动方向和Processing坐标系统相反，因此我们需要将角度乘以–1。

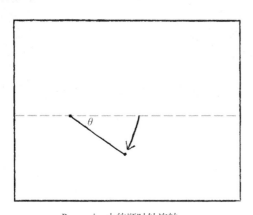

Processing中的顺时针旋转

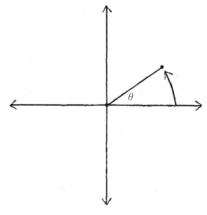

Box2D中的逆时针旋转

图　5-4

```
void display() {
    Vec2 pos = box2d.getBodyPixelCoord(body);      我们需要物体的位置和角度
    float a = body.getAngle();

    pushMatrix();
    translate(pos.x, pos.y);                        根据位置Vec2向量平移矩形，
    rotate(-a);                                      并根据角度旋转矩形

    fill(175);
    stroke(0);
    rectMode(CENTER);
    rect(0,0,w,h);
    popMatrix();
}
```

为了能从Box2D的世界删除某些对象，我们还可以加入一个函数用于删除物体，比如：

```
void killBody() {                                   这个函数从Box2D世界中删除一个物体
    box2d.destroyBody(body);
}
```

练习5.2

在本章的下载代码中，请找到一个名为"box2d_exercise"的例子。用本章讲述的方法，为其中的主标签页和"Box"标签页添加合适的代码，用 Box2D 实现其中的功能。程序的运行结果如下图所示，你可以用自己的方式渲染盒子。

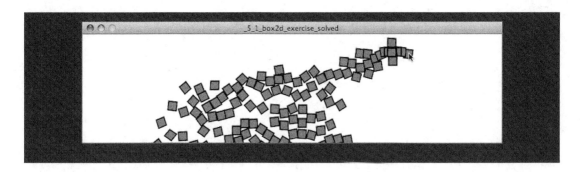

5.8　固定的 Box2D 对象

在上面的例子中，盒子对象首先出现在鼠标所在的位置，之后随着Box2D中默认的重力作用下落。假如我们想在Box2D中放置一些固定的边界，这些边界能够阻挡盒子物体运动路径（如下图所示），该怎么实现？

在Box2D中，我们可以简单地将物体（包括所有已连接的形状）锁定在某个位置。只要把BodyDef对象的type属性设为STATIC。

```
BodyDef bd = new BodyDef();
bd.type = BodyType.STATIC;                        定义的type属性一旦设为STATIC，物体就被锁
                                                  定在某个位置
```

我们可以在上面的盒子示例程序中加入这个特性，只需要添加一个Boundary类，并且为每个边界分别创建Box2D物体。

示例代码5-2　带有撞击边界的盒子下落模拟

```
class Boundary {

    float x,y;                                    边界是一个有x坐标、y坐标、
    float w,h;                                    宽度和高度的简单矩形

    Body b;

    Boundary(float x_,float y_, float w_, float h_) {
        x = x_;
        y = y_;
```

```
w = w_;
h = h_;
```

```
BodyDef bd = new BodyDef();;                          创建Box2D物体和形状

bd.position.set(box2d.coordPixelsToWorld(x,y));

bd.type = BodyType.STATIC;                            将type属性设为STATIC，固定这个物体

b = box2d.createBody(bd);

float box2dW = box2d.scalarPixelsToWorld(w/2);
float box2dH = box2d.scalarPixelsToWorld(h/2);
PolygonShape ps = new PolygonShape();
ps.setAsBox(box2dW, box2dH);                          我们有了一个盒子对象


b.createFixture(ps,1);                                使用快捷的createFixture()函数
}

void display() {                                      我们知道它无法移动，因此可以用老方法绘制这个
                                                       矩形，只需要使用原始的变量，不需要询问Box2D

fill(0);
stroke(0);
rectMode(CENTER);
rect(x,y,w,h);
}
}
```

5.9 弯曲的边界

如果你希望固定边界的表面是弯曲的（而不是一个多边形），ChainShape类能帮你实现这种效果。

ChainShape类和PolygonShape类、CircleShape类相似，因此，我们可以用相同的步骤将它加入我们的程序。

5.9.1 第 1 步：定义一个物体

```
BodyDef db = new BodyDef();                          物体不需要位置，ChainShape会帮我们指定位置；
                                                      也不需要设置type属性，默认使用STATIC

Body body = box2d.world.createBody(bd);
```

5.9.2 第 2 步：定义形状

```
ChainShape chain = new ChainShape();
```

5.9.3 第 3 步：配置形状

ChainShape对象代表一组相连的边。为了创建这样的链对象，我们必须先定义一个顶点（Vertice）数组（由Vec2对象组成的数组）。举个例子，如果我们想创建一条穿过整个窗口的直线，

数组中只需要有两个顶点：(0, 150)和(width, 150)。（如果你想创建首尾相连的圈，也就是第一个顶点和最后一个顶点相连，可以使用ChainLoop类。）

```
Vec2[] vertices = new Vec2[2];
vertices[0] = box2d.coordPixelsToWorld(0,150);        加入屏幕右端的顶点


vertices[1] = box2d.coordPixelsToWorld(width,150);    加入屏幕左端的顶点
```

为了根据这些顶点创建链，我们需要将数组传入createChain()函数。

```
chain.createChain(vertices, vertices.length);        如果你不想使用整个数组来创建链，可以传入更小
                                                     的长度
```

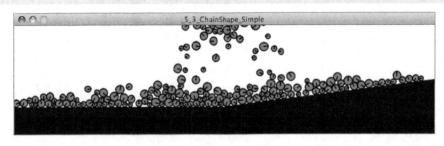

5.9.4   第4步：使用夹具将形状连接到物体上

形状只有在和物体相连之后才能成为Box2D的一部分。尽管这是个固定的边界，它还是需要被连接在物体上。和其他形状一样，ChainShape对象也有摩擦和复原等属性，我们可以通过夹具（Fixture）设置这些属性。

```
FixtureDef fd = new FixtureDef();
fd.shape = chain;                                    分配给ChainShape对象的夹具

fd.density = 1;
fd.friction = 0.3;
fd.restitution = 0.5;

body.createFixture(fd);
```

现在，我们要把ChainShape对象加入Sketch，方法和前面的固定边界一样。我们可以用Surface类完成这项工作。

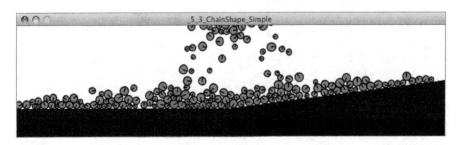

示例代码5-3   由3个固定顶点确定的ChainShape对象

```
class Surface {
    ArrayList<Vec2> surface;

    Surface() {

        surface = new ArrayList<Vec2>();
        surface.add(new Vec2(0, height/2+50));        像素空间内的3个点
        surface.add(new Vec2(width/2, height/2+50));
        surface.add(new Vec2(width, height/2));

        ChainShape chain = new ChainShape();

        Vec2[] vertices = new Vec2[surface.size()];   为ChainShape对象创建Vec2数组

        for (int i = 0; i < vertices.length; i++) {
                                                      将各顶点转化为Box2D世界的坐标
            vertices[i] = box2d.coordPixelsToWorld(surface.get(i));
        }

        chain.createChain(vertices, vertices.length);  用Vec2数组创建ChainShape对象

        BodyDef bd = new BodyDef();                    将形状连接到物体上
        Body body = box2d.world.createBody(bd);
        body.createFixture(chain, 1);

    }
```

请注意上述代码是如何使用**ArrayList**存放一组**Vec2**对象的。尽管可以在链形状对象内部存放这些顶点坐标，但我们仍选择再保留一份顶点列表，这种冗余可以让程序实现更方便。后续我们将绘制**Surface**对象，这时候就不需要向Box2D询问这些顶点的位置了。

```
    void display() {
        strokeWeight(1);
        stroke(0);
        noFill();
        beginShape();                                 用一系列顶点绘制ChainShape对象
        for (Vec2 v:surface) {
            vertex(v.x, v.y);
        }
        endShape();
    }
}
```

setup()函数和**draw()**函数对**Surface**对象的处理非常简单，因为Box2D会接管我们所有的物理计算。

```
PBox2D box2d;

Surface surface;
```

```
void setup() {
    size(500,300);
    box2d = new PBox2D(this);
    box2d.createWorld();

    surface = new Surface();                          创建一个Surface对象
}

void draw() {
    box2d.step();

    background(255);
    surface.display();                                绘制Surface对象
}
```

练习 5.3

复习第 3 章中绘制波形的相关内容。创建一个形状为正弦波的 ChainShape 对象，试着在程序中使用 Perlin 噪声。

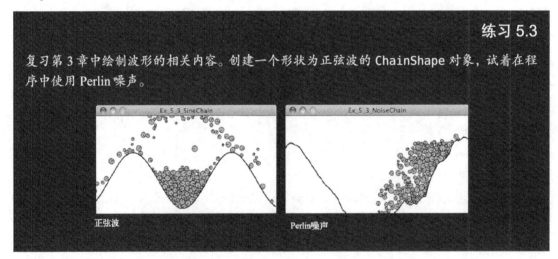

5.10 复杂的形状

我们已经学会了如何用Box2D创建简单的几何形状，下面假设我们要创建复杂的形状，比如下图中这个类似外星生物的形状。

图 5-5

在Box2D中，有两种方式可用于创建高级形状，第一种方式是用以不同的方式使用PolygonShape类。在前面的例子中，我们使用PolygonShape和setAsBox()函数创建了一个矩形。

```
PolygonShape ps = new PolygonShape();
ps.setAsBox(box2dW, box2dH);
```

这种方法适合入门学习，因为矩形本身比较简单。PolygonShape类还有一种用法：根据向量数组创建形状。通过这种方法，我们可以用一系列相连的顶点创建复杂的自定义形状。这个新用法和ChainShape类的使用方法类似。

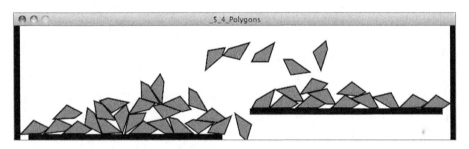

示例代码5-4　多边形

```
Vec2[] vertices = new Vec2[4];   // 含4个向量的数组
vertices[0] = box2d.vectorPixelsToWorld(new Vec2(-15, 25));
vertices[1] = box2d.vectorPixelsToWorld(new Vec2(15, 0));
vertices[2] = box2d.vectorPixelsToWorld(new Vec2(20, -15));
vertices[3] = box2d.vectorPixelsToWorld(new Vec2(-10, -10));

PolygonShape ps = new PolygonShape();          根据数组创建多边形对象
ps.set(vertices, vertices.length);
```

在使用Box2D创建自定义多边形时，你必须记住两个关键的细节。

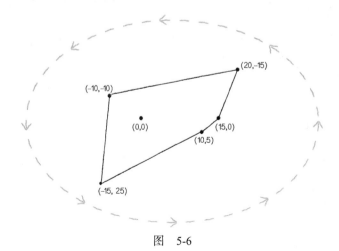

图　5-6

(1) **顶点的顺序！**　如果从像素的角度确定这些顶点，你必须用逆时针的顺序。（当这些顶点被翻译成Box2D向量时，它们会变成顺时针的顺序，因为两个坐标系的纵坐标方向是相反的。）

(2) **只能创建凸边形！**　凹边形是一种表面向内弯曲的形状。凸边形则相反（如下图所示）。注意，在凹边形中每个内角都小于180度。Box2D不能处理凹边形的碰撞。如果你需要一个凹边形，可以用多个凸边形组合而成（下面将会详细介绍）。

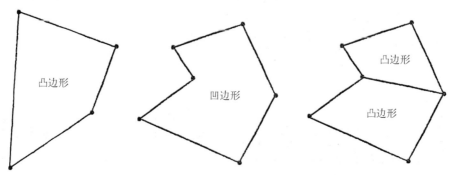

图5-7　一个凹边形可由多个凸边形组成

本例不能用rect()函数或者ellipse()函数绘制形状。这些形状是由自定义的顶点指定的，我们应该使用Processing的beginShape()函数、endShape()函数和vertex()函数绘制它。在前面的ChainShape示例中，我们用自己的ArrayList对象存放顶点的像素位置；然而，学习如何从Box2D中获取这些顶点的位置也是有必要的，我们要在本例实践这一操作。

```
void display() {
    Vec2 pos = box2d.getBodyPixelCoord(body);
    float a = body.getAngle();

    Fixture f = body.getFixtureList();              首先我们要获取连接物体的夹具

    PolygonShape ps = (PolygonShape) f.getShape();  然后获取连在夹具上的形状

    rectMode(CENTER);
    pushMatrix();
    translate(pos.x,pos.y);
    rotate(-a);
    fill(175);
    stroke(0);
    beginShape();
    for (int i = 0; i < ps.getVertexCount(); i++) { 遍历整个数组，将其中的每个顶点转换成像素坐标

        Vec2 v = box2d.vectorWorldToPixels(ps.getVertex(i));
        vertex(v.x,v.y);
    }
    endShape(CLOSE);
    popMatrix();
}
```

练习 5.4

请设计一个多边形，用 **PolygonShape** 类实现它。（记住，多边形必须是凸边形）请参考以下图形。

多边形能让我们更深入地使用Box2D，然而，凸边形的要求是个很严重的限制。幸运的是，我们可以打破这个限制，只需要为一个物体创建多个形状即可！回到前面的外星生物，我们想把它简化成：一个矩形，顶部有个圆圈。

如何为物体创建两个形状？回顾我们为物体创建单个形状的步骤。

步骤1：定义物体。
步骤2：创建物体。
步骤3：定义形状。
步骤4：连接物体和形状。
步骤5：确定物体的质量。

只需要重复步骤3和步骤4，我们就可以将多个形状连接到物体上。

步骤3a：定义形状1。
步骤4a：将形状1连接到物体上。
步骤3b：定义形状2。
步骤4b：将形状2连接到物体上。
……

让我们看看如何用Box2D代码实现上述步骤。

```
BodyDef bd = new BodyDef();                        创建物体
bd.type = BodyType.DYNAMIC;
bd.position.set(box2d.coordPixelsToWorld(center));
body = box2d.createBody(bd);


PolygonShape ps = new PolygonShape();              创建形状1 (矩形)
float box2dW = box2d.scalarPixelsToWorld(w/2);
float box2dH = box2d.scalarPixelsToWorld(h/2);
sd.setAsBox(box2dW, box2dH);
```

```
CircleShape cs = new CircleShape();                创建形状2（圆圈）
cs.m_radius = box2d.scalarPixelsToWorld(r);


body.createFixture(ps,1.0);                        用夹具连接这两个形状
body.createFixture(cs, 1.0);
```

上面的代码看起来很不错，但遗憾的是，如果我们运行它，将会得到以下结果：

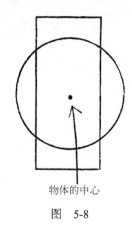

物体的中心

图　5-8

如果你将一个形状和物体连接在一起，形状的中心点默认位于物体中央。但在本例中，如果矩形的中心点位于物体中央，我们就应该将圆圈的中心点放在物体中央的正上方某处。

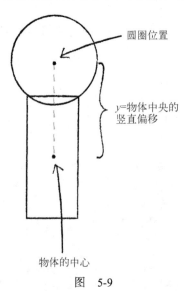

圆圈位置

y=物体中央的
竖直偏移

物体的中心

图　5-9

我们可以通过设置形状的位置达到这个目的,可以通过设置m_p变量实现,这是一个Vec2对象。

```
Vec2 offset = new Vec2(0,-h/2);                      像素偏移

offset = box2d.vectorPixelsToWorld(offset);          将向量转换成Box2D坐标

circle.m_p.set(offset.x,offset.y);                   设置圆圈的位置
```

接下来开始绘制物体,我们可以使用rect()函数和ellipse()函数绘制物体,绘制过程中需要注意圆圈的偏移。

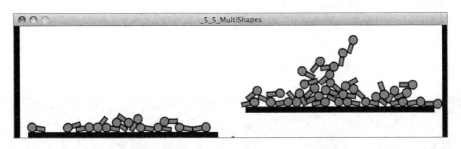

示例代码5-5 为物体设置多个形状

```
void display() {
    Vec2 pos = box2d.getBodyPixelCoord(body);
    float a = body.getAngle();

    rectMode(CENTER);
    pushMatrix();
    translate(pos.x,pos.y);
    rotate(-a);
    fill(175);
    stroke(0);
    rect(0,0,w,h);                           首先绘制(0,0)点的矩形

    ellipse(0,-h/2,r*2,r*2);                 在(0,-h/2)处绘制圆圈

    popMatrix();
}
```

在本节的最后,我想强调以下几点:仅仅在Box2D中创建物体对象并不会让Processing中的图形具备物体特性,我们还需要小心翼翼地根据Box2D的结果绘制这些图形;如果你碰巧用错误的方式绘制了这些物体,Processing和Box2D都不会给任何错误提示;但这时候Sketch的运行结果会变得非常奇怪,让你觉得物理库出现了错误。举个例子,在上面的代码中有:

```
Vec2 offset = new Vec2(0,-h/2);
```

我们在(0,-h/2)的偏移位置创建一个物体,但在绘制它时,如果把代码写成:

```
ellipse(0,h/2,r*2,r*2);
```

最后的运行结果将会怎样呢?

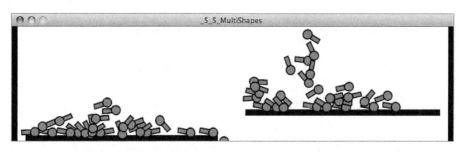

运行结果看起来就和上图一样,我们看到物体将无法表现出预期的碰撞行为。这并不是因为物理库有错误,而是我们没有用正确的方式使用Box2D。在Box2D中创建物体,根据Box2D的运行结果显示物体,这两个过程都有可能产生错误。

练习 5.5

将多个形状连接到同一个物体上,通过这种方式创建你自己的外星生物,尝试着使用多个多边形构建一个凹边形。记住,绘制形状的方式并没有任何限制,你可以用图像绘制,也可以用各种颜色,还可以用线条绘制外星生物的头发。Box2D的形状只是物体的骨架,你可以在这个骨架上添加很多额外元素。

5.11　Box2D 关节

Box2D的关节能将两个物体连接在一起,常用于一些高级物理模拟,比如钟摆的摆动、弹簧连接、粘性物体和轮子滚动等。Box2D的关节分成多种类型,在本章,我们会学习以下3种类型的关节:距离关节、旋转关节和鼠标关节。

让我们从距离关节开始,距离关节用固定的长度将两个物体连接在一起。关节通过锚点(相对于物体中心点的坐标)连接到物体上。对任何Box2D关节,我们都需要按照一定的步骤将它们和物体相连,方法和前面创建物体和形状一样。

步骤1:确保程序中有两个物体。
步骤2:定义关节。
步骤3:配置关节的属性。(连接哪些物体?锚点在哪里?它的静止长度是多少?它是弹性的还是刚性的?)
步骤4:创建关节。

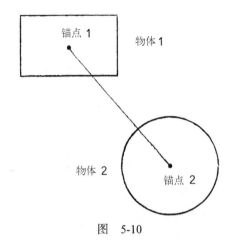

图　5-10

假设有两个粒子对象p1和p2，它们分别有一个引用指向Box2D物体对象。

```
Particle p1 = new Particle();
Particle p2 = new Particle();
```

下面转向步骤2，让我们来定义关节。

```
DistanceJointDef djd = new DistanceJointDef();
```

很简单，对吧？下面我们要做的是配置关节的属性。首先，我们需要指定它连接的物体：

```
djd.bodyA = p1.body;
djd.bodyB = p2.body;
```

然后，设定一个静止长度。记住，如果静止长度是用像素表示的，我们应该先将它转化为Box2D长度。

```
djd.length = box2d.scalarPixelsToWorld(10);
```

距离关节还有两个可选设置，这两个设置能让关节具有弹性，就像是弹簧的连接。它们分别是：frequencyHz和dampingRatio。

```
djd.frequencyHz = ____;                          以赫兹为单位，就像简谐振荡的频率，你可以试着
                                                 填入1~5的数字


djd.dampingRatio = ____;                         弹性阻尼，介于0~1
```

最后，创建关节。

```
DistanceJoint dj = (DistanceJoint) box2d.world.createJoint(djd);
```

Box2D并不会记录关节类型，因此我们需要将它强制转成DistanceJoint类型。

我们可以在Sketch的任意位置创建Box2D关节。下面的例子展示了如何用类描述物体之间的
关节连接。

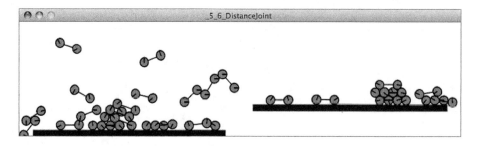

示例代码5-6　距离关节

```
class Pair {

    Particle p1;                                              两个具有Box2D物体引用的对象
    Particle p2;


    float len = 32;                                          任意静止长度

    Pair(float x, float y) {

        p1 = new Particle(x,y);                             如果所有物体都在相同的位置，就会出现问题
        p2 = new Particle(x+random(-1,1),y+random(-1,1));


        DistanceJointDef djd = new DistanceJointDef();  创建关节！

        djd.bodyA = p1.body;
        djd.bodyB = p2.body;
        djd.length = box2d.scalarPixelsToWorld(len);
        djd.frequencyHz = 0;   // 尝试一个小于5的值
        djd.dampingRatio = 0; // 0~1的范围


        DistanceJoint dj = (DistanceJoint) box2d.world.createJoint(djd);
                                              创建关节，注意我们并没有存放关节引用！后面我
                                              们可能需要使用它，但在本例中，这么做是可行的
    }
    void display() {
        Vec2 pos1 = box2d.getBodyPixelCoord(p1.body);
        Vec2 pos2 = box2d.getBodyPixelCoord(p2.body);
        stroke(0);
        line(pos1.x,pos1.y,pos2.x,pos2.y);

        p1.display();
        p2.display();
    }
}
```

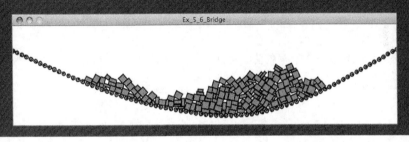

练习 5.6

如下图所示，用 Box2D 关节将一组圆圈（或者矩形）连接在一起，形成一座桥梁。将密度设为 0，以锁定桥梁的端点位置。测试桥梁在不同"弹性"下的效果。有一点需要注意：关节并没有几何形态，因此为了让你的桥梁没有孔洞，节点之间的距离很重要。

除了距离关节，你还可以创建旋转关节。旋转关节用一个锚点将两个物体连接在一起，这个锚点有时候称作"枢轴点"。旋转关节还有一个"角度"用于描述物体间的相对转动。创建旋转关节的方法和创建距离关节一样。

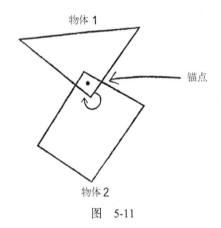

图 5-11

5.11.1 步骤 1：确保有两个物体

假设我们有两个盒子对象，每个盒子对象分别有一个指向 Box2D 物体对象的引用。

```
Box box1 = new Box();
Box box2 = new Box();
```

5.11.2 步骤 2：定义关节

现在，我们需要创建一个 RevoluteJointDef 对象。

```
RevoluteJointDef rjd = new RevoluteJointDef();
```

5.11.3 步骤 3：配置关节的属性

旋转关节最关键的属性就是连接的物体和物体之间的共同锚点（也就是它们相互连接的位置），这几个属性都通过initialize()函数设置。

```
rjd.initialize(box1.body, box2.body, box1.body.getWorldCenter());
```

函数的前两个参数指定了两个物体对象，最后一个参数指定了锚点，本例的锚点位于第一个物体的中央。

RevoluteJoint还有一个令人激动的特性，你可以加上驱动马达，让它自主旋转。比如：

```
rjd.enableMotor = true;                          开启马达
```

```
rjd.motorSpeed = PI*2;                           设置马达的速度
```

```
rjd.maxMotorTorque = 1000.0;                     设置马达的强度
```

在程序运行过程中，你可以关闭或者开启这个驱动马达。

最后，旋转关节的旋转程度可以被限制在两个角度之间。（默认情况下，它可以旋转360度，也就是2π弧度。）

```
rjd.enableLimit = true;
rjd.lowerAngle = -PI/8;
rjd.upperAngle = PI/8;
```

5.11.4 步骤 4：创建关节

```
RevoluteJoint joint = (RevoluteJoint) box2d.world.createJoint(rjd);
```

把上述所有步骤放在一个类中，我们把这个类叫作风车类（Windmill），它的作用是用旋转关节将两个物体连接在一起。在本例中，box1物体的密度等于0，因此只有box2会绕着锚点旋转。

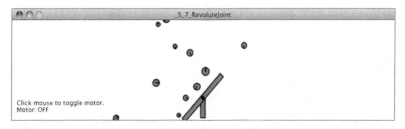

示例代码5-7 旋转的风车

```
class Windmill {
```

```
    RevoluteJoint joint;                         风车对象（Windmill）由两个Box对象和一个关节
                                                 组成
```

```
Box box1;
Box box2;

Windmill(float x, float y) {

    box1 = new Box(x,y,120,10,false);          在本例中，Box类需要一个布尔参数决定Box对象是
    box2 = new Box(x,y,10,40,true);            固定的还是运动的。请在本书源代码中查看Box类的
                                               实现


    RevoluteJointDef rjd = new RevoluteJointDef();
    rjd.initialize(box1.body, box2.body, box1.body.getWorldCenter());
                                               关节将两个物体连在一起，锚点在第一个物体的中央


    rjd.motorSpeed = PI*2;                     这是一个马达

    rjd.maxMotorTorque = 1000.0;
    rjd.enableMotor = true;

    joint = (RevoluteJoint) box2d.world.createJoint(rjd);     创建关节
}

void toggleMotor() {                           开启或关闭马达
    Boolean motorstatus = joint.isMotorEnabled();
    joint.enableMotor(!motorstatus);
}


void display() {
    box1.display();
    box2.display();
}
}
```

练习 5.7

请用旋转关节模拟车轮的转动，用驱动马达让汽车自主行驶，尝试着用 ChainShape 表示路面。

最后，让我们来看看鼠标关节。鼠标关节用于以下场景：用鼠标控制物体的运动。然而，它还可以用于将物体拉到屏幕中的某个固定位置。鼠标关节的作用就是将物体拉到某个"目标"位置。

在我们学习鼠标关节（MouseJoint）对象之前，先要知道为什么需要它。如果你看过Box2D的文档，你会发现setTransform()函数，这个函数的作用是指定"物体原点的位置和旋转的角度"。既然物体拥有位置，为什么我们不直接将物体的位置指定为鼠标的坐标？

```
Vec2 mouse = box2d.screenToWorld(x,y);
body.setTransform(mouse,0);
```

尽管这会让物体发生移动，但会带来一些不好的结果：破坏物理规则。想象一下，你制造了一个隐形传送机，它能让你从卧室瞬间移动到厨房（适合深夜吃零食）。现在，请改写牛顿运动定律，让它适应这个隐形传送机的存在。这并不简单，是吗？Box2D也有同样的问题。手动指定物体的位置就相当于"传送这个物体"，这时候，Box2D就无法进行正确的物理计算。

但Box2D允许你在自己身上绑一根绳子，假设这时候你的朋友在厨房，他可以用这根绳子把你拉过去。这就是鼠标关节做的事，它就像一根绳子，能把物体拉到某个目标位置。

下面来看看如何创建鼠标关节。假设我们有一个盒子对象名为box，下面这段代码和距离关节创建是一样的，除了一个细小的差别。

```
MouseJointDef md = new MouseJointDef();          和之前做的一样，定义关节


md.bodyA = box2d.getGroundBody();                这是一段新代码！


md.bodyB = box.body;                             连接Box物体


md.maxForce = 5000.0;                            设置属性

md.frequencyHz = 5.0;
md.dampingRatio = 0.9;

MouseJoint mouseJoint = (MouseJoint)             创建关节
box2d.world.createJoint(md);
```

有个问题，下面这行代码有什么用？

```
md.bodyA = box2d.getGroundBody();
```

在本节开头，我们提到关节是两个物体之间的连接。对于鼠标关节，我们可以把地面当作第二个物体。那么，Box2D的地面是什么？你可以把屏幕想象成地面。我们要做的就是用鼠标关节将矩形物体和窗口连接在一起，鼠标关节的连接点就是物体运动的目标。

有了鼠标关节，我们可以在Sketch运行过程中改变目标位置。

```
Vec2 mouseWorld = box2d.coordPixelsToWorld(mouseX,mouseY);
mouseJoint.setTarget(mouseWorld);
```

为了让整个程序能在Sketch中运行，我们需要以下几部分。

(1) **盒子类**　该对象用于表示Box2D物体。

(2) **弹簧类**　该对象用于管理鼠标关节，鼠标关节的作用是拉动盒子对象。

(3) **主程序**　每次mousePressed()函数被调用时，都创建一个鼠标关节；每次mouseReleas-ed()函数被调用时，就销毁鼠标关节。这么做是为了只在鼠标被点击时才操纵物体。

让我们来看看主程序中的代码，其余代码可以在本书的随书源代码中找到。

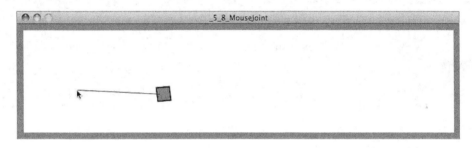

示例代码5-8　鼠标关节演示

```
PBox2D box2d;

Box box;                                            一个盒子对象

Spring spring;                                      管理鼠标关节的对象

void setup() {
    size(400,300);
    box2d = new PBox2D(this);
    box2d.createWorld();

    box = new Box(width/2,height/2);
    spring = new Spring();                          MouseJoint的值为空，直到我们点击鼠标
}

void mousePressed() {
    if (box.contains(mouseX, mouseY)) {             是否在Box对象内点击鼠标？

        spring.bind(mouseX, mouseY, box);           如果是，就连接鼠标关节
    }
}

void mouseReleased() {
    spring.destroy();                               鼠标被释放时，销毁鼠标关节
```

```
}

void draw() {
    background(255);
    box2d.step();

    spring.update(mouseX, mouseY);                    必须时常更新鼠标关节的目标

    box.display();
    spring.display();
}
```

练习 5.8

用鼠标关节控制一个 Box2D 物体的移动，它根据的是某个算法或鼠标之外的其他输入。比如，用 Perlin 噪声算法确定目标位置，或者通过键盘按键确定目标位置。你还可以用 Arduino（http://www.arduino.cc/）创建自己的控制器。

尽管这种用鼠标关节拉动物体的技术非常重要，但 Box2D 允许将物体的类型设为 KINEMATIC，这也可以达到同样的效果。

```
BodyDef bd = new BodyDef();
bd.type = BodyType.KINEMATIC;                         将物体的type设为KINEMATIC
```

用户可以直接设置 KINEMATIC 物体的运动速度。举个例子，如果想让物体跟随某个目标（比如鼠标）运动，你可以创建一个由物体指向目标位置的向量。

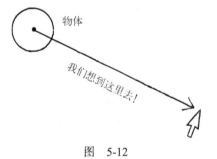

图   5-12

```
Vec2 pos = body.getWorldCenter();
Vec2 target = box2d.coordPixelsToWorld(mouseX,mouseY);
Vec2 v = target.sub(pos);                             一个由物体位置指向鼠标位置的向量
```

有了这个向量之后，你可以将它指定为物体的运动速度。这样一来，物体就会朝着目标位置移动。

```
body.setLinearVelocity(v);                            直接设置物体的速度，覆盖物理库的值!
```

对角速度，你也可以进行相同的操作（或完全忽略角速度，让物理库去处理它）。

注意，KINEMATIC类型的物体并不会和其他KINEMATIC物体发生碰撞，也不会和静止的物体发生碰撞。因此，鼠标关节更适用于本例。

练习 5.9

用 KINEMATIC 类型的物体重新实现练习 5.8。

5.12　回到力的话题

在第2章，我们花了很多时间研究如何模拟环境中各种力的作用。一个物体可能会受重力、风力、空气阻力等的影响。很显然，Box2D中也存在力的作用，因为我们看到前面的各种矩形和圆会在屏幕中旋转和移动。但到目前为止，我们只学会了如何操纵其中的一个全局作用力——重力。

```
box2d = new PBox2D(this);
box2d.createWorld();
box2d.setGravity(0, -20);                              设置全局的重力
```

如果想在Box2D中使用第2章的技术，我们只需要研究其中的applyForce()函数。Mover类实现了这个applyForce()函数：它的参数是一个向量，函数内部将这个向量除以质量，再把得到的结果加到运动者对象的加速度上。Box2D也有同样的函数，而且不需要我们去实现它。我们可以直接在Box2D的物体上调用applyForce()函数！

```
class Box {
    Body body;

    void applyForce(Vec2 force) {
        Vec2 pos = body.getWorldCenter();
        body.applyForce(force, pos);                   调用物体的applyForce()函数
    }
}
```

以上程序得到一个力向量，并将它作用在Box2D物体上。和第2章中的示例程序相比，Box2D是一个更复杂的物理引擎。前面的示例程序假设力总是作用在物体的中心点，但在Box2D中，我们需要指定力在物体上的作用位置。尽管以上程序还是将力作用在物体的中心点上，但力的作用点是可设置的，它可以不在中心点上。

假设我们需要模拟引力，在第2章，我们在Attractor类中模拟了引力，你还记得我们当时是怎么做的吗？

```
PVector attract(Mover m) {
    PVector force = PVector.sub(location,m.location);
    float distance = force.mag();
    distance = constrain(distance,5.0,25.0);
    force.normalize();
    float strength = (g * mass * m.mass) / (distance * distance);
    force.mult(strength);
    return force;
}
```

我们可以用Vec2重新实现同样的函数，并在Box2D中使用它。力的计算过程完全基于Box2D坐标，不需要任何像素坐标。

```
Vec2 attract(Mover m) {
    Vec2 pos = body.getWorldCenter();              首先我们要向Box2D询问位置
    Vec2 moverPos = m.body.getWorldCenter();
    Vec2 force = pos.sub(moverPos);
    float distance = force.length();
    distance = constrain(distance,1,5);
    force.normalize();
    float strength = (G * 1 * m.body.m_mass) / (distance * distance);
    force.mulLocal(strength);                       记住，在Box2D中，向量相乘的函数是mulLocal()
    return force;
}
```

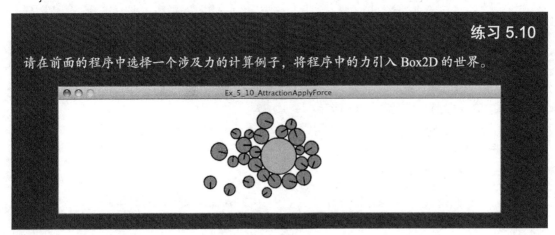

练习 5.10

请在前面的程序中选择一个涉及力的计算例子，将程序中的力引入 Box2D 的世界。

5.13   碰撞事件

我们已经看到Box2D的很多功能，但由于本书并不是旨在介绍Box2D的本质，因此不在此讲解Box2D物理引擎的所有特性。前面我们已经学到物体创建、形状和关节等知识，这些知识能让我们快速学会更多Box2D特性。但除此之外，我觉得有必要讲解Box2D的另一个特性——碰撞。

先问一个让人困惑已久的问题：

　　"假如我想在Box2D物体碰撞时做一些操作，该怎么做？我很高兴Box2D会替我处理所有的物体碰撞，但是如果它掌管了所有事情，我如何知道这些事情何时发生？"

　　对于两个物体是否会发生碰撞，你的第一想法可能是这样的：系统中的所有物体都是已知的，它们的位置也是已知的，我们可以比较这些位置，看看哪些物体是相交的，由此判断它们是否发生碰撞。这是一个不错的想法，但你忽略了一个事实，使用Box2D的原因就是它会替我们接管所有事情。通过几何计算检测碰撞是否发生的做法相当于重新实现Box2D，而不是使用它。

　　当然，Box2D之前也考虑了这个问题，因为这是很常见的场景。举个例子，如果你打算做一款名为"愤怒的小鸟"的游戏，在小鸟和纸盒碰撞的瞬间，最好同时插入一些其他操作，让碰撞效果看起来更有趣，这样才能让你的游戏大卖。Box2D通过"接口"提醒碰撞事件发生的时刻，在这里，我们有必要学习接口的相关知识，这是面向对象编程的一项高级特性。你可以查看Java接口教程（http://download.oracle.com/javase/tutorial/java/concepts/interface.html）和JBox2D ContactListener类的文档。（我还在本书的网站上放了一个接口的演示程序。）

　　如果你使用了PBox2D，就不需要用接口实现物体碰撞。在PBox2D中，碰撞事件的检测是通过一个回调函数完成的，就像Processing中的mousePressed()函数：鼠标被点击时，mousePressed()函数就会被触发。两个物体发生碰撞时，beginContact()函数会被触发。

```
void mousePressed() {                          我们非常习惯mousePressd事件的回调方式
    println("The mouse was pressed!");
}

void beginContact(Contact cp) {                碰撞事件的回调方式
    println("Something collided in the Box2D World!");
}
```

在以上代码能运作之前，你必须让PBox2D开启对碰撞事件的监听。（这种机制能让物理引擎减少性能开销，只有在必要情况下才会去监听碰撞。）

```
void setup() {
    box2d = new PBox2D(this);
    box2d.createWorld();
    box2d.listenForCollisions();               如果你想监听碰撞，请加上这行代码
}
```

PBox2D有4个碰撞回调函数。

(1) beginContact()——两个形状刚开始接触时触发这个函数。

(2) endContact()——两个形状碰撞结束时触发这个函数。

(3) preSolve()——在Box2D开始处理碰撞结果时被触发，也就是在beginContact()函数之前触发，该函数可用于阻止一次碰撞。

(4) postSolve()——在Box2D处理完碰撞结果后被触发，该函数允许你收集"碰撞处理"（也称为"冲击"）的相关信息。

preSolve()和postSolve()函数的实现细节已经超出了本书的讨论范畴；我们应该详细了解beginContact()函数，这个函数涵盖了大部分的常规碰撞处理操作。endContact()函数的工作方式和beginContact()函数类似，唯一的区别就是它在物体分离时被触发。

beginContact()函数的使用方式如下：

```
void beginContact(Contact cp) {

}
```

注意上面的函数有一个Contact类型的参数，Contact对象包含一次碰撞的所有数据——几何信息和力的数据。假设有一个Sketch程序，其中包含很多粒子对象，每个对象分别有一个Box2D物体对象引用，接下来我们要处理它们之间的碰撞。

5.13.1　步骤 1：Contact 对象，你能否告诉我哪两个物体发生了碰撞

是什么东西发生了碰撞？物体，形状，还是夹具？Box2D通过形状检测碰撞，因为只有形状对象拥有几何外形。但形状通过夹具连接到物体上，因此我们应该向Box2D询问："你能否告诉我哪两个夹具发生了碰撞？"

```
Fixture f1 = cp.getFixtureA();                    Contact对象存放了发生碰撞的夹具A和夹具B
Fixture f2 = cp.getFixtureB();
```

5.13.2　步骤 2：夹具对象，你能否告诉我你连接在哪个物体上

```
Body b1 = f1.getBody();                           getBody()函数告诉我们夹具连在哪个物体上
Body b2 = f2.getBody();
```

5.13.3　步骤 3：物体，你能否告诉我你连接在哪个粒子对象上

这部分相对困难，因为Box2D对我们的代码一无所知。它只是负责管理形状、物体和关节之间的联系，管理Processing对象和Box2D对象的任务在我们自己身上。幸运的是，Box2D提供了getUserData()函数和setUserData()函数，通过这两个函数，我们可以将一个Processing对象（粒子对象）连接到Box2D物体上。

粒子类的构造函数负责创建物体对象。在创建过程中，我们要再加入一些代码，如下所示：

```
class Particle {
    Body body;

    Particle(float x, float y, float r) {
        BodyDef bd = new BodyDef();
        bd.position = box2d.coordPixelsToWorld(x, y);
        bd.type = BodyType.DYNAMIC;
        body = box2d.createBody(bd);
        CircleShape cs = new CircleShape();
```

```
    cs.m_radius = box2d.scalarPixelsToWorld(r);
    body.createFixture(fd,1);

    body.setUserData(this);
```

"this"指当前的粒子对象，我们让Box2D对象存
放这个粒子对象的引用，以方便之后的访问

```
    }
}
```

在addContact()函数中，一旦我们知道了碰撞的物体，就可以通过getUserData()函数获取物体对应的粒子对象。

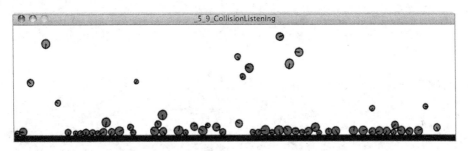

示例代码5-9　碰撞监听

```
void beginContact(Contact cp) {

    Fixture f1 = cp.getFixtureA();
    Fixture f2 = cp.getFixtureB();

    Body b1 = f1.getBody();
    Body b2 = f2.getBody();

    Particle p1 = (Particle)b1.getUserData();
    Particle p2 = (Particle)b2.getUserData();
```

当我们从"用户数据"对象中抽取物体对象时，需
要将它强制转换成粒子对象，因为Box2D并不知道对
象的类型

```
    p1.change();
    p2.change();
```

一旦有了粒子对象，我们就可以对它做任何事情。
在这里，我们调用change函数，改变它的颜色

```
}
```

在很多情况下，我们不能假设碰撞的物体都是粒子对象。Sketch中可能同时存在边界对象、粒子对象、盒子对象等。所以，我们需要查询这部分"用户数据"，并核实对象类型。

```
Object o1 = b1.getUserData();
```

获取一个泛型对象

```
if (o1.getClass() == Particle.class) {
    Particle p = (Particle) o1;
    p.change();
}
```

询问对象是否为Particle

还需要注意一点，在Box2D触发这些回调函数时，你不能在beginContact()、endContact()、preSolve()或者postSolve()函数中创建或销毁任何Box2D对象。如果你有这方面需求，可以在对象内部设置一个变量（诸如：markForDeletion = true），然后在draw()函数中检查并删除相应的对象。

> **练习 5.11**
>
> 请思考如何在上述例子中使用多态。编写一个程序，让多个类继承自基类，并去除重复的测试代码。

> **练习 5.12**
>
> 请用上面提到的方法，模拟粒子对象在碰撞后消失的场景。

5.14　小插曲：积分法

下面的情况是否经常发生在你身上？你在参加一个豪华的鸡尾酒晚会，期间向朋友高侃物理模拟工作，突然有人说："你的工作真不错！但我想知道你用的积分法是什么？"你会在心里默默问自己："什么是积分法？"

或许你以前曾听说过这个术语，"积分"是微积分学中的两个重要运算之一，另一个运算是"微分"。听到微积分，你可能感到非常困惑。幸运的是：我们已经学完本书90%的物理模拟知识，却从来没有真正需要研究过微积分。本章话题即将步入尾声，我觉得有必要花点时间介绍背后的微积分原理，它关系到某些物理库（像Box2D和后面的toxiclibs）的实现方法。

先来回答这个问题："积分和物体的位置、速度以及加速度有什么关系？"首先，让我们先来定义微分的概念，微分就是求"导数"。求函数的导数就是找到函数随时间变化的规律。请思考位置和位置的导数，位置是空间中的一个点，而速度就是位置随时间的变化，因此，速度可以描述为位置的"导数"。什么是加速度呢？加速度就是速度随时间的变化——也就是速度的"导数"。

理解导数（微分）的概念后，就可以开始定义积分的概念了，求积是求导的逆运算。换句话说，计算速度对时间的积分，就能得到对象在相应时间点的位置。位置是速度的积分，速度是加速度的积分。由于前面的物理模拟是建立在加速度基础上的，加速度是由力计算得到的，所以我们需要用积分法求解物体在某个时间点（如同动画的某一帧）所在的位置。

因此，我们之前一直在做积分运算！它具体看起来是这样的：

```
velocity.add(acceleration);
location.add(velocity);
```

上面的方法称作欧拉积分或欧拉方法（以著名的数学家莱昂哈德·欧拉命名）。它是最简单的积分方法，很容易用代码实现（见上面两行代码！）。然而，它并不是最有效、最准确的积分法。为什么欧拉积分不准确？试想，你驾驶着一辆汽车沿着道路行驶，你踩下油门加速，汽车是否会在某一秒位于某个位置，在下一秒突然跳到新的位置？在第3秒、第4秒、第5秒也做同样的运动？事实并非如此，汽车的运动应该是连续的。但在Sketch程序中，一个圆在零帧处在某个位置，在第1帧处在新的位置，在第2帧又在不同的位置。如果帧速是每秒30帧，我们就能看到圆移动的动画。在程序中，我们每隔N个时间单位计算一次位置，而现实世界的运动却是完全连续的。这样一来，我们的计算结果并不准确，如下图所示：

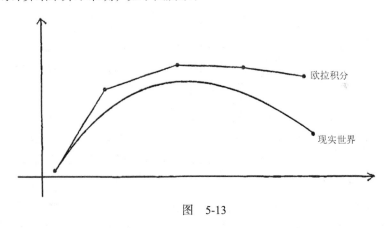

图　5-13

现实世界中的轨迹是一条曲线，而用欧拉积分模拟的结果是一条折线。

有一种做法可以提高欧拉积分的准确性，那就是缩短位置计算的单位时间——除了每一帧计算一次，我们还可以在一帧中进行30次位置计算，但这不具有可行性，因为Sketch的运行速度会变慢。

我仍然认为，欧拉方法是学习基础知识的最佳方法，而且它也完全适用于我们大多数的Processing项目。任何在效率和准确性上的损失，都能在易用性和可理解性上得到弥补。为了得到更好的精度，Box2D使用了辛–欧拉法（http://en.wikipedia.org/wiki/Symplectic_Euler_method），它又称为半显式欧拉法，是欧拉法的修改版。

此外，还有一种龙格–库塔法（Runge-Kutta，以德国数学家C. Runge和M. W. Kutta命名），它也被用在某些物理引擎上。

我们下一个物理库使用的是著名的“韦尔莱积分法”（Verlet integration）。理解韦尔莱积分法的一种简单方式是：脱离速度思考某个运动算法。我们不一定需要存储速度变量，只要知道物体在某个时间点的位置和现在的位置，我们就可以由此推断速度。韦尔莱积分法就是这样做的，尽管没有速度变量，它还是可以在运行过程中计算速度。韦尔莱积分法特别适合粒子系统，尤其是由弹簧连接的粒子系统。在模拟过程中，我们不需要关心任何细节，因为toxiclibs会替我们接管所有事情。如果你对它的实现感兴趣，这里有一份有关Verlet物理库的论文，几乎所有的Verlet计算机图形模拟都源自于此，这篇论文是"Advanced Character Physics"（http://www.gamasutra.com/resource_guide/20030121/jacobson_pfv.htm）。你还可以在维基百科中找到更多关于韦尔莱积分法的知识（http://en.wikipedia.org/wiki/Verlet_integration）。

5.15　toxiclibs 的 Verlet Physics 物理库

以下内容来自toxiclibs.org：

> toxiclibs是一个独立的开源库集合，用于完成与计算机设计相关的任务，它支持Java和Processing。toxiclibs的开发者是Karsten "toxi" schmidt（至少目前为止是这样）。为了实现在不同场景下的复用性，toxiclibs的类设计得非常通用，它适用的场景包括：衍生设计、动画、交互/界面设计、数据可视化、数字制造和教学用途等。

我们应该感谢toxiclibs。本章的剩余部分准备用几个例子介绍toxiclibs中的Verlet物理库；除了Verlet物理库，toxiclibs还包含一系列的函数包，涉及音频、颜色和几何等。如果你想用Processing处理有关形态和构造的问题，可以看看toxiclibs的几何函数包。你可以在Open Processing网站（http://www.openprocessing.org/portal/?userID=4530）找到相关的示例程序。

我们还应该注意：toxiclibs是专门为Processing设计的，这是一个好消息。也就是说，我们将不会碰到Box2D使用过程中会出现的一些问题（多个坐标系统、Box2D、JBox2D和PBox2D）。你只需要下载toxiclibs，将它放在库目录下，就可以开始使用了。它的坐标系统和Processing的坐标系统一样，因此你不需要任何坐标转换。除此之外，toxiclibs还不限于二维世界：所有物理模拟和函数在二维和三维的空间中都是适用的。这样一来，你该如何选择物理库呢？是选Box2D，还是选toxiclibs？如果你的需求能归入以下两种类别，这个问题就很容易回答。

(1) 你的模拟项目涉及碰撞，其中有很多圆、矩形和其他自定义形状的物体，它们之间会相互碰撞，碰撞之后会弹开。

在这种情况下，你应该使用Box2D。toxiclibs无法处理物体之间的碰撞。

(2) 在你的模拟项目中，屏幕上有很多粒子，有时候它们之间相互吸引，有时候相互排斥，有时候用弹簧相连。

在这种情况下，toxiclibs是更佳的选择。它比Box2D更容易使用，非常适用于粒子系统。由于韦尔莱积分法的速度优势（忽略了物体之间的碰撞），toxiclibs的性能也很好。

下表列出了两个物理库的特性对比情况。

特　　性	Box2D	toxiclibs VerletPhysics
几何碰撞	是	否
三维特性	否	是
粒子引力/斥力	否	是
弹簧连接	是	是
其他的连接：转动、滑轮、齿轮、棱柱	是	否
马达	是	否
摩擦	是	否

5.15.1　获取 toxiclibs

你可以从以下网站下载和安装toxiclibs：

http://toxiclibs.org/

下载完成之后，你会发现toxiclibs有8个模块（也就是子目录），每个模块都有自己的作用。举个例子，在本章中我们只需要两个模块：verletphysics和toxiclibscore，但我还是建议你看看其他的模块。

在Processing的库目录中安装好toxiclibs之后（http://wiki.processing.org/w/How_to_Install_a_Contributed_Library），你就可以开始学习下面的例子了。

5.15.2　VerletPhysics 的核心元素

我们花了很多时间学习Box2D中的核心元素：世界、物体、形状和关节。这让我们能更快理解toxiclibs，因为它的结构和Box2D类似。

Box2D	toxiclibs VerletPhysics
世界	VerletPhysics
物体	VerletParticle
形状	什么都没有！toxiclibs不处理几何形状
夹具	什么都没有！toxiclibs不处理几何形状
关节	VerletSpring

5.15.3　toxiclibs 中的向量

还记得我们之前学过的PVector类么？再想想Box2D中用到的向量，我们不得不把PVector中的各种概念都映射到Vec2类中。在这里，我们还需要做一遍这样的事，toxiclibs有自己的向量类，它的Vec2D类用于表示二维向量，Vec3D类用于表示三维向量。

toxiclibs的向量在概念上是一样的，但是我们需要学习新语法。你可以在这里找到相关文档：

❑ Vec2D（http://toxiclibs.org/docs/core/toxi/geom/Vec2D.html）

❑ Vec3D（http://toxiclibs.org/docs/core/toxi/geom/Vec3D.html）

让我们回顾PVector的基本数学运算，然后将它们映射成Vec2D的函数（方便起见，我们只考虑二维空间）。

PVector	Vec2D
PVector a = new PVector(1,-1); PVector b = new PVector(3,4); a.add(b);	Vec2D a = new Vec2D(1,-1); Vec2D b = new Vec2D(3,4); a.addSelf(b);
PVector a = new PVector(1,-1); PVector b = new PVector(3,4); PVector c = PVector.add(a,b);	Vec2D a = new Vec2D(1,-1); Vec2D b = new Vec2D(3,4); Vec2D c = a.add(b);

PVector a = new PVector(1,-1);
float m = a.mag();
a.normalize();
	Vec2D a = new Vec2D(1,-1);
	float m = a.magnitude();
	a.normalize();

5.15.4　构建 toxiclibs 的物理世界

为了在示例程序中构建一个toxiclibs物理世界，我们首先需要导入库。

```
import toxi.physics2d.*;                      导入库
import toxi.physics2d.behaviors.*;
import toxi.geom.*;
```

然后，我们需要用一个引用指向这个物理世界，也就是VerletPhysics或者VerletPhysics2D对象（这取决于我们在二维空间还是三维空间工作）。方便起见，本章的例子都在二维空间运行，但能轻易地扩展到三维空间（随书源代码也包含了三维空间的示例程序）。

```
VerletPhysics2D physics;

void setup() {
    physics = new VerletPhysics2D();            创建toxiclibs Verlet物理世界
```

有了这个VerletPhysics对象之后，你可以为它设置一些参数。如果你想创建一个物体无法穿过的边界，可以这么做：

```
    physics.setWorldBounds(new Rect(0,0,width,height));
```

除此之外，你还可以用GravityBehavior对象为这个物理世界添加重力。创建GravityBehavior对象时需要传入一个向量，这个向量用于表示重力的大小和方向。

```
    physics.addBehavior(new GravityBehavior(new Vec2D(0,0.5)));
}
```

最后，为了让物理库进行运算并能移动内部的物体，我们还要调用update()函数。由于每一帧都要执行一次运算，因此我们在draw()函数中调用它。

```
void draw() {
    physics.update();          该函数和Box2D的step()函数一样
}
```

5.16 toxiclibs 中的粒子和弹簧

在Box2D的例子中，我们创建了自己的类（比如Particle类），并在其中加入了一个Box2D物体对象变量。

```
class Particle {
    Body body;
```

这样的实现方式显得有些多余，因为Box2D在内部维护了所有物体对象。但是，这种写法允许我们直接获取物体对象的某些信息（继而得到物体的绘制方式），而不需要遍历Box2D内部的对象列表。

让我们看看如何将同样的方法作用在toxiclibs的VerletParticle2D类中。为了方便地绘制粒子对象，并在粒子中加入某些自定义属性，我们还是要定义自己的Particle类。代码如下所示：

```
class Particle {
    VerletParticle2D p;          粒子对象有一个指向VerletParticle
                                 对象的引用

    Particle(Vec2D pos) {
        p = new VerletParticle2D(pos);    VerletParticle对象需要一个初始位置（x坐标
                                          和y坐标）
    }

    void display() {
        fill(0,150);
        stroke(0);
        ellipse(p.x,p.y,16,16);    当我们在绘制粒子时，需要向VerletParticle对
                                   象询问x坐标和y坐标
    }
}
```

从上面的代码可以看出，绘制粒子是一件很简单的事，可以直接使用VerletParticle2D对象的x坐标和y坐标，不需要烦琐的坐标转换，因为toxiclibs用的就是像素坐标。除此之外，你还会发现这个粒子类只有一个作用，那就是存放VerletParticle2D对象的引用。请回顾第4章讨论的继承特性：这也是一个粒子系统，除了存放VerletParticle2D对象的引用，粒子对象还有什么其他特性？我们是否可以让Particle类继承VerletParticle2D类？

```
class Particle extends VerletParticle2D {

    Particle(Vec2D loc) {
        super(loc);                          调用super()函数，确保对象以正确的方式初始化
    }

    void display() {                         我们只需要实现一个display()函数
        fill(175);
        stroke(0);
        ellipse(x,y,16,16);                  从VerletParticle类中继承了x坐标和y坐标
    }
}
```

还记得Box2D示例程序的处理步骤吗？我们需要向Box2D物体对象询问它的位置，再将坐标转换为像素坐标，最后根据转换后的坐标绘图。在这里，由于我们从VerletParticle2D类中继承了所有功能，剩下的任务只是根据x坐标和y坐标处绘制图形！

顺便再提一点，VerletParticle2D类是Vec2D的子类，因此除了从VerletParticle2D继承的特性，我们的粒子类还有Vec2D对象的所有功能。

现在，我们可以在Sketch的任意位置创建粒子对象。

```
Particle p1 = new Particle(new Vec2D(100,20));
Particle p2 = new Particle(new Vec2D(100,180));
```

仅仅创建一个粒子是不够的，还应该用addParticle()函数将粒子对象添加到物理世界中。

```
physics.addParticle(p1);
physics.addParticle(p2);
```

从toxiclibs的文档中可以看到，addParticle()函数的参数是一个VerletParticle2D对象。

```
addParticle(VerletParticle2D particle)
```

如何在addParticle()函数中传入自己的粒子对象？面向对象编程中有多态特性，由于Particle类继承自VerletParticle2D类，我们可以把这个粒子实例当作两种对象——Particle对象和VerletParticle2D对象。这是面向对象编程中一个很强大的特性。如果自定义类都继承自toxiclibs的类，它们就可以直接将其用在toxiclibs物理库中。

除了VerletParticle类，toxiclibs还提供了一些连接粒子的弹簧类。toxiclibs有3种类型的弹簧。

- ❑ **VerletSpring**　该类在两个粒子之间创建连接，包括刚性连接和弹性连接。其中的某个粒子可以被固定，只有弹簧的另一端可以移动。

- ❑ **VerletConstrainedSpring**　可以通过VerletConstrainedSpring对象限制连接的最大长度，这样弹性系统具有较好的稳定性。

- ❑ **VerletMinDistanceSpring**　VerletMinDistanceSpring对象可以保证物体之间的距离不小于静止长度，如果你想让物体之间保持一定距离，但不关心它们之间的最大距离，可以使用这个类。

前面提到的继承和多态技术同样适用于弹簧对象的创建，创建一个弹簧对象需要传入两个 `VerletParticle` 对象，由于我们的 `Particle` 类继承自 `VerletParticle` 对象，因此 `VerletSpring` 的构造函数也接受粒子对象作为参数。以下代码展示了如何在粒子对象 p1 和 p2 之间创建一个弹性连接，该连接有指定的静止长度和弹性强度。

```
float len = 80;                                    弹簧的静止长度


float strength = 0.01;                             弹簧的强度
VerletSpring2D spring=new VerletSpring2D(p1,p2,len,strength);
```

和粒子一样，为了让弹簧成为 toxiclibs 物理世界的一部分，我们需要在物理世界中添加这个对象。

```
physics.addSpring(spring);
```

5.17　整合代码：一个简单的交互式弹簧

对于 Box2D，手动设置物体的位置会破坏物理模拟。在 toxiclibs 中并不存在这样的问题。如果要移动粒子的位置，我们可以直接设置它的 x 坐标和 y 坐标。但在设置之前，我们最好先调用 lock() 函数。

lock() 函数的作用就是将物体锁在某个位置，等同于将 Box2D 物体的密度设成 0。下面我将展示如何临时锁住一个粒子，然后移动它，最后将它解锁，让它继续参与物理模拟。假设你想在鼠标点击时移动一个粒子。

```
if (mousePressed) {
    p2.lock();
    p2.x = mouseX;            先锁住粒子，然后设置它的X坐标和Y坐标，再对其
    p2.y = mouseY;            解锁
    p2.unlock();
}
```

在下面的示例程序中，我们将所有元素都放在一起，也就是通过弹簧将两个粒子连接在一起。其中的一个粒子被锁定在某个位置，另一个粒子在鼠标拖动时发生移动。注意，本例和示例代码 3-11 的效果是一样的。

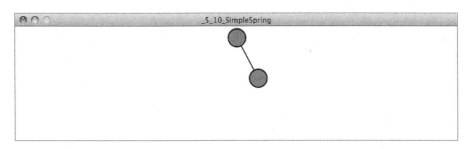

示例代码5-10　用toxiclibs实现简单的弹簧模拟

```
import toxi.physics2d.*;
import toxi.physics2d.behaviors.*;
import toxi.geom.*;

VerletPhysics2D physics;
Particle p1;
Particle p2;

void setup() {
    size(200,200);

    physics=new VerletPhysics2D();                                    创建物理世界

    physics.addBehavior(new GravityBehavior2D(new Vec2D(0,0.5)));
    physics.setWorldBounds(new Rect(0,0,width,height));

    p1 = new Particle(new Vec2D(100,20));                             创建两个粒子

    p2 = new Particle(new Vec2D(100, 180));

    p1.lock();                                                        锁定粒子1


    VerletSpring2D spring=new VerletSpring2D(p1,p2,80,0.01);      创建弹簧


    physics.addParticle(p1);                                          将所有物体添加到世界中

    physics.addParticle(p2);
    physics.addSpring(spring);
}

void draw() {
    physics.update();                                                更新物理世界

    background(255);

    line(p1.x,p1.y,p2.x,p2.y);                                       绘制所有物体

    p1.display();
    p2.display();

    if (mousePressed) {
        p2.lock();                                                   根据鼠标移动粒子
        p2.x = mouseX;
        p2.y = mouseY;
        p2.unlock();
    }
}

class Particle extends VerletParticle2D {                            我们的粒子类非常简洁
    Particle(Vec2D loc) {
```

```
        super(loc);
    }
    void display() {
        fill(175);
        stroke(0);
        ellipse(x,y,16,16);
    }
}
```

5.18　相连的系统Ⅰ：绳子

在上例中，两个粒子对象通过一根弹簧相连。toxiclibs物理库尤其适用于模拟柔软物体，比如可以用连接成一条线的粒子模拟绳子，可以用连接在一起的粒子网格模拟毯子。下面这个可爱的卡通模型也可以用相连的粒子进行模拟，这些粒子都通过弹簧相连。

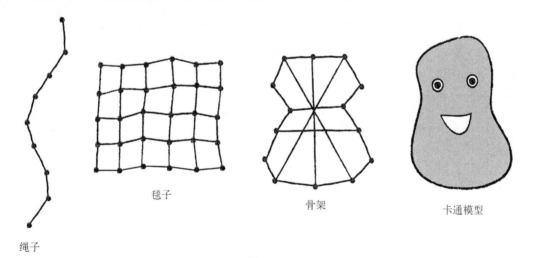

毯子

骨架

卡通模型

绳子

图　5-14

下面我们要模拟一个"柔软的钟摆"模型——将摆球挂在绳子的底端，这里的摆臂不再是第3章里使用的刚性摆臂，而是图5-14所示的"绳子"。

首先，我们需要一个粒子列表（使用上例的Particle类）。

ArrayList<Particle> particles = new ArrayList<Particle>();

假如我们需要20个粒子，它们之间的间隔是10个像素。

图　5-15

```
float len = 10;
float numParticles = 20;
```

我们可以将下标i从0递增到20，将每个粒子的y坐标设置成i * 10，这样一来，第1个粒子位于坐标(0, 10)，第2个粒子位于(0, 20)，第3个粒子位于(0, 30)……

```
for(int i=0; i < numPoints; i++) {
    Particle particle=new Particle(i*len,10);          沿着X轴摆放粒子

    physics.addParticle(particle);                     将粒子加入列表

    particles.add(particle);                           将粒子加入物理世界
}
```

除了将粒子对象加入toxiclibs的物理世界，我们还将它放入自己的列表中。尽管这有些多余，但后面可能会有很多条绳子，到时候我们可以方便地获知粒子被连在哪一条绳子上。

下面要做一件有趣的事：将所有的粒子连接在一起。粒子1和粒子0相连，粒子2和粒子1相连，粒子3和粒子2相连……

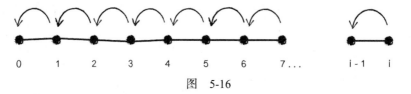

图　5-16

也就是：粒子i和粒子i-1相连（除去i等于0的情况）。

```
if (i != 0) {
    Particle previous = particles.get(i-1);            首先，我们需要到前一个粒子的引用

    VerletSpring2D spring = new VerletSpring2D(particle,previous,len,strength);
                                                       之后，我们需要在两个粒子之间创建弹簧连接，并
                                                       指定弹簧的静止长度和强度（都是浮点数）

    physics.addSpring(spring);                         不要忘记将弹簧加入物理世界
}
```

如果我们想让绳子挂在某个定点上，该怎么做？可以将其中一个粒子锁定——比如第一个粒子、最后一个粒子或者最中间的粒子等。以下代码的作用就是将第一个粒子的位置锁定。

```
Particle head=particles.get(0);
head.lock();
```

如果想要绘制绳子上的所有粒子，我们可以从ArrayList获取所有的粒子位置，再调用beginShape()函数、endShape()函数和vertex()函数绘制它们。

示例代码5-11　柔软的钟摆

```
stroke(0);
noFill();
beginShape();
for (Particle p : particles) {
    vertex(p.x,p.y);                          每个粒子都是绳子上的一个点
}
endShape();
Particle tail = particles.get(numPoints-1);
tail.display();                               用一个圆表示最后的粒子
```

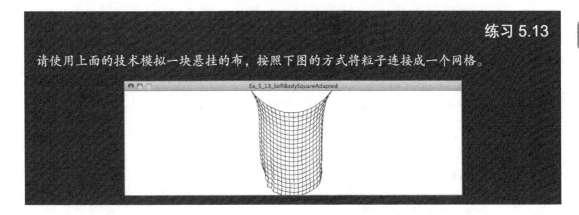

本章的随书源代码还实现了额外的功能：用户可以用鼠标拉动最后一个粒子。

练习 5.13

请使用上面的技术模拟一块悬挂的布，按照下图的方式将粒子连接成一个网格。

5.19　相连的系统Ⅱ：力导向图

你是否碰到过以下场景？

"我想在屏幕上画一大堆物体，这些物体必须均匀、整洁且有序地排列。否则，我
必将彻夜难眠。"

在运算化设计领域，这是一个很普通的问题，"力导向图"就是该问题的一个解决方案。在
力导向图中，我们把相互连接的元素称为节点，这些节点的位置并不是人为设置的，而是根据力

的作用排布的。可以使用各种力构建力导向图的布局，弹簧力就是典型的力，因此toxiclibs适合用在此类场景。

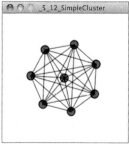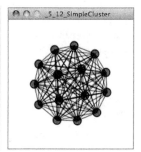

如何实现上图的效果？

首先，我们需要一个节点（Node）类，实现节点类很容易，可以让它继承自VerletParticle2D。我们已经在前面实现过这样的类，只需要将类名从Particle改为Node。

```
class Node extends VerletParticle2D {
    Node(Vec2D pos) {
        super(pos);
    }
    void display() {
        fill(0,150);
        stroke(0);
        ellipse(x,y,16,16);
    }
}
```

下面，我们要实现一个Cluster类，它的作用是描述节点列表。

```
class Cluster {
    ArrayList<Node> nodes;

    float diameter;                                    用这个变量表示节点之间的静止距离

    Cluster(int n, float d, Vec2D center) {
        nodes = new ArrayList<Node>();
        diameter = d;

        for (int i = 0; i < n; i++) {
            nodes.add(new Node(center.add(Vec2D.randomVector())));
                                                    如果所有节点对象的起始位置都相同，程序就会出
                                                    问题。因此我们在中心位置加上一个随机向量，由
                                                    此保证每个节点之间都存在偏移
        }
    }
}
```

在Cluster类中添加一个draw()函数，它的作用是绘制所有节点；然后在setup()函数中创建一个Cluster对象，在draw()中绘制Cluster。完成上述操作后，运行Sketch，你不会看到任

何效果。为什么？因为我们忘了这是一个力导向图，还应该用力将粒子相连。假设有4个节点，我们打算用下面方式将它们相连。

节点0和节点1相连
节点0和节点2相连
节点0和节点3相连
节点1和节点2相连
节点1和节点3相连
节点2和节点3相连

在以上连接方式中，请你注意两个细节。

❏ **节点不会和自身相连**。我们不会将节点0和节点0相连，也不会将节点1和节点1相连。
❏ **不需要反过来重复连接两个节点**。换句话说，如果节点0已经和节点1相连，我们就不需要反过来让节点1和节点0相连，因为它们已经连接在一起了。

那么，如何用代码实现上面的连接？

让我们看看左边的节点，它们的下标分别为：000 11 2。因此，我们需要遍历列表中的每个节点，从下标0到下标$N-1$。

```
for (int i = 0; i < nodes.size()-1; i++) {
    VerletParticle2D ni = nodes.get(i);
```

现在，我们需要将节点0和节点1、节点2、节点3相连，将节点1和节点2、节点3相连，将节点2和节点3相连。可以总结出这样的规律：对每个节点i，我们需要从i + 1遍历到列表的末尾。

```
for (int j = i+1; j < nodes.size();j++){        从i + 1开始遍历
    VerletParticle2D nj = nodes.get(j);
```

对以上循环中的每两个节点，我们都需要用弹簧将它们相连。

```
physics.addSpring(new                        用弹簧将ni和nj连在一起
VerletSpring2D(ni,nj,diameter,0.01));
    }
}
```

假设这些连接是在Cluster类的构造函数中建立的，我们可以在主程序中创建Cluster对象，最后看到以下结果！

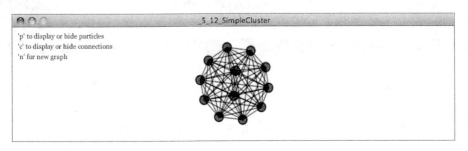

示例代码5-12　Cluster

```
import toxi.geom.*;
import toxi.physics2d.*;

VerletPhysics2D physics;
Cluster cluster;

void setup() {
    size(300,300);
    physics=new VerletPhysics2D();
    cluster = new Cluster(8,100,new Vec2D(width/2,height/2));    创建Cluster对象
}

void draw() {
    physics.update();
    background(255);
    cluster.display();                                          绘制Cluster对象
}
```

练习 5.14

用 Cluster 的程序结构模拟卡通生物的轮廓，在其中加入重力，并允许鼠标拖动这个造型。

练习 5.15

扩展上面的力导向图程序，让它拥有不止一个 Cluster 对象。用 VerletMinDistanceSpring2D 对象将两个 Cluster 对象相连。

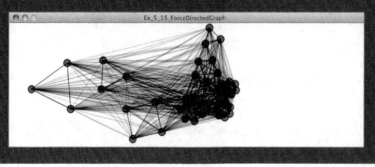

5.20　吸引和排斥行为

Box2D的物体对象有一个applyForce()函数，如果我们要对物体施加引力，只需要根据引

力公式(引力 = G * 质量1 * 质量2 / 距离的平方)计算出引力向量,然后把向量传入applyForce()函数。toxiclibs的VerletParticle类也有applyForce()函数,我们可以通过它将力作用在粒子上。

然而,toxiclibs考虑得更为深远,它允许我们在粒子上设定一些常规力(我们称为"行为"),toxiclibs会根据这些设定自动计算和施加力。比如,如果我们将AttractionBehavior对象添加在一个粒子上,那么其他粒子都将受这个粒子的引力作用。

假如我们有一个粒子类(继承自VerletParticle类)。

```
Particle p = new Particle(new Vec2D(200,200));
```

创建完粒子对象后,我们让一个AttractionBehavior对象依附在这个粒子上。

```
float distance = 20;
float strength = 0.1;
AttractionBehavior behavior = new AttractionBehavior(p, distance, strength);
```

注意AttractionBehavior的构造函数有两个参数——distance和strength。distance代表引力的作用范围,在上面的实现中,只有20像素范围内的其他粒子才会受引力的作用。strength参数代表引力的强度。

最后,为了激活引力的作用,AttractionBehavior对象需要被添加进toxiclibs的物理世界。

```
physics.addBehavior(behavior);
```

这意味着只要其他粒子距离该粒子足够近,它们肯定会受到这个粒子的引力作用。

尽管toxiclibs不会处理碰撞,但你还是可以创建类似碰撞的效果,只需要将一个排斥行为添加到每个粒子上(这样一来,粒子之间就存在排斥作用)。让我们看看如何在粒子类中实现这一特性。

```
class Particle extends VerletParticle2D {
    float r;                                    在粒子中加入半径

    Particle (Vec2D loc) {
        super(loc);
        r = 4;
        physics.addBehavior(new AttractionBehavior(this,r*4,-1));
                                                每次创建粒子对象时,同时都会产生一个
                                                AttractionBehavior对象,它们一起被加入物
                                                理世界。如果strength参数是负数,这就是一个
                                                斥力行为

    }

    void display() {
        fill(255);
        stroke(255);
        ellipse(x,y,r*2,r*2);
    }
```

    }

    下面，我们将用toxiclibs重新实现引力程序，让整个窗口中的粒子都受单个Attractor对象的吸引作用。

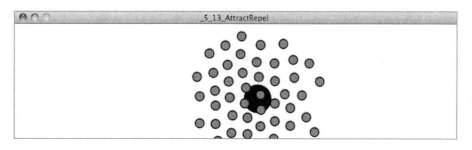

示例代码5-13 引力/斥力

```
class Attractor extends VerletParticle2D {
    float r;
    Attractor (Vec2D loc) {
        super (loc);
        r = 24;
        physics.addBehavior(new AttractionBehavior(this, width, 0.1));
```

                                    AttractorBehavior的distance等于窗口宽度，因此它能涵盖整个窗口

```
    }

    void display () {
        fill(0);
        ellipse (x, y, r*2, r*2);
    }
}
```

练习 5.16

请模拟一个同时有吸引和排斥作用的对象：它对远处的物体有吸引作用，对近处的物体有排斥作用。

练习 5.17

请在一个模拟程序中同时使用 AttractionBehavior 和弹力。

生态系统项目

第 5 步练习

在步骤 4 的基础上，用物理引擎模拟生物的运动和行为，你可以实现以下功能。

❑ 用 Box2D 模拟生物之间的碰撞，考虑在生物碰撞时触发某些事件。

❑ 用 Box2D 改进生物的外形，你可以用距离关节构建生物体的基本轮廓，用旋转关节连接一些附属物。

❑ 用 toxiclibs 改进生物的外形，你可以用 toxiclibs 粒子链模拟生物的触角，用弹簧组成的网格模拟生物体的基本轮廓。

❑ 用 toxiclibs 为生物体添加吸引和排斥行为。

❑ 在对象之间添加弹簧（或者关节）连接，以此控制生物的交互。你可以在运行过程中建立或删除这些弹簧连接，也可以在视图中显示或隐藏这些连接。

5

第 6 章

自治智能体

"如果你喜欢，可以把它当成幻想科学或科幻小说中的练习。"[1]

——Valentino Braitenberg

通过前面5章的学习，我们已经掌握了运动建模和物理模拟的各种方法，这也正是本书的一个学习目标。我们可以在这里停止本书的学习，转去实现"愤怒的小鸟"等有趣的游戏。

但做出决定之前先想一想，我们为什么学习本书？为了学习用代码模拟大自然，对吗？到目前为止，我们模拟的都是没有生命的对象，比如在力的作用下移动的矩形。如果把生命注入这些形状，让它们有自己的意愿和感官，最后能制作出怎样的效果？这就是本章的目的——自治智能体的开发。

6.1　内部的力

自治智能体指的是那些根据自身意愿做出行为决定的主体，它们不受任何领导者的影响。就本书而言，自主主体的行为就是移动。将生命注入物体是一个飞跃性的进展：以前我们只能让模拟世界中的物体等着被其他物体推动，现在可以让它自己决定如何运动。自治智能体在功能上迈出了一大步，但其中的代码并不会发生很大的变化，因为物体的一切意愿和行为都基于力的作用。

下面列出了自治智能体最重要的3个特性，在后面的开发过程中，我们需要牢记。

❑ **自治智能体对环境的感知能力是有限的。**在现实世界中，有生命的物体都存在一定的感知能力，如何在程序世界中模拟这种感知能力？在本章的示例程序中，我们在对象中存放了外部物体的引用，让它们通过这种方式"感知"外部环境。物体对环境的感知能力是有限的，我们要注意"有限"这两个字。模拟物体是否应该感知环境中的所有物体，还是只对50像素以内的其他物体有感知能力？这个问题并没有绝对正确的答案，它取决于具体情况。在研究过程中，我们会探讨一些具体的实例。为了让模拟显得更"自然"，一定程度的限制是有意义的。比如一只昆虫只能感觉到附近的气味和光线。为了让模拟更准确，我们应该对各种生物的感知能力展开研究。但在这里，我们可以随意地编造一切。

---

[1] 源自 *Vehicles: Experiments in Synthetic Psychology* 一书。——编者注

❑ **自治智能体需要处理来自外部环境的信息，并由此计算具体的行为。**这个特性容易理解，自治智能体的行为就是力的作用。外部环境可能会告诉主体：前面有一只可怕的鲨鱼正在靠近，你需要施加一个反方向的力，迅速后退。

❑ **自治智能体没有领导者。**我们并不需要太关心第三个特性。大部分自主主体的例子都不会有领导者。本章的最后我们将研究群体行为，那时会设计自主系统的集合，并由此研究复杂系统的行为。复杂系统就是由智能和结构化群体组成的系统，只受元素之间的交互影响，没有任何领导者。

在20世纪80年代，计算机科学家Craig Reynolds（http://www.red3d.com/cwr/）发明了一套计算有生命物体的转向（steering）行为的算法。转向行为就是：个体元素感知周围环境，用"类生命"的方式做出行为决策，包括：逃离、游走、到达、追赶和逃避等行为。对单个自治智能体而言，这些行为并不复杂。但如果我们根据这些个体行为规则构建一个系统，也就是由众多个体组成的系统，面临的复杂性将会超出预期。最具代表性的例子就是Reynolds在"群集"行为研究中引入的"boids"模型。

6.2　车辆和转向

以上说的就是自治智能体的核心概念，下面我们开始用代码实现自治智能体。我们可以从各种方向开始，比如蚂蚁和蚁群的模拟，这是自治智能体最好的演示（对此，我建议你阅读Mitchel Resnick写的*Turtles，Termites and Traffic Jams*）。然而，我们打算在前5章的知识基础上学习自治智能体的模拟，前面探讨了用向量模拟运动和用力驱动运动的方法。我们曾经把Mover类改造成Particle类，现在要把它重命名为Vehicle类。

```
class Vehicle {
    PVector location;
    PVector velocity;
    PVector acceleration;

    //我们还需添加什么呢
```

Reynolds在1999年发表了论文*Steering Behaviors for Autonomous Characters*，他在里面用"小车"（vehicle）描述自治智能体，我们也打算使用这个术语。

> **为什么是小车？**
>
> 1986年，意大利神经学家和控制论专家Valentino Braitenberg在他的著作*Vehicles: Experiments in Synthetic Psychology*中用简单的内部结构描述了假想中的小车模型。Braitenberg提出的小车模型表现出了各种行为，这些行为包括恐惧、侵略、喜爱、远见和乐观。Reynolds的灵感就来自Braitenberg。

Reynolds从动作选择、转向、驱动机构3个层面描述了理想小车模型的运动方式（由于我们不考虑小车模型的内部实现，只设想它的行为规则，因此称为理想模型）。

(1) 动作选择　小车模型拥有一个（或多个）目的，它根据这些目的选择一个（或一系列）动作。自治智能体模型能够很好地进行这个层面模拟。比如，小车在观察周围的环境，然后发现："我看见一大波僵尸正在靠近，我不想让它们吃掉我的脑袋，必须想办法躲开它们。"本例的目标就是"保住自己的脑袋"，动作就是"躲开僵尸"。Reynolds的论文描述了各种目的和相关行为，包括：寻找目标、避开障碍和跟随路径。后面我们将用Processing实现这些行为。

(2) 转向　一旦动作被确定，小车就开始计算下一步动作。在我们的程序中，下一步动作就是施加一个力，准确地说，这是一个转向力。Reynolds提出了转向力计算公式：转向力 = 所需速度 − 当前速度。在下一节中，我们将会深入探讨这个公式，分析它为何适用于此类场景。

(3) 驱动机构　在大部分情况下，我们可以忽略第三个层面。在躲避僵尸的例子中，驱动力可以描述为"以最大的速度向左，向右，再向左，再向右"。在Processing世界中，矩形、圆圈或三角形并没有驱动机构，因为它们都是假想出来的。但你并不能完全忽略这个层面。为小车设计驱动效果和动画也是有实践意义的。本章示例程序的视觉效果非常简陋，你可以在练习中加入动画效果——为小车加上滚动的轮子、摆动的船桨或行走的双腿。

我们最应该关心的是第一个层面，也就是动作选择。你需要知道系统是由什么元素组成的，这些元素有什么目的。本章涉及一系列转向行为：寻觅、逃跑、跟随路径、跟随流场、群集等。学习这些行为的主要目的并不是在项目中使用它们，而是为了掌握建模方法。我们完全可以实现更多有创意的新行为。尽管本章从像素的角度思考问题，但我们的思维不能局限在像素上，我们应该像Braitenberg一样抽象地思考问题。示例程序可能只涉及一种行为，比如第一个例子讲解的只是"目标寻找"行为，但我们可以尝试着在同一个模型中添加各种行为。因此，你不能孤立地对待这些示例程序，而应该尝试着把它们装配在一起。

6.3　转向力

为了更好地理解自治智能体，我们要先了解转向力的概念。思考以下场景：一辆移动的小车正在寻找一个目标。

如图6-1所示，小车的目的就是找到图中的目标位置。按照第2章的做法，我们可以让目标位置具有引力作用，让它吸引周围的物体，这样小车就可以朝着它运动。这是一个很好的解决方案，却不是我们想要的方法。我们并不想简简单单地计算引力，而是想让小车通过对自身状态和环境的感知（比如移动速度有多大，朝着什么方向移动），智能地做出转向决定。小车应该先计算到达目标的所需速度（指向目标位置的向量），再比较自己当前的移动速度，最后根据下面的公式计算转向力。

$$转向力 = 所需速度 − 当前速度$$

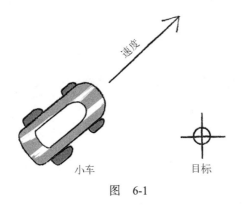

图 6-1

我们可以用Processing表示这个公式：

```
PVector steer = PVector.sub(desired, velocity);
```

在上面的公式中，当前速度是已知的，但所需速度仍要通过计算得到。参考图6-2，如果小车的最终目的是"寻找目标位置"，那么所需速度就是由当前位置指向目标位置的向量。

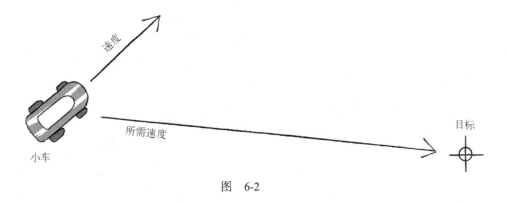

图 6-2

假设目标位置向量是已知的，我们就有：

```
PVector desired = PVector.sub(target, location);
```

但这并不符合实际情况，如果屏幕的分辨率非常高，两者之间的距离为几千像素，那么小车的移动速度会非常快，最后无法得到合理的动画效果。因此我们要将实现方式改为：

> 小车移动到目标位置时有一个最大速率。

换句话说，小车移动的方向指向目标位置，速度的大小等于预先设置的最大值（以尽可能快的速度移向目标位置）。首先，我们需要在Vehicle类中添加一个最大速率变量（maxspeed）。

```
class Vehicle {
    PVector location;
```

```
PVector velocity;
PVector acceleration;
Float maxspeed;                          最大速率
```

其次，在计算所需速度时，我们应该将它的大小设为最大速率。

```
PVector desired = PVector.sub(target,location);
desired.normalize();
desired.mult(maxspeed);
```

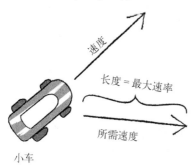

图 6-3

把以上的代码放在一起，我们可以得到一个seek()函数，该函数的作用是计算移动到目标位置需要的转向力，它的参数是目标位置向量。

```
void seek(PVector target) {
    PVector desired = PVector.sub(target,location);
    desired.normalize();
    desired.mult(maxspeed);                          计算所需速度，让它的大小等于最大速率

    PVector steer = PVector.sub(desired, velocity);  Reynolds的转向力公式

    applyForce(steer);                               使用我们之前的物理模型，将力变为对象的加速度
}
```

在以上代码中，我们最后把转向力传入applyForce()函数。applyForce()函数建立在2.1.3节内容的基础之上。你也可以在Box2D的applyForce()函数或toxiclibs的addForce()函数中传入这个转向力。

为什么上面的代码能正常工作？让我们结合小车的自身状态和目标位置分析转向力的原理，请看图6-4。

转向力和地球引力有所不同。自治智能体有一大特点：它对外部环境的感知能力是有限的。Reynolds的转向力公式已经涵盖了这种感知能力。根据转向力计算公式，如果小车的起始状态是静止的（当前速度为0），转向力就等于所需速度。小车对自身的速度有感知能力，它的转向力会根据自身速度进行自动补偿。小车寻找目标的移动方式取决于它的初始速度，因此转向力公式能

够有效地模拟转向行为。

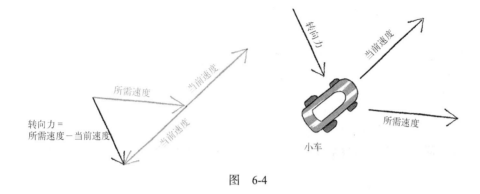

图　6-4

　　兴奋之余，我们遗漏了最后一步。这是一辆什么样的车？一辆极易操控的超级赛车？还是一辆难以转动的大卡车？示例代码没有考虑小车的转向能力，我们可以通过限制转向力的大小控制转向能力。下面，我们引入一个"最大转向力"变量（maxforce）用于限制转向力的大小，代码如下：

```
class Vehicle {
    PVector location;
    PVector velocity;
    PVector acceleration;
    float maxspeed;                                 最大速率
    float maxforce;                                 还有一个最大转向力
```

紧接着是：

```
void seek(PVector target) {
    PVector desired = PVector.sub(target,location);
    desired.normalize();
    desired.mult(maxspeed);
    PVector steer = PVector.sub(desired,velocity);

    steer.limit(maxforce);                          限制转向力的大小

    applyForce(steer);
}
```

　　转向力的限制还引入了一个关键点，让小车以最大速率移向目标位置并不是我们的最终目标，否则我们可以直接把小车的位置等于目标位置。正如Reynolds所说，最终目的是让小车用一种"贴近真实"的方式移动。我们试图让小车以一种转向的方式移动向目标位置，因此需要借助力和各种系统变量模拟特定的行为。比如，不同大小的转向力（如图6-5）会造成不一样的运动路径，两种路径没有绝对的好坏，合适与否取决于目标效果。（当然，这些设定值并不是固定的，你可以根据具体的条件更改它们。比如，可以让小车拥有生命值：生命值越高，转向能力越好。）

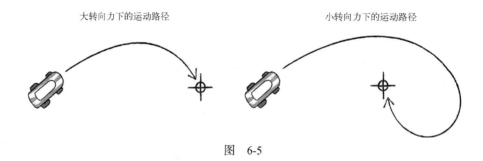

大转向力下的运动路径   小转向力下的运动路径

图   6-5

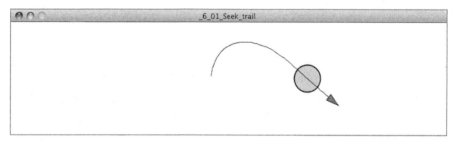

下面是Vehicle类的实现，部分代码来自第2章的Mover类。

示例代码6-1   寻找目标

```
class Vehicle {

    PVector location;
    PVector velocity;
    PVector acceleration;
    float r;                                          该变量表示大小

    float maxforce;
    float maxspeed;

    Vehicle(float x, float y) {
        acceleration = new PVector(0,0);
        velocity = new PVector(0,0);
        location = new PVector(x,y);
        r = 3.0;
        maxspeed = 4;                                 随意确定的最大速率和最大转向力，请改变这些值
        maxforce = 0.1;
    }

    void update() {                                   标准的"欧拉积分"运动模型

        velocity.add(acceleration);
        velocity.limit(maxspeed);
        location.add(velocity);
        acceleration.mult(0);
    }
```

```
void applyForce(PVector force) {                    牛顿第二定律，还可以把转向力除以质量
    acceleration.add(force);
}

void seek(PVector target) {                         "寻找目标"转向力算法
    PVector desired = PVector.sub(target,location);
    desired.normalize();
    desired.mult(maxspeed);
    PVector steer = PVector.sub(desired,velocity);
    steer.limit(maxforce);
    applyForce(steer);
}

void display() {
    float theta = velocity.heading2D() + PI/2;   用三角形表示小车，三角形所指的方向和速度方向
                                                 相同，因为它的初始方向朝上，因此要旋转90度
    fill(175);
    stroke(0);
    pushMatrix();
    translate(location.x,location.y);
    rotate(theta);
    beginShape();
    vertex(0, -r*2);
    vertex(-r, r*2);
    vertex(r, r*2);
    endShape(CLOSE);
    popMatrix();
}
```

练习 6.1

6

请实现"躲避目标"的转向行为（"躲避目标"的所需速度和"寻找目标"行为相反）。

练习 6.2

请实现寻找动态目标的模拟，这种行为往往称为"追赶"。在这种情况下，所需速度不能指向目标的当前位置，而应该指向目标的"未来"位置，"未来"位置是通过当前速度推算出来的。在后面的例子中，我们将看到小车具有"预测未来"的能力。

练习 6.3

请按照环境的状态，动态改变小车的最大速率和最大转向力。

6.4   到达行为

在模拟寻找行为时，你可能会问："我希望小车在接近目标时能减速，该怎么做？"在回答这个问题之前，我们需要知道为什么小车会超过目标位置，然后又回头继续寻找目标，最后往复运动。请你把自己当成小车的大脑，看看它在寻找目标时到底在想什么。

第1帧：我希望尽快地朝着目标运动！
第2帧：我希望尽快地朝着目标运动！
第3帧：我希望尽快地朝着目标运动！
第4帧：我希望尽快地朝着目标运动！
……

小车在寻找目标时过于兴奋，以至于它无法根据目标的距离确定合理的运动速度。无论目标是远是近，它始终以最大的速度运动。

图   6-6

在某些场景中，这是我们想要的行为（比如，导弹在射击过程中，朝着目标运动的速度应当尽可能快）。但在另一些场景中（比如泊车，或者模拟蜜蜂停在花朵上），小车应该改变思维方式，在计算运动速度时应该考虑目标的距离。

第1帧：我距离目标很远，我希望尽快地朝着目标运动！
第2帧：我距离目标很远，我希望尽快地朝着目标运动！
第3帧：我离目标还有些距离，我希望尽快地朝着目标运动！
第4帧：我越来越接近目标了，我希望减慢速度！
第5帧：我快要到达目标了，我希望慢慢地移向目标！
第6帧：我已经到达目标了，我要停下来！

图   6-7

如何用代码实现"到达"行为？回到seek()函数的实现，我们用一行代码设置了所需速度的大小。

```
PVector desired = PVector.sub(target,location);
desired.normalize();
```

```
desired.mult(maxspeed);
```

在示例代码6-1中，所需速度向量的大小总是等于"最大"速度。

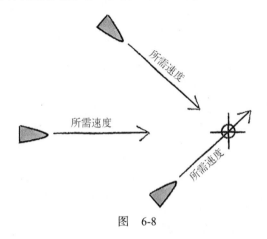

图　6-8

如果所需速度的大小等于距离的一半，会怎么样？

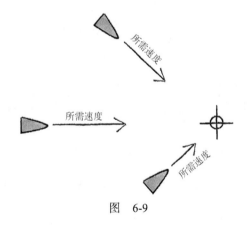

图　6-9

```
PVector desired = PVector.sub(target,location);
desired.div(2);
```

上面的代码根据目标的距离确定所需速度，尽管这种做法准确地描述了我们的意图，但它并不能产生合理的模拟效果。试想，如果两者之间的距离是10像素，5像素/帧的所需速度就会显得过快。但如果让所需速度的大小等于距离的5%，我们就能得到合理的模拟效果。

```
PVector desired = PVector.sub(target,location);
desired.mult(0.05);
```

Reynolds描述了一种更好的方法，假设目标附近有一个给定半径的圆圈，如果小车运动到圆圈之内，它就减速——如果小车位于圆圈的边缘，它的所需速度就等于最大速率；如果已经位于目标位置，所需速度就等于0。

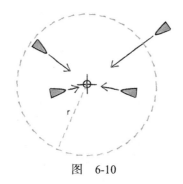

图   6-10

换句话说，如果小车和目标的距离小于半径r，我们就将两者的距离映射为所需速度，映射的目标范围是0至最大速率之间。

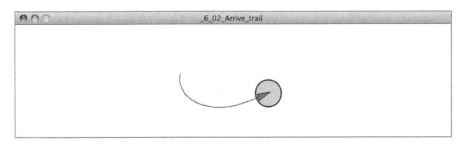

示例代码6-2   到达转向行为

```
void arrive(PVector target) {
    PVector desired = PVector.sub(target,location);

    float d = desired.mag();                          距离等于当前位置指向目标位置的向量长度

    desired.normalize();
    if (d < 100) {                                    如果距离小于100像素

        float m = map(d,0,100,0,maxspeed);            就根据距离设置所需速度大小

    desired.mult(m);

    } else {
    desired.mult(maxspeed);                           否则，继续以最大速率前进

    }
    PVector steer = PVector.sub(desired,velocity);    转向力 = 所需速度 — 当前速度

    steer.limit(maxforce);
    applyForce(steer);
}
```

到达行为的模拟展示了"所需速度－当前速度"公式的神奇之处。回想前面几章计算力的方式：在2.9节中，不管引力是强是弱，它的方向总是由物体指向目标（也就是所需速度的方向）。

而物体的转向行为则有所不同，物体有了转向力之后，它像是在说："我可以感知环境。"转向力并非完全基于所需速度，而是同时基于所需速度和当前速度。只有那些有生命的物体才知道自己的当前速度。一个从桌子上下落的盒子并不知道它在下落，但追逐猎物的猎豹知道自己的行为。

因此，转向力在本质上是当前速度的误差体现："我应该朝着这个方向运动，实际上却朝着另一个方向运动。误差就是两个方向之间的差异。"在误差的基础上施加一个转向力会创造更贴近现实的模拟效果。在引力作用下，无论物体和目标之间的距离有多近，它所受的力永远不会远离目标；但在转向力的到达行为中，如果它朝目标运动的速度过快，转向力会让你减速以纠正误差。

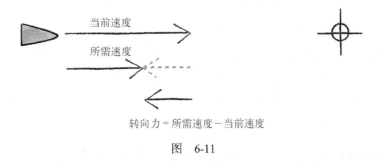

转向力 ＝ 所需速度 － 当前速度

图　6-11

6.5　你的意图：所需速度

前面我们学会了两种行为的模拟——寻找和到达。在模拟过程中，我们要分别针对这两种行为计算一个向量：所需速度。实际上，Reynolds提出的所有转向行为都基于这个公式，本章会涵盖其他行为——流场、路径跟随和群集。我还是要强调：它们只是示例，只是为了展示动画中常用的转向行为；它们并不是全部行为，你能做的远远不止这些。只要设计一种新的所需速度计算方式，就相当于创造了新的转向行为。

在游走（wandering）行为中，Reynolds是这么定义所需速度的：

　　"游走是一种随机性转向，它有一种远期秩序——下一帧的转向角度和当前帧的转向角度相关。这种移动方式比单纯为每一帧产生随机方向更有趣。"

　　　　　　　　　　　　——Craig Reynolds（http://www.red3d.com/cwr/steer/Wander.html）

在Reynolds看来，游走的目标并不是随机运动，而是在某一小段时间内朝着一个方向运动，在下一小段时间朝着另一个方向运动，如此往复。这里有一个问题，Reynolds如何计算游走行为的所需速度？

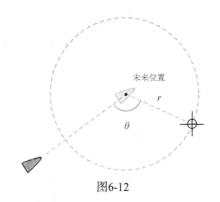

未来位置

r

θ

图6-12

在图6-12中，小车把自己前方某处当作未来位置，在这个未来位置上画一个半径为r的圆圈，并在圆上随机选择一个点，在每一帧动画中，这个点都是随机确定的。我们可以把这个点当作目标位置，并由此计算所需速度。

你可能会觉得这种做法不是很合理，因为它看起来有些随意。实际上，这是一种很巧妙的方案：它利用随机性驱动小车的转向，还利用圆圈的轨迹限制随机性。

这种随机的方案解释了我之前提出的观点——这些虚构的行为源自现实世界的运动。你可以计算自己的所需速度，并由此构建更复杂的模拟场景。

练习 6.4

请实现 Reynolds 提出的游走行为。用极坐标计算小车在圆圈上的目标位置。

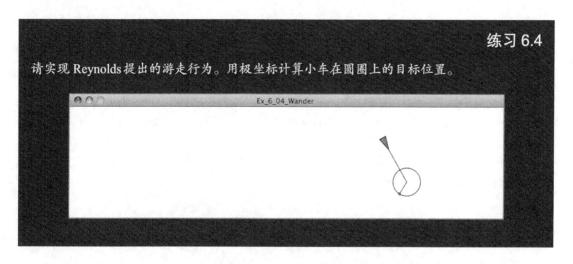

假设我们想创建一种名为"留在墙内"的转向行为，它的所需速度如下：

如果小车和墙之间的距离小于d，它应该以最大的速度朝着墙的反方向运动。

我们把Processing的窗口边缘当作墙，让d等于25像素，就可以简单地用示例代码6-3中的代码模拟这种行为。

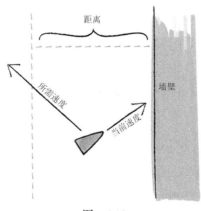

图　6-13

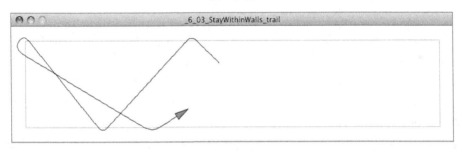

示例代码6-3　　"留在墙内"转向行为

```
if (location.x > 25) {
    PVector desired = new PVector(maxspeed, velocity.y);

    PVector steer = PVector.sub(desired, velocity);
    steer.limit(maxforce);
    applyForce(steer);
}
```

设计一个所需速度向量，向量的y分量等于当前速度　的y分量，让x分量朝着远离窗口左边缘的方向

练习6.5

请自己设计一套所需速度的计算方案。

6.6　流场

　　回到手头的任务，让我们继续学习Reynolds的其他转向行为。本节将学习流场跟随行为，什么是流场？把Processing窗口当作一个网格，每个单元格都有一个向量指向特定方向，这样的模型就是流场。在小车的移动过程中，它会说："位于我下方的箭头就是我的所需速度！"

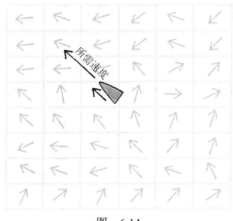

图   6-14

在Reynolds的流场跟随模型中，小车应该能预测自己的未来位置，并使用未来位置对应的流场向量。但为了让例子更简单，我们只检查小车当前位置对应的流场向量。

在为Vehicle类添加额外代码之前，我们应该先创建一个流场（FlowField）类，这是一个向量网格。二维数组是一种很方便的数据结构，可用于存放网格信息。如果你不熟悉二维数组，我建议你复习Processing的在线教程：2D array（http://processing.org/learning/2darray/）。二维数组的使用非常方便，只需用两个下标就能访问到它的所有元素，这两个下标分别代表行号和列号。

```
class FlowField {
    PVector[][] field;               声明存放向量的二维数组
    int cols, rows;                  网格中有多少行，多少列？
    int resolution;                  网格的分辨率，它的值和屏幕的高度和宽度（像素）
                                     有关
```

在上面的代码中，我们还定义了一个resolution变量，这个变量有什么作用？假如Processing的窗口的分辨率是200 × 200，我们可以为每个像素指定一个向量，共计40 000个向量（200×200）。对我们来说，这个数目太大了。我们可以用其他方式实现相同的效果，比如为每10个像素指定一个向量（20×20 = 400）。我们用这个resolution变量定义流场的行数和列数：只要将窗口大小除以resolution，就能得到行数和列数。

```
FlowField() {
    resolution = 10;
    cols = width/resolution;         总列数等于宽度除以resolution

    rows = height/resolution;        总行数等于高度除以resolution

    field = new PVector[cols][rows];
}
```

我们已经建立了流场的数据结构，下面要确定流场的组成向量。我们可以让流场中的每个向量都指向右边。

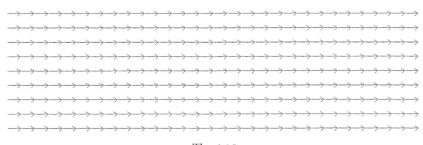

图　6-15

```
for (int i = 0; i < cols; i++) {              使用嵌套循环遍历流场的所有行和所有列
    for (int j=0; j < rows; j++) {
        field[i][j] = new PVector(1,0);       随意地让流场中的向量指向右边
    }
}
```

我们也可以让各个向量指向随机方向。

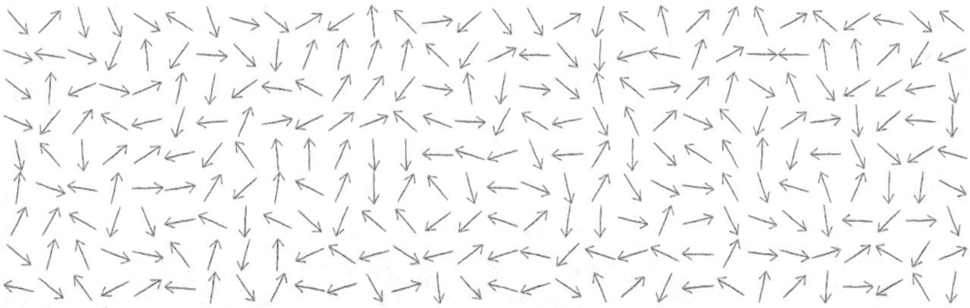

图　6-16

```
for (int i = 0; i < cols; i++) {
    for (int j = 0; j < rows; j++) {

        field[i][j] = PVector.2D();            一个随机向量

    }
}
```

我们还可以用二维的Perlin噪声生成向量（映射成一个角度）。

```
float xoff = 0;
for (int i = 0; i < cols; i++) {
    float yoff = 0;
    for (int j = 0; j < rows; j++) {
        float theta = map(noise(xoff, yoff),0,1,0,TWO_PI);   噪声算法
        field[i][j] = new PVector(cos(theta),sin(theta));
        yoff += 0.1;
    }
    xoff += 0.1;
}
```

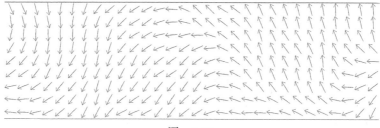

图   6-17

流场可用于多种效果的模拟，如不规则的风以及蜿蜒的河流等。用Perlin噪声计算向量的方向是一种有效的实现方式。流场向量的计算并没有绝对"正确"的方式，它完全取决于目标效果。

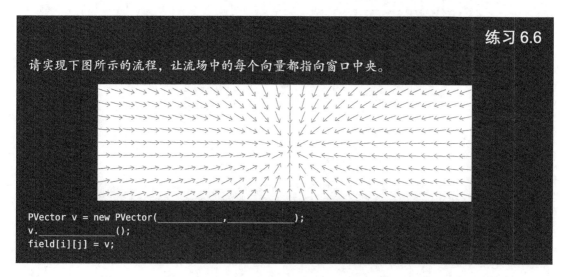

现在，我们有一个二维数组用于存放流场的所有向量。下面要做的就是在流场中查询小车的所需速度。假设小车正位于某个坐标，首先要将这个坐标除以网格的resolution。如果resolution等于10，小车的坐标是(100, 50)，我们就应该查询位于第10列和第5行的单元格。

```
int column = int(location.x/resolution);
int row = int(location.y/resolution);
```

由于小车可能离开Processing屏幕，所以我们还需要用constrain()函数确保它不会越界访问流场数组。最后，我们在流场（FlowField）类中加入一个lookup()函数——这个函数的参数是一个PVector对象（代表小车的位置），返回值是该位置的流场向量。

```
PVector lookup(PVector lookup) {                 使用constrain()函数
    int column = int(constrain(lookup.x/resolution,0,cols-1));
    int row = int(constrain(lookup.y/resolution,0,rows-1));
    return field[column][row].get();             get()函数返回PVector对象的副本
}
```

在实现Vehicle类之前，让我们看看FlowField（流场）类的全貌：

```
class FlowField {

    PVector[][] field;                            流场是一个二维的向量数组

    int cols,rows;
    int resolution;

    FlowField(int r) {
        resolution = r;
        cols = width/resolution;                  计算行数和列数
        rows = height/resolution;

        field = new PVector[cols][rows];
        init();
    }

    void init() {
        float xoff = 0;
        for(int i=0;i<cols;i++){
            float yoff=0;
            for(int j=0;j<rows;j++){
                float theta = map(noise(xoff,yoff),0,1,0,TWO_PI);    我们用Perlin噪声确定流场向量

                field[i][j] = new PVector(cos(theta),sin(theta));    将极坐标转化为笛卡儿坐标，得
                                                                     到向量的x分量和y分量

                yoff += 0.1;
            }
            xoff += 0.1;
        }
    }

    PVector lookup(PVector lookup) {              根据位置返回所需速度向量
        int column = int(constrain(lookup.x/resolution,0,cols-1));
        int row = int(constrain(lookup.y/resolution,0,rows-1));
        return field[column][row].get();
    }

}
```

假设有一个流场对象flow，通过调用它的lookup()函数，我们就能获得小车在流场中的所需速度，再通过Reynolds的转向力公式（转向力 = 所需速度 – 当前速度），就能得到转向力。

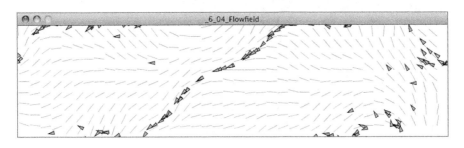

示例代码6-4   流场跟随

```
class Vehicle {
    void follow(FlowField flow) {
        PVector desired = flow.lookup(location);    获得流场中对应的所需速度向量
        desired.mult(maxspeed);

        PVector steer = PVector.sub(desired, velocity);    转向力等于所需速度减去当前速度
        steer.limit(maxforce);
        applyForce(steer);
    }
}
```

练习 6.7

请改写这个流场程序,使流场内的向量随时间发生变化。(提示:使用用三维 Perlin 噪声算法!)

练习 6.8

你能否用一个 **PImage** 对象初始化流场? 比如, 让流场向量从图像的暗部指向亮部(反之亦然)。

6.7   点乘

接下来, 我们开始讨论Craig Reynolds的下一个转向行为(路径跟随, http://www.red3d.com/cwr/steer/PathFollow.html), 学习行为背后的算法(相关的数学运算)和实现方式。但在此之前, 我要先学习第1章遗漏的向量运算——点乘(点积)。前面的章节没有用到点乘, 但它却非常有用(不仅仅在本节的路径跟随程序中), 因此本节的目的就是学习点乘。

你还记得第1章提到的向量运算么? 加法、减法、乘法和除法……

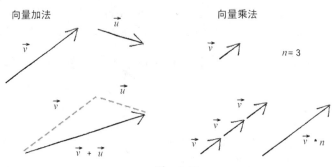

图   6-18

请注意，上图中向量的乘法指将向量乘以一个标量。如果想把向量放大成原来的两倍（方向保持不变），我们可以将向量乘以2；如果想把向量缩短为原来的1/2，我们就将它乘以0.5。

除此之外还有两种向量类乘法运算——点乘和叉乘。接下来我们要关注点乘运算。点乘运算的定义如下，对向量 $\vec{A}$ 和向量 $\vec{B}$：

$$\vec{A} = (a_x,\ a_y)$$

$$\vec{B} = (b_x,\ b_y)$$

点乘：$\vec{A} \cdot \vec{B} = a_x \times b_x + a_y \times b_y$

举个例子，如果我们有以下两个向量：

$$\vec{A} = (-3,\ 5)$$

$$\vec{B} = (10,\ 1)$$

$$\vec{A} \cdot \vec{B} = -3 \times 10 + 5 \times 1 = -30 + 5 = 25$$

注意点乘的计算结果是一个标量（数字），并非向量。

用Processing实现上述运算：

```
PVector a = new PVector(-3,5);
PVector b = new PVector(10,1);
```

```
float n = a.dot(b);
```
PVector类包含点乘函数

查看PVector的源代码，我们发现这个函数的实现非常简单：

```
public float dot(PVector v) {
    return x*v.x + y*v.y + z*v.z;
}
```

点乘的运算非常简单，但为什么我们需要点乘运算，何时在代码中使用点乘呢？

点乘比较常见的用途是计算两个向量之间的夹角。它的计算方式还可以表示为：

$$\vec{A} \cdot \vec{B} = \left\| \vec{A} \right\| \times \left\| \vec{B} \right\| \times \cos(\theta)$$

换句话说，$\vec{A}$ 和 $\vec{B}$ 的点乘等于 $\vec{A}$ 的长度乘以 $\vec{B}$ 的长度，再乘以 θ（向量 $\vec{A}$ 和向量 $\vec{B}$ 之间的夹角）的余弦。

点乘的这两个公式可以用三角函数互相推导（http://mathworld.wolfram.com/DotProduct.html），我们的推算建立在以下公式的基础上：

$$\vec{A} \cdot \vec{B} = \left\| \vec{A} \right\| \times \left\| \vec{B} \right\| \times \cos(\theta)$$

$$\vec{A} \cdot \vec{B} = a_x \times b_x + a_y \times b_y$$

两个公式的左边相同，因此：

$$a_x \times b_x + a_y \times b_y = \left\| \vec{A} \right\| \times \left\| \vec{B} \right\| \times \cos(\theta)$$

现在，让我们开始解决下面的问题。假设有向量 $\vec{A}$ 和向量 $\vec{B}$：

$$\vec{A} = (10,\ 2)$$

$$\vec{B} = (4,\ -3)$$

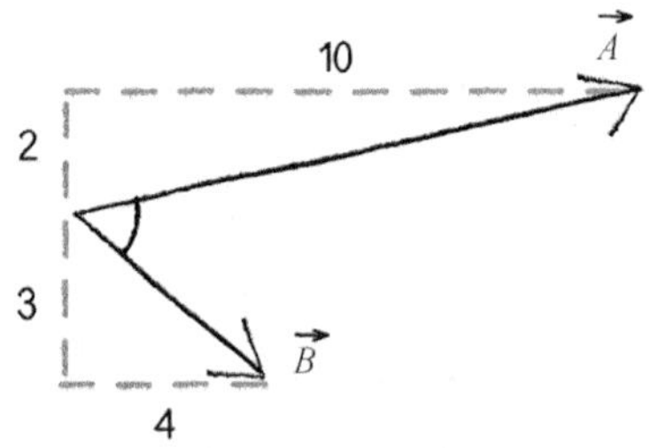

图6-19

除了向量之间的夹角 θ，所有参数都是已知的。我们知道向量的每个分量，能够计算它们的长度。因此，θ 的余弦可以通过以下公式计算得到：

$$\cos(\theta) = (\vec{A} \cdot \vec{B}) / \left(\left\| \vec{A} \right\| \times \left\| \vec{B} \right\| \right)$$

我们可以用反余弦（通常表示为 $\cos^{-1}$ 或 arccos）计算 θ 的大小。

$$\theta = \cos^{-1} \left((\vec{A} \cdot \vec{B}) / \left(\left\| \vec{A} \right\| \times \left\| \vec{B} \right\| \right) \right)$$

把实际的数字代入计算：

$$\left\| \vec{A} \right\| = 10.2$$

$$\left\| \vec{B} \right\| = 5$$

因此：

$$\theta = \cos^{-1} \left((10 \times 4 + 2 \times -3) / (10.2 \times 5) \right)$$

$$\theta = \cos^{-1}(34 / 51)$$

$$\theta \approx 48$$

用Processing实现上述运算，代码如下：

```
PVector a = new PVector(10,2);
PVector b = new PVector(4,-3);
float theta = acos(a.dot(b) / (a.mag() * b.mag()));
```

再一次，如果有胆量看Processing的源代码，我们会发现有个函数已经实现了这个算法。

```
static public float angleBetween(PVector v1, PVector v2) {
    float dot = v1.dot(v2);
    float theta = (float) Math.acos(dot / (v1.mag() * v2.mag()));
    return theta;
}
```

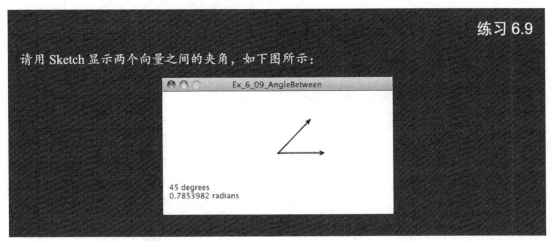

练习 6.9

请用 Sketch 显示两个向量之间的夹角，如下图所示：

有两件事情需要注意：

(1) 如果两个向量（$\vec{A}$ 和 $\vec{B}$）正交（也就是互相垂直），它们的点乘（$\vec{A}\cdot\vec{B}$）等于0；

(2) 如果两个向量是单位向量，它们的点乘就等于夹角的余弦，也就是，如果 $\vec{A}$ 和 $\vec{B}$ 的长度都是1，则 $\vec{A}\cdot\vec{B}=\cos(\theta)$。

6.8　路径跟随

现在，我们已经对点乘有了基本的了解，下面开始讨论Craig Reynolds的路径跟随算法。首先要澄清一个事实，本节讨论的是路径跟随，并不是路径寻找。路径寻找是一个研究性的话题（在人工智能领域），主要用于计算迷宫内两点的最短距离。而在路径跟随中，路径已经存在，我们只是让小车沿着路径移动而已。

在研究个体之前，我们先来看看路径跟随算法的定义，它是由Reynolds提出的。

首先，我们要定义路径。定义路径的方法有很多种，一种简单的方法就是将它定义为一系列相连的点。

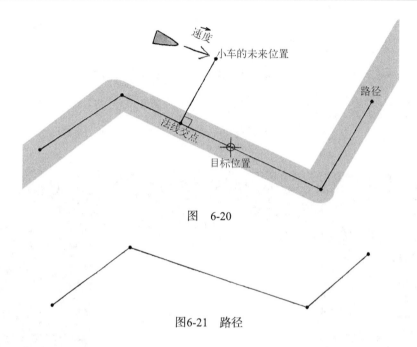

图   6-20

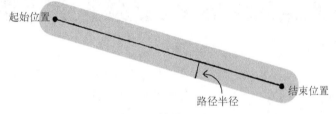

图6-21   路径

最简单的路径就是两点之间的线段。

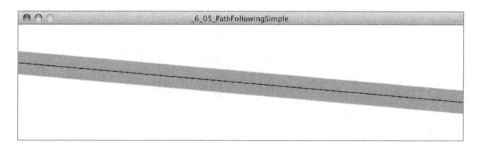

图6-22   简单的路径

我们设想路径有半径，如果路径是一条道路，半径就是道路的宽度。半径越小，小车就会越紧密地跟随路线；半径越大，小车的可偏离程度也就越大。

将上述定义放入类中，代码如下：

```
class Path {
    PVector start;                                  路径由两点定义：起点和终点
    PVector end;

    float radius;                                   路径有半径，即路的宽度

    Path() {
        radius = 20;                                选择任意值初始化路径

        start = new PVector(0, height/3);
        end = new PVector(width, 2*height/3);
    }

    void display() {  // 显示路径
        strokeWeight(radius*2);
        stroke(0,100);
        line(start.x,start.y,end.x,end.y);
        strokeWeight(1);
    stroke(0);
        line(start.x,start.y,end.x,end.y);
    }
}
```

现在，假设有一辆小车（如下图所示）位于半径之外，正以一定的速度运动。

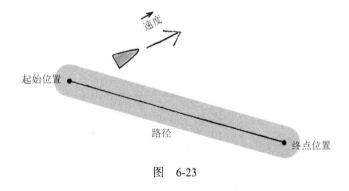

图   6-23

首先我们要预测：如果小车以恒定的速度运动，过一段时间后它会出现在什么位置。

```
PVector predict = vel.get();                        首先创建速度向量的副本

predict.normalize();                                单位化向量，并将向量向前延伸25像素
predict.mult(25);

PVector predictLoc = PVector.add(loc, predict);     将向量加上当前位置，计算未来的位置
```

一旦有了这个位置，我们就可以计算它与路径之间的距离。如果距离太远，表明我们在偏离路径，应该转向，朝着路径所在的方向运动；如果距离足够近，表明我们正在沿着路径运动。

如何计算点到线的距离？这是个关键问题。点到线的距离就等于点和线之间的法线长度。法线指的是从该点延伸并垂直于该线的向量。

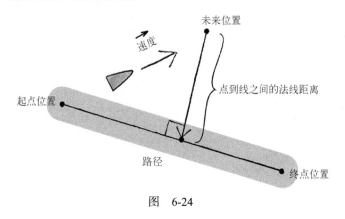

图   6-24

先弄清楚已知条件，我们知道有一个向量（称为 $\vec{A}$ ）从路径的起始位置延伸至小车的预测位置。

```
PVector a = PVector.sub(predictLoc,path.start);
```

我们还可以定义一个向量（称为 $\vec{B}$ ），它从路径的起始位置指向终点。

```
PVector b = PVector.sub(path.end,path.start);
```

根据三角函数的基本知识，路径起始位置与法线交点之间距离等于：$|A| * \cos(\theta)$ 。

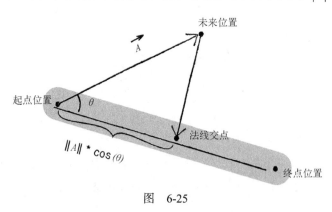

图   6-25

如果我们知道夹角θ，就可以轻易地求出法线交点，方法如下：

```
float d = a.mag()*cos(theta);                         起点到法线交点的距离

b.normalize();
b.mult(d);                                            使向量b等于两者之间的距离

PVector normalPoint = PVector.add(path.start, b);     将延伸后的b向量加上路径的起点，就得到了法线交点
```

回想前面学习的点乘，它告诉我们：已知两个向量，就能计算出向量之间的夹角 θ。

```
float theta = PVector.angleBetween(a,b);        θ等于向量A和B之间的夹角
b.normalize();
b.mult(a.mag()*cos(theta));
PVector normalPoint = PVector.add(path.start,b);
```

尽管上述代码能正常运行，但我们还是可以简化它。你会注意到，向量B的长度应该等于：

a.mag()*cos(theta)

这段代码对应的表达式就是：

$$\|\vec{A}\| \times \cos(\theta)$$

回顾之前的点乘公式：

$$\vec{A} \cdot \vec{B} = \|\vec{A}\| \times \|\vec{B}\| \times \cos(\theta)$$

现在，如果向量 $\vec{B}$ 是一个单位向量，也就是长度等于1，就有：

$$\vec{A} \cdot \vec{B} = \|\vec{A}\| \times 1 \times \cos(\theta)$$

或：

$$\vec{A} \cdot \vec{B} = \|\vec{A}\| \times \cos(\theta)$$

我们可以在代码中将b向量单位化：

```
b.normalize();
```

最后，我们可以把代码简化成：

```
float theta = PVector.angleBetween(a,b);

b.normalize();

b.mult(a.dot(b));                        我们可以利用点乘改变b的长度

PVector normalPoint = PVector.add(path.start,b);
```

这个过程通常称为"标量投影"，$\|\vec{A}\| \times \cos(\theta)$ 就是向量 $\vec{A}$ 到 $\vec{B}$ 的标量投影。

有了路径的法线交点之后，我们应该根据它确定小车是否应该转向，如何进行转向。Reynolds 的算法指出：如果小车偏离了路径（也就是预测位置和法线交点的距离大于路径的半径），它就应该转向。

```
float distance = PVector.dist(predictloc, normalPoint);

if (distance > path.radius) {                如果小车位于路径之外，寻找目标
```

```
    seek(target);                          我们不需要计算所需速度和转向力，seek()函数
                                           会计算它们，详见示例代码6-1
}
```

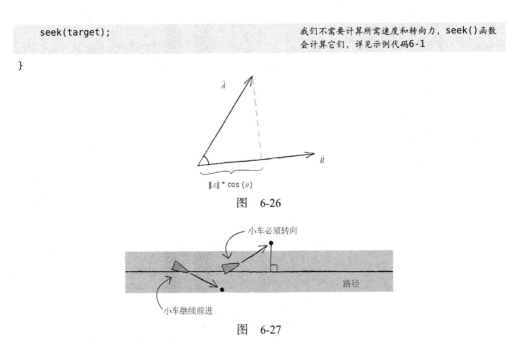

图   6-26

图   6-27

但是，目标位置在哪里？

Reynolds的算法选取路径上位于法线交点前方的某个点作为目标位置（参见图6-20）。简单起见，我们把法线交点当作目标位置，这样也能正常工作：

```
float distance = PVector.dist(predictLoc, normalPoint);
if (distance > path.radius) {
    seek(normalPoint);                     寻找路径上的法线交点
}
```

由于路径向量（称为向量"$\vec{B}$"）也是已知的，我们可以轻易地寻找到Reynolds的"沿着路径向前的某个点"。

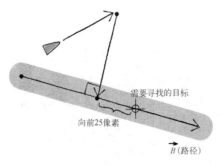

图   6-28

```
float distance = PVector.dist(predictLoc, normalPoint);
if (distance > path.radius) {
```

```
    b.normalize();                                    单位化，并改变长度b（随意选取25像素作为向量长度）
    b.mult(25);

    PVector target = PVector.add(normalPoint,b);      将b加上法线交点，沿着路径向前移动25像素

    seek(target);
}
```

将上述实现放在一起，就可以在Vehicle类中加入以下转向功能：

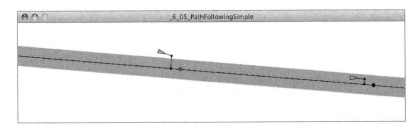

示例代码6-5 简单的路径跟随

```
void follow(Path p) {

    PVector predict = vel.get();                      第1步：预测小车的未来位置
    predict.normalize();
    predict.mult(25);
    PVector predictLoc = PVector.add(loc, predict);


    PVector a = p.start;                              第2步：在路径上寻找法线交点
    PVector b = p.end;
    PVector normalPoint = getNormalPoint(predictLoc, a, b);


    PVector dir = PVector.sub(b, a);                  第3步：沿着路径前进一段距离，将其设为目标
    dir.normalize();
    dir.mult(10);
    PVector target = PVector.add(normalPoint, dir);


    float distance =                                  第4步：如果我们脱离了路径，就寻找之前设定的目
                                                      标，然后回归路径
        PVector.dist(normalPoint, predictLoc);
    if (distance > p.radius) {
        seek(target);
    }
}
```

你可能会发现，上面的代码没有调用点乘/标量投影的函数来求解法线交点，而是调用了getNormalPoint()函数。我们把执行一般性任务的操作（求解法线交点）封装成了函数，有相

应需求时只需调用这个函数即可。getNormalPoint()函数有3个参数：第1个参数是笛卡儿坐标系中某个点，第2个参数和第3个参数定义了一个线段。

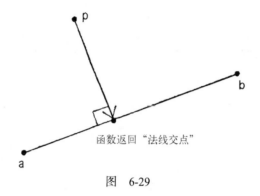

函数返回"法线交点"

图 6-29

```
PVector getNormalPoint(PVector p, PVector a, PVector b) {
    PVector ap = PVector.sub(p, a);              由a指向p的向量
    PVector ab = PVector.sub(b, a);              由a指向b的向量


    ab.normalize();                              使用点乘计算标量投影
    ab.mult(ap.dot(ab));
    PVector normalPoint = PVector.add(a, ab);    在线段上寻找法线交点
    return normalPoint;
}
```

到目前为止，我们有什么？我们有一个Path类用于定义两点之间的路径，还有一个Vehicle类定义了可跟随路径的小车对象（利用转向行为寻找路径上的目标）。我们还缺少什么？

深呼吸，我们快完成任务了！

6.9 多段路径跟随

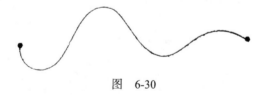

图 6-30

到目前为止，我们已经实现了一个很不错的例子，但是它的限制很多。假如我们的路径如图6-31所示，该如何模拟？

我们还想让这个例子适用于曲线路径，只要能求解多个线段的路径跟随，曲线路径跟随也就迎刃而解了。归根结底，我们可以使用Box2D章节提到的技术——用近似的简单几何图形代替曲线路径。

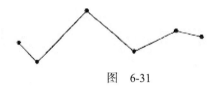

图　6-31

我们解决了单个线段的路径跟随问题，接下来该如何解决多个相连线段的路径跟随问题？让我们回顾小车沿着屏幕运动的例子，假设我们已经到了步骤3。

步骤3：在路径上寻找一个目标位置

为了寻找目标位置，我们必须找到线段上的法线交点。但现在的路径是由多个线段组成的，法线交点也有多个（如图6-32所示）。该选择哪个交点？这里有两个选择条件：（a）选择最近的法线交点；（b）这个交点必须位于路径内。

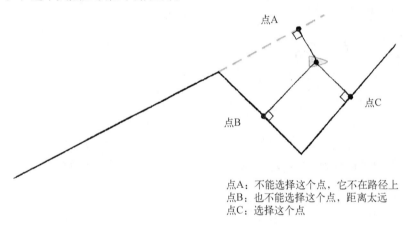

点A：不能选择这个点，它不在路径上
点B：也不能选择这个点，距离太远
点C：选择这个点

图　6-32

如果只有一个点和一条无限长的直线，总能得到位于直线内的法线交点。但如果是一个点和一个线段，则不一定能找到位于线段内的法线交点。因此，如果法线交点不在线段内，我们就应该将它排除在外。得到符合条件的法线交点后（在上图中，只有两个符合条件的交点），我们需要挑选出最近的点作为目标位置。

为了实现这样的特性，我们要扩展Path类，加入一个ArrayList对象用于存放路径的顶点(代替之前的起点和终点)。

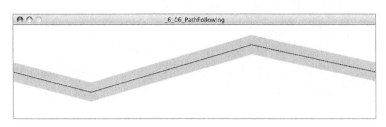

```
class Path {

    ArrayList<PVector> points;                      路径现在由点构成ArrayList

    float radius;

    Path() {
        radius = 20;
        points = new ArrayList<PVector>();
    }

    void addPoint(float x,floal y) {                该函数允许我们向路径中添加点
        PVector point = new PVector(x,y);
        points.add(point);
    }


    void display() {                                用一系列点显示路径
        stroke(0);
        noFill();
        beginShape();
        for (PVector v : points) {
            vertex(v.x,v.y);
        }
        endShape();
    }

}
```

支持多段路径的Path类已经定义好，下面轮到Vehicle类处理多段路径了。之前我们已经学会如何为单个线段寻找法线交点，只需要加入一个循环就能得到所有线段的法线交点。

```
for (int i = 0; i < p.points.size()-1; i++) {
    PVector a = p.points.get(i);
    PVector b = p.points.get(i+1);
    PVector normalPoint = getNormalPoint(predictLoc,a,b);   为每个线段寻找法线交点
```

接下来，我们应该确保法线交点处在点a和点b之间。在本例中，路径的走向是由左向右，因此只需验证法线交点的x坐标是否位于a和b的x坐标之间。

```
if (normalPoint.x < a.x || normalpoint.x> b.x) {
    normalPoint = b.get();                          如果无法找到法线交点，就把线段的终点当作法线交点
}
```

使用一个小技巧：如果法线交点不在线段内，我们就把线段的终点当作法线交点。这样可以确保小车始终留在路径内，即使它偏离了线段的边界。

最后，我们需要选出离小车最近的法线交点。为了完成这个任务，我们从一个很大的"世界记录"距离开始，再一次遍历每个法线交点，看看它的距离是否打破了这个记录（比记录小）。每当某个法线交点打破了记录，我们就更新记录，把这个法线交点赋给target变量。循环结束时，target变量就是最近的法线交点。

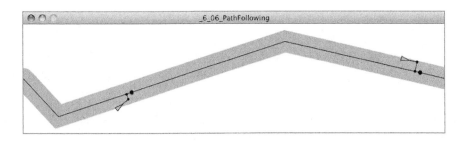

示例代码6-6　路径跟随

```
PVector target = null;

float worldRecord = 1000000;                    从最大记录开始，这个记录可以被轻易打破

for (int i = 0; i < p.points.size()-1; i++) {
    PVector a = p.points.get(i);
    PVector b = p.points.get(i+1);
    PVector normalPoint = getNormalPoint(predictLoc, a, b);
    if (normalPoint.x < a.x || normalPoint.x > b.x) {
        normalPoint = b.get();
    }
}

float distance = PVector.dist(predictLoc, normalPoint);

    if (distance < worldRecord) {               如果打破了最大记录，这就是我们的目标位置!
        worldRecord = distance;
        target = normalPoint.get();
    }
}
```

6

练习6.10

请改写路径跟随的示例程序，让路径的走向可以为任意方向。(提示：你需要调用 min() 函数和 max() 函数用于判断法线交点是否位于线段内。)

```
if (normalPoint.x < ____(____,____) || normalpoint.x> ____(____,____)) {
    normalPoint = b.get();
}
```

练习6.11

创建一条随时间改变的路径，你能否让构成路径的顶点有它自己的转向行为?

6.10 复杂系统

还记得我们最初的目的吗？我们想要在物体中注入生命。在自治智能体的实现过程中，我们成功地模拟了一系列个体行为，或许你已经因此觉得满足了。但现在不是停下来的时候，一切才刚刚开始。我们还有更深层次的目的，小车只是个体，它能自己决定如何运动，但个体一般都会和其他个体一起存在，并且相互影响。因此，我们的目的不仅仅是模拟个体的行为，还应该把小车放入一个由许多个体组成的系统中，让它们相互影响。

思考一只蚂蚁，即蚂蚁个体，蚂蚁是一个自治智能体，它能够感知环境（用触角来收集化学信号的方向和强度信息），并能根据这些信号决定移动。但仅凭一只蚂蚁能否完成筑巢、采集食物、捍卫蚁后这些艰巨的任务？蚂蚁是一种简单的单元，只能感知其周围的环境。而蚁群就是一个复杂的系统，是一个"超级有机体"，其中的各部分成员协同工作，共同完成艰巨和复杂的任务。

前面我们已经学习了如何构建自治智能体，接下来要做的就是让多个自治智能体并行运行——智能体不仅能感知物理环境，还能感知同伴的活动，最后根据这些信息决定如何移动。我们打算用Processing创建复杂系统。

什么是复杂系统？复杂系统通常是这么定义的："一个复杂系统的整体不等同于局部的简单组合。"复杂系统的局部是很简单且易于理解的个体，但它们组成的整体会表现得非常复杂、智能且难以预测。复杂系统有3个主要原则。

- **个体之间存在小范围的联系**。一直以来我们都在遵循这个原则：小车对环境的感知能力是有限的。
- **个体的动作是并行的**。我们需要用代码模拟这个特性。在Processing的每一轮draw()循环中，每个个体都应该移动（并行地绘制它们的外形）。
- **系统在整体上会呈现一种自发现象**。个体之间的交互会出现复杂行为和智能模式。自然界的复杂系统确实会呈现特定的模式（蚁群、白蚁、迁移、地震、雪花，等等），我们能否用Sketch模拟出同样的效果？

以下3个附加特性有助于我们更好地讨论复杂系统，我们可以按照这些特性完善复杂系统的模拟。需要注意的是，它们是一个模糊子集。并非所有复杂系统都具备这3个特性。

- **非线性** 复杂系统的这个特性往往称为"蝴蝶效应"，"蝴蝶效应"理论是由数学家和气象学家Edward Norton Lornez提出的，他是混沌理论研究方面的先驱。1961年，Lornez重复地运行一段天气模拟程序，也许是为了节省时间，他把某个初始值0.506 127输成了0.506，得到的结果却和输入0.506 127时应该得到的结果完全不同。换句话说，该理论认为，一只蝴蝶在地球的另一边扇动翅膀可能会引起大规模的气候转变，从而破坏周末的沙滩度假。我们称这种特性为"非线性"，因为初始条件变化和结果变化之间不成线性关系。初始条件的微小变化可能对结果产生巨大的影响。非线性系统是混沌系统的一个超集。在下一章，我们会看到：在一个由0和1组成的系统中，即使只改变其中的一个比特位，结果也会完全不同。

❑ **竞争和合作**　复杂系统的元素之间往往同时存在竞争和合作关系。后面的群集系统将引入3个规则：协调、一致和分离。协调和一致使个体相互"合作"——也就是聚集在一起并共同移动；分离使个人为空间展开"竞争"。在实现群集系统时，如果去掉竞争或合作规则，系统的复杂性可能随之丧失。竞争和合作规则存在于有生命的复杂系统中，不存在于无生命的复杂系统中，比如气候系统。

❑ **反馈**　复杂的系统通常包括一个反馈回路，系统的输出被反馈回系统，在正方向或反方向上影响自身行为。举个例子，因为油价比较低，所以你每天开车上下班。在这种情况下，每个人都会开车上下班，导致汽油供不应求，油价因此上升。因为开车上下班的成本太高了，于是大家决定坐地铁上下班，汽油的需求变少，油价也随之降低。油价同时是系统（决定你是开车还是坐地铁）的输入和输出（从需求中得到的结果）。需要特别指出的是，经济模式（如供应/需求，股市）就是人类复杂系统的一个例子。其他例子包括潮流和趋势、选举、人群和车流。

复杂性将是本书剩余部分的一大主题。接下来，我们将在Vehicle类中加入查看周围小车对象的能力。

6.11　群体行为（不要碰到对方）

群体并不是一个新的概念，我们曾经接触过它——在第4章里，我们开发了一套粒子系统框架，其中的ParticleSystem（粒子系统）类专门管理粒子的集合。在粒子系统类中，我们用ArrayList存放粒子的列表。我们会在本例中做同样的事情：把一组Vehicle对象存放到ArrayList中。

```
ArrayList<Vehicle> vehicles;                        声明由小车对象组成的ArrayList


void setup() {
    vehicles = new ArrayList<Vehicle>;              初始化，并用一系列小车对象填充ArrayList
    for (int i = 0; i < 100; i++) {
        vehicles.add(new Vehicle(random(width),random(height)));
    }
}
```

如果要在draw()函数中处理所有小车对象，只需遍历这个ArrayList，并在对象上调用相应的方法。

```
void draw(){
    for (Vehicle v : vehicles) {
        v.update();
        v.display();
    }
}
```

我们要为小车添加一种行为。比如让小车寻找鼠标所在的目标位置：

```
v.seek(mouseX, mouseY);
```

但这只是个体的行为，前面我们一直在研究个体的行为，现在要研究群体行为。让我们从分离（separate）行为开始。分离行为等同于以下命令："请不要和你的邻居发生碰撞！"

```
v.separate();
```

这个函数还有些问题，我们还少了一些东西。分离指的是"从其他个体上分开"，其他个体指的是列表中的其他小车。

```
v.separate(vehicles);
```

相比于粒子系统，本例有很大不同。在粒子系统中，个体（粒子或小车）单独运作；但在本例中，我们会告诉个体："现在轮到你操作了，你需要考虑系统中的每个个体，所以我要向你传入一个ArrayList，里面存放了所有其他个体。"

为了实现群体行为，我们用以下代码实现setup()函数和draw()函数。

```
ArrayList<Vehicle> vehicles;

void setup() {
    size(320,240);
    vehicles = new ArrayList<Vehicle>();
    for (int i = 0; i < 100; i++) {
        vehicles.add(new Vehicle(random(width),random(height)));
    }
}
void draw() {
    background(255);
    for (Vehicle v : vehicles) {
        v.separate(vehicles);

        v.update();
        v.display();
    }
}
```

这是本节加入的新东西，小车在计算分离转向力时需要检查其他所有对象

这只是一个开头，真正的操作在separate()函数中实现。我们先思考这个函数的实现方式。Reynolds提到："用转向避免拥堵"，也就是说，如果某辆小车和你的距离太近，你应该转向以远离它。对此你是否觉得很熟悉？"寻找行为"指的是朝着目标转向，将"寻找行为"的转向力反转，就能得到躲避行为的转向力。

但如果同时有多辆小车的距离都很近，这时候该怎么做？在这种情况下，我们可以对所有远离小车的向量求平均值，用平均向量计算分离行为的转向力。

图 6-33

图 6-34

下面我们开始实现separate()函数，它的参数是一个ArrayList对象，里面存放了所有小车对象。

```
void separate (ArrayList <Vehicle>vehicles) {

}
```

在这个函数中，我们要遍历所有的小车，检查它们是否过于接近。

```
float desiredseparation = 20;                        这个变量指定最短距离

for (Vehicle other : vehicles) {
    float d = PVector.dist(location, other.location);  当前小车和其他小车之间的距离

    if ((d > 0) && (d < desiredseparation)) {

                                       如果小车的距离小于20像素，这里的代码就会执行

    }
}
```

注意：在上面的代码中，我们不只检查距离是否小于desiredseparation（过于接近！），还要检查距离是否大于0。这么做是为了确保小车不会意图和自身分离。所有小车对象都在ArrayList中，一不小心你就会让一辆小车与自身发生比较。

一旦发现和某辆小车过于接近，我们就应该记录远离这辆小车的向量。

```
if ((d > 0) && (d < desiredseparation)) {
    PVector diff = PVector.sub(location, other.location);
                                       一个指向远离其他小车方向的向量

    diff.normalize();
}
```

有了这个diff向量还不够，我们还要针对每辆靠近的小车计算diff向量，再计算它们的平均向量。将所有向量加在一起，再除以总数，就可以得到平均向量！

```
PVector sum = new PVector();                        从一个空向量开始

int count = 0;
```

```
for (Vehicle other : vehicles) {                          我们还要记录有多少辆小车的距离过近

    float d = PVector.dist(location, other.location);
    if ((d > 0) && (d < desiredseparation)) {
        PVector diff = PVector.sub(location, other.location);
    diff.normalize();

        sum.add(diff);                                    将所有向量加在一起，并递增计数器

        count++;
    }
}
if (count > 0) {                                          必须确保至少找到一辆距离过近的小车，然后才执
                                                          行除法操作（避免除零的情况！）
    sum.div(count);
}
```

有了平均向量（sum向量）之后，我们将它延伸至最大速率，就可以得到所需速度——希望小车以最大速率朝着这个方向运动！一旦有了所需速度，我们就可以根据Reynolds的公式计算转向力：转向力 = 所需速度 − 当前速度。

```
if (count > 0) {
    sum.div(count);

    sum.setMag(maxspeed);                                 延伸至最大速率（使其成为所需速度）

    PVector steer = PVector.sub(sum,vel);                 Reynolds的转向力公式

    steer.limit(maxforce);

    applyForce(steer);                                    将力转化为小车的加速度
}
```

下面是这个函数的全部实现，其中加入了额外的两点改进，见代码注释。

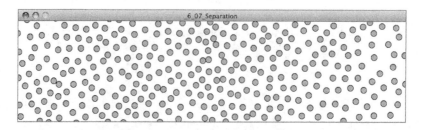

示例代码6-7   群集行为：分离

```
void separate (ArrayList<Vehicle> vehicles) {
```

```
float desiredseparation = r*2;
```
分离的距离取决于小车的尺寸

```
PVector sum = new PVector();
int count = 0;
for (Vehicle other : vehicles) {
    float d = PVector.dist(location, other.location);
    if((d>0 && (d<desired separation)) {
    pVector diff = PVector.sub (location,other.location);
    diff.normalize();

    diff.div(d);
```
计算小车和其他小车之间的距离：距离越近，分离的幅度越大；距离越远，分离的幅度越小。因此我们将向量除以距离

```
    sum.add(diff);
    count++;

    }
}
if (count > 0) {
    sum.div(count);
    sum.normalize();
    sum.mult(maxspeed);
    PVector steer = PVector.sub(sum, vel);
    steer.limit(maxforce);
    applyForce(steer);
}
}
```

练习 6.12

请重写 separate()函数，让它有相反的效果（"聚集"）。如果小车之间的距离超过某个值，施加一个转向力让它们相互靠近。这样一来，系统内的小车就会相互靠拢。（后面，我们会在一个系统中同时加入"聚集"和"分离"的行为。）

练习 6.13

请在路径跟随中加入"分离"行为，模拟 Reynolds 的"群体路径跟踪"行为。

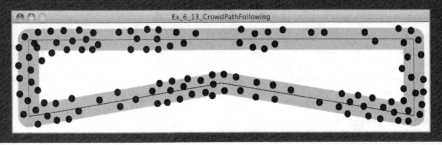

6.12   结合

前面两个练习题暗示了本章的一大目的: 我们希望系统中不只有一种转向力。只通过一种行为规则无法模拟出复杂系统的自发行为。本章最有趣的行为就来自各种转向力的混合和匹配, 我们要开发一种实现这种行为的机制。

你可能会想: "这不是什么新玩意儿, 我们一直都在做类似的事!"你是对的, 我们曾在第2章做过这样的事。

```
PVector wind = new PVector(0.001,0);
PVector gravity = new PVector(0,0.1);
mover.applyForce(wind);
mover.applyForce(gravity);
```

在以上代码中, mover对象同时受两个力的作用。该程序能正常工作, 因为Mover类支持力的累加。然而在本章中, 力源自对象 (小车) 自身的意愿, 我们希望这些意愿也可以累加。让我们从以下场景开始, 假设系统中的小车有两个意愿:

❏ 寻找鼠标所在的位置;
❏ 和距离过近的其他小车分离。

对此, 我们可能会在Vehicle类中加入一个applyBehaviors()函数, 用于管理小车的所有行为。

```
void applyBehaviors(ArrayList<Vehicle> vehicles) {
    separate(vehicles);
    seek(new PVector(mouseX,mouseY));
}
```

applyBehavior()函数调用了separate()函数和seek()函数, 这两个函数分别对小车施加不同的转向力。我们想调整这两种转向力的强度, 但现在的实现无法做到这一点。separate()函数和seek()函数最好能返回转向力向量, 如此一来, 我们就可以调整转向力强度, 最后用调整后的转向力影响小车的加速度。

```
void applyBehaviors(ArrayList<Vehicle> vehicles) {
    PVector separate = separate(vehicles);
    PVector seek = seek(new PVector(mouseX,mouseY));
    applyForce(separate);

    applyForce(seek);
}
```
我们必须在这里施加转向力, 因为seek()函数和separate()函数不再做这件事

看看seek()函数的变化:

```
PVector seek(PVector target) {
    PVector desired = PVector.sub(target,loc);
    desired.normalize();
    desired.mult(maxspeed);
    PVector steer = PVector.sub(desired,vel);
```

```
steer.limit(maxforce);

applyForce(steer);                    不再施加转向力，而是返回转向力向量
return steer;
}
```

这是一个细微的变化，但对我们来说非常重要：它使我们能集中改变多种转向力的强度。

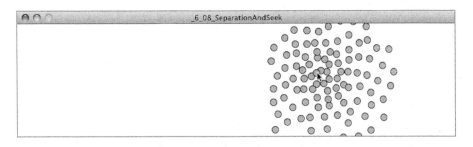

示例代码6-8 转向行为结合：寻找和分离

```
void applyBehaviors(ArrayList<Vehicle> vehicles) {
    PVector separate = separate(vehicles);
    PVector seek = seek(new PVector(mouseX,mouseY));

    separate.mult(1.5);                 这些值可以随意确定！每辆小车对这些值的配置可
                                        以不同，还可以随时间发生变化
    seek.mult(0.5);

    applyForce(separate);
    applyForce(seek);
}
```

练习 6.14

请重写示例代码6-8，让两种转向行为的权重不再是常量。如果让权重随时间不断变化（根据正弦波或者Perlin噪声确定权重大小），会有怎样的效果？如果某些小车倾向于寻找行为，而另一些小车倾向于分离行为，会有怎样的效果？你能否再引入另一种转向行为？

6.13 群集

群集是动物的群体性行为，许多生物都有这种特性，比如鸟类、鱼类和昆虫。1986年，Craig Reynolds用计算机模拟了群集行为，并将算法写在自己的论文中，这篇论文的题目是"Flocks, Herds and Schools: A Distributed Behavioral Model"。群集行为的模拟结合了本章的所有概念。

(1) 我们会用转向力计算公式（转向力 = 所需速度 − 当前速度）实现群集的规则。

(2) 这些转向力将由群体行为产生，小车要根据所有其他小车的状态计算转向力。

(3) 我们需要结合多个转向力，并对它们进行加权。

(4) 模拟结果是一个复杂系统——智能的群体行为将从简单的群集规则中产生，系统中没有控制中心和领导者。

有一个好消息：我们已经完成了前3点，所以本节的重心在于把它们结合在一起，观察最后的运行结果。

在开始之前，需要特别指出：我们要改变Vehicle类的类名。Reynolds当时使用 "boid" 描述群集系统中的元素（"boid" 是编造出来的单词，指代类似鸟类的对象），我们打算把这个单词用作类名。

群集有3个规则。

(1) 分离（又叫 "躲避"） 避免与邻居发生碰撞。

(2) 对齐（又叫 "复制"） 转向力的方向和邻居保持一致。

(3) 聚集（又叫 "集中"） 朝着邻居的中心转向（留在群体内）。

分离   对齐   聚集

图 6-35

正如分离和寻找的示例程序，我们希望Boid对象也有一个函数管理所有上述行为，我们把这个函数称为flock()函数。

```
void flock(ArrayList<Boid> boids) {
    PVector sep = separate(boids);            3种群集规则
    PVector ali = align(boids);
    PVector coh = cohesion(boids);


    sep.mult(1.5);                            3种转向力的权重（尝试使用不同的值！）
    ali.mult(1.0);
    coh.mult(1.0);


    applyForce(sep);                          施加转向力
    applyForce(ali);
    applyForce(coh);

}
```

下面要做的就是实现这3个规则。前面我们已经实现过分离规则。下面让我们看看对齐，也就是转向力的方向和邻居保持一致。对于所有转向行为，我们希望把它的规则归结为一个目的：Boid对象的预期速度等于邻居速度的平均值。

因此，我们需要计算其他Boid对象的平均速度，这个平均速度就是该Boid对象的所需速度。

```
PVector align (ArrayList<Boid> boids) {
    PVector sum = new PVector(0,0);          将所有速度相加，再除以总数，计算平均速度
    for (Boid other : boids) {
        sum.add(other.velocity);
    }
    sum.div(boids.size());

    sum.setMag(maxspeed);                    改变速度的大小，将其设为最大速率

    PVector steer = PVector.sub(sum,velocity);   Reynolds的转向力公式
    steer.limit(maxforce);
    return steer;
}
```

上面的代码还遗漏了一个关键细节：复杂系统有一个重要原则，就是元素（本例的Boid对象）之间具有短程关系。想象有一群蚂蚁，一只蚂蚁能很容易地感知它周围的环境，但却无法感知几百英尺外的其他蚂蚁。蚂蚁只能根据邻居关系执行集体性行为，这也是它们能保持兴奋的首要原因。

在上面的align()函数中，我们计算了所有Boid对象的平均速度，但正确的实现方式应该是：计算一定距离内的Boid对象的平均速度。你可以随意选择距离的阈值，可以让Boid对象只能看到20像素之内的邻居，也可以让它看到几百像素内的邻居。

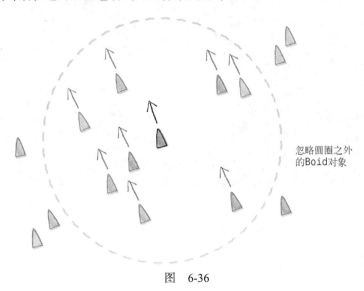

忽略圆圈之外的Boid对象

图　6-36

在前面分离行为的实现过程中，我们只计算了一定范围内的作用力，对齐行为（和聚集行为）应该使用同样的计算方式。

```
PVector align (ArrayList<Boid> boids) {
    float neighbordist = 50;                              这是一个任意值，每个Boid对象都可以不同

    PVector sum = new PVector(0,0);
    int count = 0;
    for (Boid other : boids) {
        float d = PVector.dist(location,other.location);
        if ((d > 0) && (d < neighbordist)) {
            sum.add(other.velocity);
            count++;                                      为了计算平均值，我们必须记录一定距离内的Boid
                                                          对象的数量
        }
    }

    if (count > 0) {
        sum.div(count);
        sum.normalize();
        sum.mult(maxspeed);
        PVector steer = PVector.sub(sum,velocity);
        steer.limit(maxforce);
        return steer;
    } else {                                              如果无法找到任何接近的Boid对象，转向力就等
                                                          于0
        return new PVector(0,0);
    }
}
```

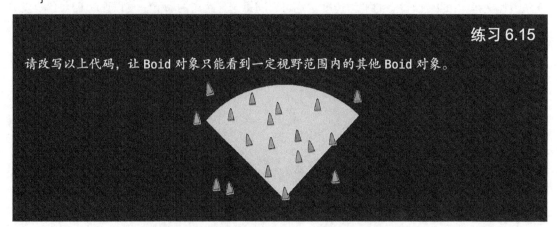

练习 6.15

请改写以上代码，让 Boid 对象只能看到一定视野范围内的其他 Boid 对象。

下面开始实现聚集行为。聚集行为的实现和对齐类似，唯一的区别在于：在聚集行为中，我们要计算邻居Boid对象的位置的平均值（作为寻找行为的目标位置），而不是速度的平均值。

```
PVector cohesion (ArrayList<Boid> boids) {
    float neighbordist = 50;
    PVector sum = new PVector(0,0);
```

```
    int count = 0;
    for (Boid other : boids) {
        float d = PVector.dist(location,other.location);
        if ((d > 0) && (d < neighbordist)) {
            sum.add(other.location);                          将其他所有Boid对象的位置相加
            count++;
        }
    }
    if (count > 0) {
        sum.div(count);
        return seek(sum);                                     使用示例代码6-8中实现的seek()函数。寻找的目
                                                              标就是邻居的平均位置
    } else {
        return new PVector(0,0);
    }
}
```

除此之外，我们还要实现Flock类，它和第4章的ParticleSystem一样，除了一个细微的区别：在调用每个Boid对象的run()函数时，我们必须传入boids对象的ArrayList引用。

```
class Flock {
    ArrayList<Boid> boids;

    Flock() {
        boids = new ArrayList<Boid>();
    }

    void run() {
        for (Boid b : boids) {
            b.run(boids);                                     每个Boid对象都必须检查其他所有Boid对象
        }
    }

    void addBoid(Boid b) {
        boids.add(b);
    }
}
```

主程序的实现如下：

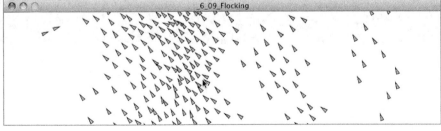

示例代码6-9   群集

```
Flock flock;                                          Flock对象管理着整个群集
void setup() {
    size(300,200);
    flock = new Flock();
    for (int i = 0; i < 100; i++) {
        Boid b = new Boid(width/2,height/2);
        flock.addBoid(b);                            Flock中有100个Boid对象
    }
}
void draw() {
    background(255);
    flock.run();
}
```

练习 6.16

请把群集行为和其他转向行为结合在一起。

练习 6.17

在 Gary Flake 编写的 *The Computational Beauty of Nature*（MIT Press，2000）一书中，他描述了群集行为的第 4 个规则——视线：离开挡住视线的 Boid 对象。你能否实现这一规则？

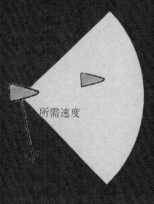

练习 6.18

让群集模拟的各种参数（分离权重、聚集权重、对齐权重、最大转向力、最大预期速度）随时间发生变化，你可以根据 Perlin 噪声算法或用户的交互控制参数。（比如，你可以使用 controlp5 库的滑动控件控制参数；controlp5 参见 http://www.sojamo.de/libraries/controlP5/。）

练习 6.19

请用一种完全不同的方式显示群集。

6.14　算法效率（为什么程序跑得这么慢）

为了让你的生活过得快乐而有意义，我本来想掩盖这个阴暗的事实，但我不希望因为为你担心而夜里失眠。所以我一定要怀着沉重的心情说出这个事实：群集行为看起来很不可思议，但它的运行速度会非常慢，群集中的元素越多，程序运行得越慢。一般情况下，Sketch 运行缓慢的原因来自图形绘制——要绘制的图形越多，Sketch 运行得越慢。但程序运行缓慢的原因也可能来自算法本身，我们接下来就探讨这个话题。

计算机科学家通常用"大 O 表示法"来描述一个算法的效率：完成计算需要花费多少个运行周期？考虑一个简单的搜索问题。一个篮子装了 100 颗巧克力，其中只有 1 颗黑巧克力。为了找到它，你将巧克力从篮子中逐一取出。在最理想的情况下，你只需要一次尝试就可以找到这颗黑巧克力，但在最坏的情况下，你必须取出所有巧克力才能找到它。为了从 100 个元素中找到 1 个元素，你必须检查 100 次（也就是说，为了在 N 个元素中找到 1 个元素，你必须检查 N 次），这时候就可以用 $O(N)$ 表示这个算法的复杂度。这就是所谓的"大 O 表示法"，它描述了粒子系统算法的复杂度：如果系统中有 N 个粒子，我们必须执行 N 次绘制和运行操作。

假设有这样的群体行为（类似群集）：如果要计算某个 Boid 对象的转向力，我们必须检查系统中的所有其他 Boid 对象（检查速度和位置）。如果系统中有 100 个 Boid 对象，为了计算第一个 Boid 对象的转向力，我们需要检查 100 个 Boid 对象；计算第二个，第三个等都是如此。这 100 个 Boid 对象总共要执行 100 × 100 次检查。尽管计算机的运行速度很快，快到能轻易地执行 10 000 次运算。但如果系统中的对象数目增加到 1000 个，我们就要执行：

$$1000 \times 1000 = 1\,000\,000 \text{ 次运算}$$

现在，程序会变慢，但可能还在掌控之中。将增加元素数量到 10 000 个：

$$10\,000 \times 10\,000 = 100\,000\,000 \text{ 次运算}$$

到这个地步，程序肯定已经慢得不行了。

有没有注意到其中的规律？如果元素数量增长的倍数是10，运算次数的增长倍数就是100。也就是说，如果元素数量增长的倍数是N，运算次数增长的倍数就是N的平方。我们用$O(N^2)$表示这个算法的复杂度。

你可能会想："没问题，在群集模型中，我们只需要考虑邻近的Boids对象。举个例子，就算有1000个Boid对象，我们可能只需要计算附近的5个Boids对象，也就是执行5000次运算。"但我要提醒你："对某个Boid对象，我们还是需要检查所有其他Boid对象，从中找出距离最近的5个元素。"总结为一点：尽管只需考虑距离最近的元素，但为了找到这些元素，我们还是要检查所有元素。

有没有其他优化方法？

让我们选择一个合理的数字，这个数字可能是群集中的对象数量，还会使程序变慢，假设这个数字是：2000（总共需要4 000 000次运算）。

如果我们把屏幕划分成一个个网格，把这2000个Boid对象分配到这些网格中。对于每个Boid对象，只需检查同一单元格内的其他元素。假设有一个10×10的网格，每个单元格平均有20个元素（20×10×10 = 2000）。每个单元格的运算此时是20×20 = 400次。总共有100个单元格，因此我们需要执行100×400 = 40 000次运算，和原先的4 000 000次比起来确实少了很多。

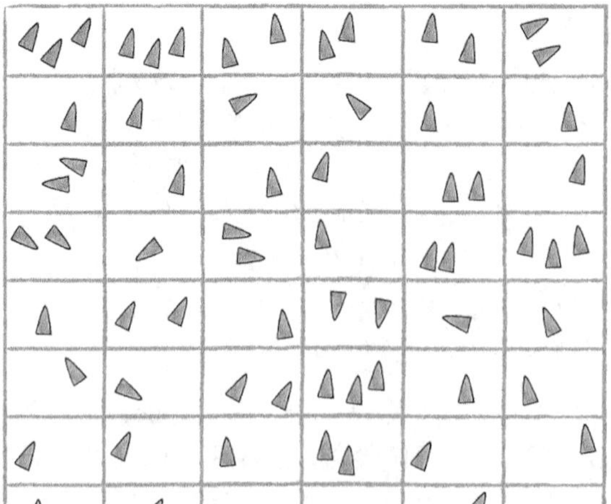

图   6-37

这种技术称为"网格空间分割"（bin-lattice spatial subdivision），Reynolds在2000年发表的"Interaction with Groups of Autonomous Characters"（http://www.red3d.com/cwr/papers/2000/pip.pdf）中对其有详细介绍。如何用Processing实现这种算法？这可以用多个ArrayList实现，其中一个

ArrayList用于保存所有的Boid对象，就像群集示例中做的。

```
ArrayList<Boid> boids;
```

除了这个ArrayList，我们还在另一个二维ArrayList中存放了每个Boid对象引用。对网格中的每个单元格，都有一个对应的ArrayList用于保存此单元格内的元素。

```
ArrayList<Boid>[][] grid;
```

在draw()函数中，每个Boid元素都需要根据位置将自己放入合适的单元格内。

```
int column = int(boid.x) / resolution;
int row    = int(boid.y) /resolution;
grid[column][row].add(boid);
```

当Boid对象检查邻居元素时，只需检查某个单元格内的元素（实际上，为了处理好边界情况，我们还应该检查邻近的单元格）。

示例代码6-10　网格空间分割

```
int column = int(boid.x) / resolution;
int row    = int(boid.y) /resolution;
boid.flock(boids);
boid.flock(grid[column][row]);
```
只检查单元格内的Boid对象，而不用检查所有Boid对象

在这里，我们只给出了基本的代码。你可以在本书的网站上找到完整的代码。

现在，系统肯定存在一定的缺陷。如果Boid对象都聚集在网格的角落里或者集中在一个单元格里，我们该如何应对？是否需要检查所有元素（2000×2000）？

我要告诉你一个好消息，这类需求非常普遍，有很多现成的技术可用于解决此类问题。但对我们来说，上述方法已经够用了。如果你要用到更复杂的技术，请查看toxiclibs的Octree示例程序（http://toxiclibs.org/2010/02/new-package-simutils/）。

6.15　最后的几个注意事项：优化技巧

本章的结束标志着运动模拟部分的终结（仅仅就本书而言）。回顾前面6章，我们从向量的概念开始，然后转到力的模拟，构建由多个元素构成的系统，学习物理函数库的使用，创建带有主体意愿的实体，最后模拟了复杂系统的自发现象。故事到此并没有结束，但我们需要转移方向。接下来的两章我们不再关注物体的运动，而将注意力集中在基于规则的系统上。在此之前，对于前6章的示例程序，我还要说明几个重要的注意事项。这些注意事项涉及代码优化，和前一节的内容也有所关联。

6.15.1 长度的平方（或距离的平方）

什么是长度的平方？你在什么时候需要使用它？回顾向量长度的计算过程。

```
float mag() {
    return sqrt(x*x + y*y);
}
```

计算向量长度必须用到平方根运算，因为向量的求解需要用到勾股定理（正如我们在第1章里做的）。但是，如果你能以某种方式避开平方根运算，代码将运行得更快。考虑以下情况，你只想知道一个向量的相对大小。例如，你想知道这个向量的长度是否大于10（以 PVector v 为例）：

```
if (v.mag() > 10) {
    // 具体操作！
}
```

可以等价地写成：

```
if (v.magSq() > 100) {
    // 具体操作！
}
```

magSq() 函数计算的是长度的平方，实现如下：

```
float magSq() {
    return x*x + y*y;
}
```

两种方式的效果一样，但是后者没有平方根计算。如果运算只涉及一个向量，这两种方法不会有很大的区别；如果你在 draw() 函数中要执行几千次这样的运算，请用 magSq() 函数代替 mag() 函数，它会使程序性能得到提升。（注意：magSq() 函数只存在 Processing 2.0a1 及更高的版本中。）

6.15.2 正弦余弦查询表

耗时的运算有一种固定模式。平方根、正弦、余弦、正切运算都比较耗时。如果你只是求解一个正弦或余弦值，并不会出现性能问题，但如果你碰到这样的运算：

```
void draw() {
    for (int i = 0; i < 10000; i++) {
        println(sin(PI));
    }
}
```

毫无疑问，这段代码存在严重的性能问题，你永远不该写这样的代码。但它说明了一个关键问题：如果你想计算一万次π的正弦值，为什么不只计算一次，然后保存计算结果，后面就直接使用这个结果？这就是正弦余弦查询表的原理。如果你要计算大量正弦或余弦值，可以创建一个数组保存0到2π（TWO_PI）之间各角度的正弦或余弦值，下次计算时只需要从这个数组中查询对应的结果接口。举个例子，下面两个数组保存了0到359度之间各角度的正弦和余弦值。

```
float sinvalues[] = new float[360];
float cosvalues[] = new float[360];
for (int i = 0; i < 360; i++) {
    sinvalues[i] = sin(radians(i));
    cosvalues[i] = cos(radians(i));
}
```

如果我们想获取π的正弦值, 可以这么做:

```
int angle = int(degrees(PI));
float answer = sinvalues[angle];
```

关于正弦余弦查询表, Processing wiki网站上有更复杂的例子(http://wiki.processing.org/w/Sin/Cos_look-up_table)。

6.15.3 创建不必要的 PVector 对象

我不得不承认, 最后一个问题很可能出自我身上。为了让示例代码更清晰易懂, 我可能会创建一些不必要的PVector对象。在大部分情况中, 这不会引入任何问题, 但有时候, 它确实有问题, 让我们看看下面的例子:

```
void draw() {
    for (Vehicle v : vehicles) {
        PVector mouse = new PVector(mouseX,mouseY);
        v.seek(mouse);
    }
}
```

假设ArrayList中有1000个Vehicle对象, 这样一来, 我们就在draw()函数中创建了1000个新的PVector对象。在任何老式笔记本或台式电脑上运行这个程序, Sketch并不会变慢, 也不会有任何问题。毕竟, 这类电脑有很大的内存, Java也会正确地处理和释放这1000个临时对象, 不会带来任何性能问题。

如果ArrayList中的Vehicle对象数目变得很大 (很容易就会这样), 或者在Android机器上运行Processing程序, 你肯定会碰到问题。在这种情况下, 你必须减少新创建的PVector对象数量, 对此, 可以把上面的代码改成:

```
void draw() {
    PVector mouse = new PVector(mouseX,mouseY);
    for (Vehicle v : vehicles) {
        v.seek(mouse);
    }
}
```

现在, 你只创建了一个PVector对象, 还有一种更好的优化方式: 引入一个全局变量, 存放x和y值:

```
PVector mouse = new PVector();
```

```
void draw() {
    mouse.x = mouseX;
    mouse.y = mouseY;
    for (Vehicle v : vehicles) {
        v.seek(mouse);
    }
}
```

现在，再也不会有新的PVector对象被创建了，在整个Sketch中，你只有一个PVector对象。

在本书的例子中，你可以找到很多可以被替换的临时对象。再看一例，下面是seek()函数的实现：

```
PVector desired = PVector.sub(target,location);
desired.normalize();
desired.mult(maxspeed);
```

PVector steer = PVector.sub(desired, velocity);   *创建新的PVector对象，保存转向力*

```
steer.limit(maxforce);
return steer;
```

我们在这里创建了两个PVector对象：先求解预期速度向量，再计算转向力向量。我们可以重写这段代码，让它只创建一个PVector对象。

```
PVector desired = PVector.sub(target, location);
desired.normalize();
desired.mult(maxspeed);
```

desired.sub(velocity);   *求解预期向量的转向力*

```
desired.limit(maxforce);
return desired;
```

steer变量在这里是多余的，我们让desired变量减去velocity变量，把它变成转向力向量。示例程序中并没有这么做，因为我想让代码更易读懂；但在某些情况下，这么做能提高程序性能。

练习 6.20

请在群集示例中去除尽可能多的临时向量对象，并尽可能多地使用 magSq() 函数。

练习 6.21

请在 Box2D 或 toxiclibs 库中使用转向行为。

生态系统项目

第 6 步练习

用转向力驱动生态系统中的生物行为，参考点如下。

☐ 创建生物的"群集"。

☐ 用寻找行为模拟生物的觅食（对于移动猎物的追逐，可以用"追赶"行为模拟）。

☐ 在生态系统中使用流场。举个例子，假如系统中的生物生活在河流中，生态系统将会有什么样的行为。

☐ 创建具有多种转向行为的生物（加入尽可能多的转向行为），尝试着改变这些转向行为的权重，在运行过程中改变权重的大小。思考如何设置这些权重的初始值，如何改变权重的大小？

☐ 复杂系统可以被嵌套，你能否用 Boid 对象的群集设计一种生物，然后用这种生物构建一个更大的群集？

☐ 复杂系统可以有记忆能力（和一定的适应性），试着让模拟生态系统的历史影响当前行为。（可以引入相应的驱动力，让它去调整各种转向力的权重。）

6

第 7 章

细胞自动机

"为了玩生命游戏，你必须有一个很大的棋盘以及足够多的双色棋子，你也可以用铅笔和图纸，但用棋盘和棋子会更简单，尤其对于初学者。"

——马丁·加德纳，《科学美国人》（1970年10月）

从本章开始，我们不再讨论向量和运动的话题，而是将精力集中在系统和算法上（尽管如此，我们仍然可以将这些技术作用在运动模拟上）。在前一章，我们遇到了第一个模拟的复杂系统：群集。当时，我们简述了复杂系统背后的核心原则：一个复杂系统由许多个体元素组成，个体并行运作，相互之间存在短程关系，整体上表现出一些自发现象。复杂系统的功能和属性大于各部分的总和。本章将构建另一个复杂系统，但我们要简化系统的组成元素：系统的元素不是物理世界的实体，而是最简单的数字——比特。一个比特位称为细胞，它的值（0或1）称为状态。使用这些简单的元素能帮助我们深入理解复杂系统和其中的实现技术。

7.1 什么是细胞自动机

首先，让我们弄清楚一件事：术语细胞自动机的英文 "cellular automata" 是复数形式，示例程序模拟的细胞自动机其英文 "cellular automaton" 是单数形式。为了简化，我们用 "CA" 表示细胞自动机。

前6章的对象（运动者、粒子、小车、Boid对象）只有一种 "状态"，它们的运动方式可能很复杂，但在整个生存期中始终都保持一种形态。我们曾想让运动对象随时间的推移发生状态变化（例如，转向力的权重可以变化），但还没有完全将其付诸实践。在此背景下，细胞自动机跨出了巨大的一步：它能构建随时间推移发生状态转移的系统。

细胞自动机是由 "细胞" 对象组成的系统，它具有以下特性：

❏ 细胞存在于网格中（在本章里，我们将以示例形式学习一维和二维细胞自动机，但细胞自动机可以存在于任意数量的维度中）；

❏ 每个细胞都有一个状态，但可能出现的状态数量是有限的，最简单的情况就是1和0（可以称为 "开" 和 "关"，或者 "生" 和 "死"）；

❑ 每个细胞都有邻居，定义"邻居"的方式有多种，通常指邻近的细胞。

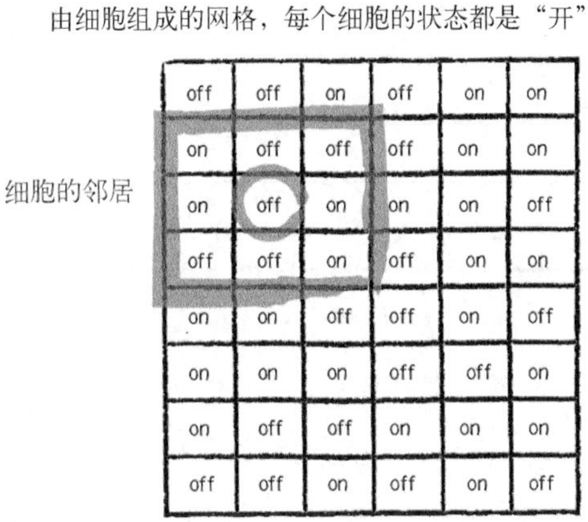

由细胞组成的网格，每个细胞的状态都是"开"或"关"

图 7-1

细胞自动机的发明归功于斯塔尼斯拉夫·乌拉姆和约翰·冯·诺伊曼，20世纪40年代，他们都是洛斯阿拉莫斯国家实验室的研究员。当时乌拉姆正在研究晶体的生长，而冯·诺伊曼正在设想一个能自我复制的机器人世界。CA的可视化程序看起来更像晶体生长的模拟，而不是机器人的自我复制。对此，请你把机器人想象成网格中的图案（在一张方格纸中画一些方块），这些图案按照一定规则自我复制，这实质上就是CA的过程，它表现出了与生物繁殖和物种进化相似的行为。（顺便说一句，冯·诺伊曼提出的细胞模型有29种可能的状态。）在自我复制和CA方面，冯·诺依曼的工作在概念上类似于最著名的细胞自动机模型"生命游戏"，我们将在7.3节详细讨论这个模型。

在细胞自动机领域，最有意义（且篇幅最长）的科学研究是Stephen Wolfram于2002年发表的著作*A New Kind of Science*，共计1280页。你可以在网上免费获取这本书（ http://www.wolframscience.com/nksonline/toc.html ）。该书声明，CA并不是一种简单的游戏，它和生物学、化学、物理学以及各个科学分支都密切相关。本章将带你简要了解Wolfram的理论（我们只关注代码实现），如果下面的示例程序激发了你的好奇心，你可以去读一读这本书。

7.2 初等细胞自动机

本章将从Wolfram理论的模拟开始，为了理解Wolfram提出的初等CA模型，我们要先问自己几个问题："你能想象到的最简单的细胞自动机是什么？"问这个问题的意义在于：即使在最简单的CA模型中，我们也能看到复杂系统的特性。

下面我们要从头开始构建Wolfram的初等CA模型。在实现之前，我们要先学习其中的概念。CA有三大要素。

(1) **网格**　最简单的网格是一维的，即一行细胞。

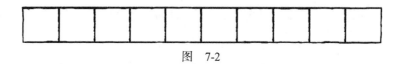

图   7-2

(2) **状态集**   最简单的状态集（多于一种状态）是0或1。

图   7-3

(3) **邻居**   在最简单的情况下，某个细胞在一维空间中的邻居就是它自身和相邻的两个细胞，即左边和右边的细胞。

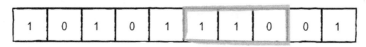

图7-4   3个邻居细胞

因此我们的模型从一行细胞开始，每个细胞都有一个初始状态（假设它不是随机的），还有两个相邻的细胞。除此之外，我们还要约定边缘细胞的处理方式（因为它们只有一个相邻的细胞），但我打算把这一步放到后面。

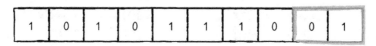

图7-5   边缘细胞只有两个邻居

我们还未讨论细胞自动机最重要的工作细节——时间，它不是现实世界的时间，而是CA的运行所需的时间段，也可以称为代（generation），在本例中，时间就是动画的帧数。上面的几幅图展示了CA在第0代的状态。对此，我们需要问自己几个问题：如何计算细胞在第1代的状态，如何计算第2代以及后面几代的状态？

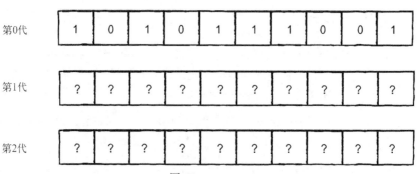

图   7-6

假设在CA中有个细胞，我们称之为CELL。CELL在第t代的状态计算公式如下：

CELL在第t代的状态 = f(CELL的邻居在第t–1代的状态)

这意味着：细胞的新状态是一个函数，函数的参数是邻居在上一代的状态。我们可以根据邻居先前的状态计算出该细胞的新状态。

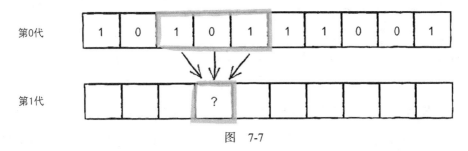

图 7-7

在细胞自动机世界里，细胞状态有多种计算方式。图像模糊处理算法和CA规则类似：某个像素的新状态（也就是它的颜色）等于所有邻居像素颜色的平均值。我们也可以让细胞的新状态等于邻居状态的加和。在Wolfram的初等CA模型中，我们就用这种简化方式计算细胞状态：枚举邻居细胞的所有状态组合，对每种可能的情况建立结果映射。这么做看起来有些荒谬——如果出现数不胜数的可能情况，实现起来会很麻烦，甚至难以实现，尽管如此，我们还是要试试。

假设有3个细胞，每个细胞的状态都是0或1。这3个状态相互组合能出现多少种情况？根据二进制运算的知识，这3个细胞代表3个比特位，它们能形成8种组合：

000　001　010　011　100　101　110　111

图 7-8

枚举完邻居的所有状态组合之后，我们需要为每种情况建立结果（新的状态值：0或1）映射。

000	001	010	011	100	101	110	111
↓	↓	↓	↓	↓	↓	↓	↓
0	1	0	1	1	0	1	0

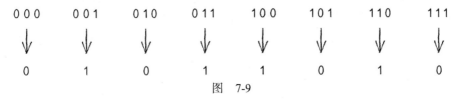

图 7-9

标准的Wolfram模型从第0代开始，最中间细胞的初始状态是1，而其他细胞的初始状态是0。

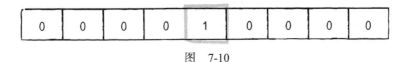

图 7-10

根据上面的规则，推算一个给定的细胞（我们选择最中间的细胞）在第1代会发生怎样的状态变化。

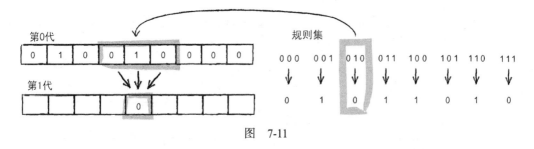

图　7-11

我们把同样的逻辑作用在所有细胞上，然后填补空白的细胞状态。

得到新一代细胞的状态后，我们可以为它们着色，用白色方块表示0，用黑色方块表示1；然后把每代细胞堆叠在一起，让新一代细胞显示在旧一代的下面。

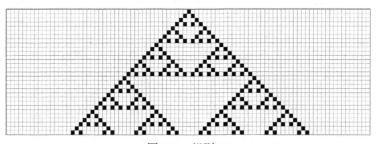

图7-12　规则90

这个低分辨率图案称为"谢尔宾斯基三角形"，以波兰数学家瓦茨瓦夫·谢尔宾斯基的名字命名，这是一种分形图案。我们将在下一章学习分形。我们可以从上图看出：一个由0和1组成的简单系统，只要根据3个邻居细胞的状态，就可以生成复杂的谢尔宾斯基三角形。下面我们再尝试一次，这次用一个像素表示细胞，画一幅分辨率更高的图案。

图7-13　规则90

这样的结果并不是偶然出现的，因为上面的规则能产生这种图案，所以我故意选择它作为示例规则。图7-8中一共有8种可能的组合,因此我们可以根据这8种组合定义一套规则。

这套规则可以表示为:

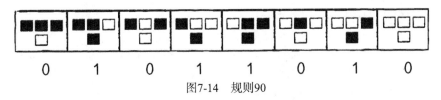

图7-14 规则90

8个0和1就是一个8位数,而8位数字共能产生256种组合。RGB色彩分量就是用8位表示的:分别由8位表示红色、绿色和蓝色分量。也就是说,我们可以用一个介于0~255的整数表示颜色强度(共有256种可能)。

Wolfram初等CA也有256种可能的规则。而上图所示的规则通常称为"规则90",因为二进制序列01011010转化为十进制后就等于90。下面我们来看看另一种规则。

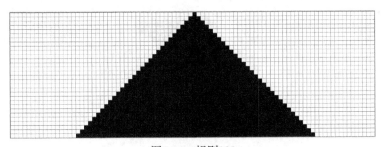

图7-15 规则222

正如我们现在所看到的,并不是所有的规则都能产生有趣的视觉效果。在256种规则中,只有少数能产生引人注目的结果。但不可思议的是:通过某些规则,一个如此简单的CA模型甚至可以产生自然界常见的图案(如图7-16所示),由此可以看出,CA系统在模拟和图案生成方面至关重要。

图7-16 锥形蜗牛(织锦芋螺),摄于澳大利亚的大堡礁,2005年8月7日,
摄影师为Richard Ling,richard@research.canon.com.au

在学习更多Wolfram规则之前，我们要先掌握用Processing Sketch创建和可视化Wolfram CA模型的方法。

7.3   如何编写初等细胞自动机

你也许会想："我知道模拟细胞的思路，它有一些属性（状态、迭代次数、邻居细胞和在屏幕上的像素位置）。除此之外，它可能还有一些功能（显示自身、产生新状态）……"这样的思路是正确的，它可能会引导你写出以下代码：

```
class Cell {

}
```

但我们不想采用这种方法。在本章的后面，我们会讨论面向对象方法在CA模拟上的重要性；但在最开始，本例可以使用更初级的数据结构。毕竟，这个初等CA只是由"0和1"构成的状态列表，我们可以用一个数组表示CA的一次迭代。

图   7-17

```
int[] cells = {1,0,1,0,0,0,0,1,0,1,1,1,0,0,0,1,1,1,0,0};
```

为了绘制这个数组，我们可以根据元素的状态填充对应的颜色。

```
for (int i = 0; i < cells.length; i++) {          遍历每个细胞
    if (cells[i] == 0) fill(255);
    else fill(0);                                  根据状态（0或1）填充细胞颜色
    stroke(0);
    rect(i*50,0,50,50);
}
```

现在，我们用数组描述一次迭代（只考虑"当前"的迭代）的细胞状态，下面还要引入计算下一次迭代的机制。我们先用伪代码表示当前要做的事。

对数组中的每个细胞：

❑ 获取邻居的状态——左右两边的细胞和自身的状态；
❑ 根据先前设定的规则查询新的状态；
❑ 把细胞的状态设为新值。

这段伪代码可能会指引你写出这样的代码：

```
for (int i = 0; i < cells.length; i++) {          对数组中的每个细胞 ……


    int left = cell[i-1];                         获取邻居的状态
```

```
    int middle = cell[i];
    int right  = cell[i+1];

    int newstate = rules(left,middle,right);    根据先前设定的规则查询新的状态
    cell[i] = newstate;                         把细胞的状态设为新值
}
```

我们已经非常接近正确答案了，但还是出现了一个很大的失误。先回顾一下到目前为止我们做了哪些事情。

我们轻易地取得了邻居细胞的状态，因为数组是一个有序列表，我们可以通过下标的数值获取相邻的细胞。比如，下标为15的细胞，它左边细胞的下标是14，右边细胞的下标是16。推广到一般情况下，我们可以说：对于细胞i，它的邻居是$I-1$和$I+1$。

我们还引入了一个rules()函数，用于计算新状态值。很显然，该函数还有待完成，但关键是我们使用了一种模块化的实现方式。也就是说，这是一个CA的基本框架，如果后续变更了状态变化规则，我们不需要更改这个框架，只需简单地重写rules()函数，用一种不同的方式计算新状态即可。

那我们到底做错了什么？来看看代码的执行过程：首先，我们操作下标等于0的元素，它左边邻居的下标是－1，其自身下标为0，右边邻居的下标是1。然而，数组没有下标为－1的元素，一个数组是从0开始的。这个问题在前面已经有所提及，也就是边界情况。

如何处理没有左右邻居的边界细胞？现在有3种解决方案可供选择。

(1) 让边界细胞的状态是常量。这也许是最简单的方案，我们不需要管任何边界细胞，只需让它们保持常量状态（0或1）。

(2) 边界环绕。把CA想象成一张纸条，把纸条两端相连，变成一个环。如此一来，最左边的细胞和最右边细胞就成了邻居，反过来也是如此。用这种方法我们可创建出无限网格的外形，这或许也是最常用的解决方案。

(3) 边界细胞有特殊的邻居和计算规则。我们可以将边界细胞区别对待，为其创建特殊的规则：让它们只有两个邻居。在某些情况下，你可能会这么做，但是在本例中，这么做会引入很多额外代码，收益却很少。

为了让代码尽可能地易读易理解，我们采用第一种方案：直接略过边界细胞，让它们的状态保持常量。这种方案的实现很简单，只需要让循环从下标1开始，并提前一个元素结束：

```
for (int i = 1; i < cells.length-1; i++){      忽略第一个和最后一个细胞的循环

    int left   = cell[i-1];
    int middle = cell[i];
    int right  = cell[i+1];
    int newstate = rules(left,middle,right);
    cell[i] = newstate;
}
```

7

在大功告成之前，我们还要修复一个问题。这个问题很微妙，它不会产生任何编译错误，却会让CA产生错误的运算结果。在CA实现技术中，认识这个问题至关重要。问题来自以下代码：

```
cell[i] = newstate;
```

这行代码看起来并没有错误：一旦我们得到新状态，确实需要将它赋给当前细胞。但在下一次迭代中，你会发现一个严重的漏洞。比方说，我们刚刚计算完细胞#5的新状态。接下来要计算细胞#6的新状态：

```
细胞#6，第0代的状态 = 0或1
细胞#6，第1代的状态 =f(细胞#5、细胞#6和细胞#7在"第0代"的状态)
```

注意，为了计算细胞#6在第1代的状态，我们需要用到细胞#5在第0代的状态。细胞的新状态是以邻居先前状态为参数的函数。但我们还知道细胞#5在第0代的状态吗？注意，在i等于5时，以下代码已经执行：

```
cell[i] = newstate;
```

这行代码一旦执行，我们就再也无法得到细胞#5在第0代的状态了，数组中下标为5的元素存放的是第1代的状态。在遍历数组的过程中，我们不能覆盖它的值，因为需要用这些值计算下一个元素的新状态。这个问题的解决方案是：使用两个数组，一个数组用于保存当前代的状态，另一个数组用于保存下一代的状态。

```
int[] newcells = new int[cells.length];          用另一个数组保存下一代状态

for (int i = 1; i < cells.length-1; i++) {
    int left = cell[i-1];                        从当前数组获取细胞状态
    int middle = cell[i];
    int right = cell[i+1];

    int newstate = rules(left,middle,right);
    newcells[i] = newstate;                      在新数组中保存新状态
}
```

处理完数组的每个元素后，我们就可以丢弃旧的数组，让它的值等于新数组。

```
cells = newcells;                                新一代状态变成了当前代状态
```

快要大功告成了，还差rules()函数没有实现，这个函数的功能是根据邻居（左边、自身和右边的细胞）计算当前细胞的新状态。它的返回值是一个整数（0或1），有3个参数（3个邻居）。

```
int rules (int a, int b, int c) {                函数有3个整型参数，返回值为整数1
```

这个函数的实现方式有很多种，但我打算从一个较为烦琐的方法开始。在实现过程中，我会说明所有细节。

首先，我们需要建立规则的存储方式。在上一节中，我们说到规则是8位（0或1）的二进制数，它定义了每种邻居组合对应的结果值。

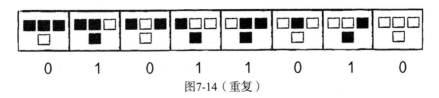

图7-14（重复）

我们可以用数组存储这些规则。

```
int[] ruleset = {0,1,0,1,1,0,1,0};
```

然后：

```
if (a == 1 && b == 1 && c == 1) return ruleset[0];
```

如果左边、自身和右边细胞的状态都为1，函数就返回组合"111"对应的结果，也就是规则数组中的第一个元素。下面，我们用这种方法实现所有可能的组合：

```
int rules (int a, int b, int c) {
    if      (a == 1 && b == 1 && c == 1) return ruleset[0];
    else if (a == 1 && b == 1 && c == 0) return ruleset[1];
    else if (a == 1 && b == 0 && c == 1) return ruleset[2];
    else if (a == 1 && b == 0 && c == 0) return ruleset[3];
    else if (a == 0 && b == 1 && c == 1) return ruleset[4];
    else if (a == 0 && b == 1 && c == 0) return ruleset[5];
    else if (a == 0 && b == 0 && c == 1) return ruleset[6];
    else if (a == 0 && b == 0 && c == 0) return ruleset[7];

    return 0;                                  为了让函数的定义合法，必须加上这个返回值，虽
                                               然我们知道不可能出现不符合这8种情况的状态组
                                               合，但Processing并不会这么认为

}
```

我喜欢这种实现方式，因为它把每种邻居组合都描述清楚了。但这不是一个好方案。如果CA中的细胞有4种可能的状态（0~3），这样就会有64种可能的邻居状态组合；如果有10种可能的状态，邻居细胞的状态组合将达到1000种。我们肯定不想输入1000行这样的代码！

另一种解决方案有点难以理解，就是把邻居状态的组合（3位二进制数）转换成一个普通整数，并把该值作为规则数组的下标。实现方式如下：

```
int rules (int a, int b, int c) {
    String s = "" + a + b + c;                 将3位转化为字符串

    int index = Integer.parseInt(s,2);         第二个参数"2"告诉parseInt()函数要把s
                                               当成二进制数

    return ruleset[index];
}
```

然而，这里还有一个小问题，假如我们正在实现规则222：

```
int[] ruleset = {1,1,0,1,1,1,1,0};                          规则222
```

对于邻居状态组合"111"，它对应的规则数组下标应该是0，就像第一种实现方式中写的：

```
if (a == 1 && b == 1 && c == 1) return ruleset[0];
```

组合"111"转化为整数后等于7；但我们并不想取ruleset[7]，而是想要ruleset[0]的值。为了解决这个问题，我们需要用相反的顺序保存规则集。

```
int[] ruleset = {0,1,1,1,1,0,1,1};                          规则222的"逆"序表示
```

到目前为止，我们已经实现了初等CA新状态的计算。下面我们再花点时间把这些代码放到一个类中，这有助于Sketch程序的代码组织。

```
class CA {
    int[] cells;                                            我们需要两个数组，一个用来存放细胞，另一个用
                                                            来存放规则
    int[] ruleset;

    CA() {
        cells = new int[width];
        ruleset = {0,1,0,1,1,0,1,0};                        随意选取规则90

        for (int i = 0; i < cells.length; i++) {
            cells[i] = 0;
        }
        cells[cells.length/2] = 1;                          除了中间的细胞以状态1开始，其余所有细胞都从状
                                                            态0开始

    }

    void generate() {
        int[] nextgen = new int[cells.length];              计算下一代状态
            for (int i = 1; i < cells.length-1; i++) {
            int left = cells[i-1];
            int me = cells[i];
            int right = cells[i+1];
            nextgen[i] = rules(left, me, right);
        }
        cells = nextgen;
    }

    int rules (int a, int b, int c) {                       在规则集中查询新状态
        String s = "" + a + b + c;
        int index = Integer.parseInt(s,2);
        return ruleset[index];
    }
}
```

7.4 绘制初等 CA

还少些什么？我们的最终目标是用可视化方式展现这些细胞和状态。正如在前面所看到的，标准的画法是让每一代细胞都堆叠在一起，并根据它们的状态绘制黑色（状态1）和白色（状态0）的矩形。

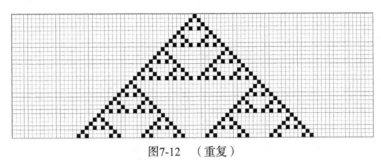

图7-12   （重复）

在实现可视化显示之前，我想指出两点。

第一，这种数据可视化方式只有表面上的意义。它只是为了展示Wolfram初等CA背后的算法原理和运行结果，我不想迫使你也必须这么做。你并不需要严格按照这个算法和可视化方式。学习这种实现方式只是为了更好地理解和实现CA，它只是一种技术铺垫。

第二，用二维的图像显示一维CA，这可能会让你感觉一头雾水。请记住，这不是一个二维CA。我们只是用纵向堆叠的方式显示细胞的演化历史。本例根据多个一维数据实例生成二维图像，但是系统本身是一维的。后面，我们会学习真正的二维CA（生命游戏），然后讨论如何显示二维CA系统。

好消息是：绘制CA模型并不困难。我们先来看看如何渲染其中的一代细胞。假设Processing窗口的宽度是600像素，每个细胞都对应一个10 × 10的方块，因此整个CA共有60个细胞。当然，我们可以动态地计算这些值。

```
int w = 10;
int[] cells = new int[width/w];          计算当前宽度能容纳的细胞数
```

假设细胞的初始状态已经产生了（我们已在前一节做过这件事），下面我们就遍历整个细胞数组，如果细胞的状态为1，就绘制黑色方块；如果为0，就绘制白色方块。

```
for (int i = 0; i < cells.length; i++) {

    if (cells[i] == 1) fill(0);          黑色还是白色？
    else               fill(255);
    rect(i*w, 0, w, w);                  X坐标等于细胞下标乘以细胞宽度，在以上实现中，
                                         我们会得到X坐标等于0、10、20、30……一直到
                                         600
}
```

实际上，我们可以做一些优化：把窗口的背景色设为白色，只画黑色的方块（这样就省去画白色方块的步骤），但在大部分场景下，上面的做法已经足够好了（它还能应对更复杂的需求，比如有颜色发生变化）。除此之外，如果改用单个像素表示每个细胞，我们就不能简单地调用Processing的rect()函数，而应该直接访问像素阵列。

在上面的代码中，你会注意到每个方块的y坐标都是0。如果想让每一代都彼此相连，并用每一行表示新一代细胞，我们还需要根据已执行的迭代数计算y坐标。为了实现这一点，我们需要在CA类中增加一个generation变量，在generate()函数中递增这个变量。加上以上实现后，我们就有了一个包含计算和显示特性的CA模型。

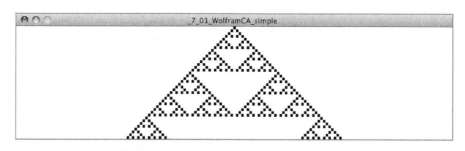

示例代码7-1   Wolfram初等细胞自动机

```
class CA {
    int[] cells;
    int[] ruleset;
    int w = 10;

    int generation = 0;                              CA必须记录当前的迭代次数

    CA() {
        cells = new int[width/w];
        ruleset = {0,1,0,1,1,0,1,0};
        cells[cells.length/2] = 1;
    }

    void generate() {                                计算下一代状态
        int[] nextgen = new int[cells.length];
        for (int i = 1; i < cells.length-1; i++) {
            int left  = cells[i-1];
            int me    = cells[i];
            int right = cells[i+1];
            nextgen[i] = rules(left, me, right);
        }
        cells = nextgen;
        generation++;                                递增迭代计数器
    }
    int rules(int a, int b, int c) {
    String s = "" + a + b + c;
```

```
    int index = Integer.parseInt(s,2);
    return ruleset[index];
}

for (int i = 0; i < cells.length; i++) {
    if (cells[i] == 1) fill(0);
    else              fill(255);
    rect(i*w, generation*w, w, w);        根据迭代次数设置y坐标
}
}
```

练习 7.1

请扩展示例代码7-1，让它具有以下特性：一旦CA运行到屏幕的底部，立即按照一个新的随机规则集开始迭代。

练习 7.2

请用随机状态初始化第一代细胞，检查它能产生什么样的图案。

练习 7.3

请用一种非传统的方式展示CA，尽可能地打破现有的思维方式，不要拘泥于网格中的黑白方块。

练习 7.4

请创建一个向上滚动的CA可视化程序，由此查看CA模型的"无限"迭代。提示：你需要保存迭代历史状态，而不是只存储一次迭代的细胞状态。在每一帧里添加新的迭代，并且删除最旧的迭代。

7.5 Wolfram 分类

在学习二维CA之前，我们有必要看看Wolfram的细胞自动机分类。正如前面所提到的，大量的CA规则集产生的结果并不能引起我们的兴趣，而有一些规则集则能产生自然界存在的复杂图

案。Wolfram把这些运行结果分成4种类型。

图7-18   规则222

类别1：统一   经历若干次迭代之后，类别1的细胞状态变成了常量。这样的结果不会让人眼前一亮。上图的规则222就属于该类。执行多次迭代之后，每一个细胞最终都将保持黑色。

图7-19   规则190

类别2：重复   和类别1相似，类别2最后也会保持稳定，但每个细胞的状态并不是常量。相反，它们的状态在0和1之间来回变化。在上图的规则190中，每个细胞的状态序列都是11101110111011101110。

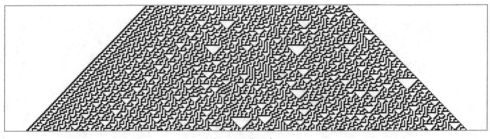

图7-20   规则30

类别3：随机   这类CA的状态变化是随机的，我们无法摸清其规律。在Wolfram的Mathematica软件中，上图的规则30被用作随机数生成器。我们再一次感到惊讶：简单的系统，在如此简单的规则作用下，居然能产生复杂和混乱的模型。

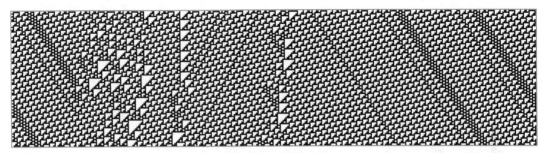

图7-21 规则110

类别4：复杂 类别4可以当作类别2和类别3的混合，其中有重复和交替的图案，但这些图案的出现是不可预测的，并且表面上看起来是随机的。这种CA展示了本章和第6章提到的复杂系统的特性。如果说第三种CA已经令你足够惊讶，上图的规则110肯定会让你觉得叹为观止。

> **练习7.5**
>
> 创建一个 Sketch 程序，保存每种规则集产生的图案，然后对它们进行分类。

7.6 生命游戏

下一步，我们要把注意力转向二维CA。二维CA会引入额外的复杂度：每个细胞将有更多邻居，同时也为更多的应用场景开启了大门。毕竟，计算机图形学的大部分应用都是二维的，而本章将展示如何把CA思想应用到Sketch的图形绘制中。

在20世纪70年代，马丁·加德纳在《科学美国人》杂志上写了一篇文章，其中引用了数学家约翰·康威的新"生命游戏"模型，并称之为"娱乐"的数学，他还建议读者拿出棋盘试玩这个游戏。现在，生命游戏早已经成为陈词滥调（有无数项目专门把生命游戏模型显示在各种屏幕上），但我们仍有必要从头开始构建"生命游戏"模型，因为它让我们有机会实践各种编程技术，如二维数组及面向对象编程。但更重要的是，它的核心原理直接关系到我们的最终目标——用代码模拟大自然。虽然我们不喜欢复制别人的实现方式，但这些实现背后的算法和技术将为我们提供更多灵感和基础，有助于我们以后模拟生物繁殖的特性和行为。

冯·诺依曼喜欢用非常复杂的状态和规则描述问题，约翰·康威则有所不同，他喜欢用最简单的规则实现"类生命"系统。马丁·加德纳概述了康威的论点。

"(1)没有初始模式可以很简单地证明个体数量能无限制增长。(2)存在某种可以无限制增长的初始模式。(3)存在某种简单的初始模式，在数次迭代之后，最终变成3种可能情况：完全消失（由于过于拥挤或者松散）、固定下来保持不变，或者进入以一定周期不断重复循环的振荡阶段。"

——马丁·加德纳，《科学美国人》（http://www.ibiblio.org/life
patterns/october1970.html），223（1970年10月）：120-123

上面的文字看起来有些神秘，但它从本质上描述了Wolfram提出的4种CA分类。CA应该有固定的模式，但这种模式是无法预测的，随着时间推进，它最终会进入统一或来回交替的状态。也就是说，康威的模型拥有复杂系统的所有特性，尽管他当时没有使用这个术语。

让我们看看生命游戏的工作原理，这不需要花费太多时间和篇幅，因为我们已经掌握了CA的基础知识。

首先，我们要面对的是一个二维细胞矩阵，而不是一行细胞。对于初等CA模型，每个细胞可能的状态都是0或1。在本例中，我们讨论的是"生命"的游戏，因此0代表"死亡"，1代表"活着"。

细胞的邻居也被扩展了。如果邻居是相邻的细胞，现在我们有9个邻居细胞，而非原先的3个。

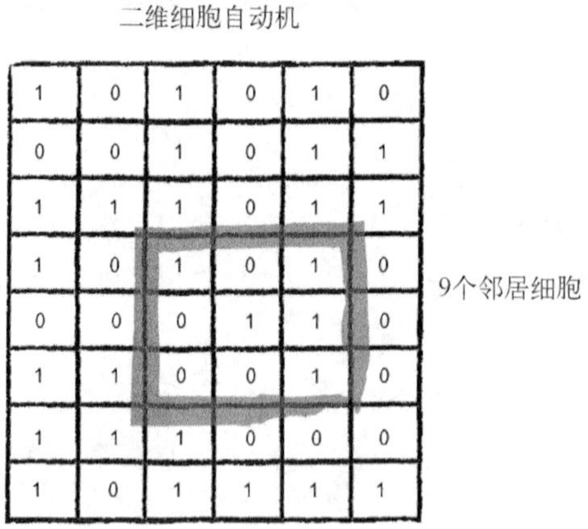

二维细胞自动机

图　7-22

在只有3个邻居的情况下，状态组合可以用一个3位的二进制数表示，也就是8种可能的组合。现在有9个邻居细胞，对应9位的二进制数，也就是512种可能的状态组合。在大多数情况下，为这512种组合分别定义结果是不可行的。生命游戏根据邻居的一般特征制定了一套规则，从而克服了这一问题。生命游戏的生存规则类似于以下问题：周围的个体数量是否过剩，是否被死亡的个体包围，还是刚刚好？

(1) **死亡**　如果某个细胞处于"活着"状态（状态为1），在以下情况下，将会变成"死亡"状态（状态变为0）。

- ❑ **群体过剩** 如果细胞有4个及以上的邻居处于"活着"状态，则该细胞死亡。
- ❑ **孤独** 如果"活着"的邻居数量等于或少于1个，则细胞死亡。

(2) **新生** 处于"死亡"状态（状态为0）的细胞，如果它周围刚好有3个"活着"的邻居，则它也会变为"活着"状态。

(3) **静止** 在其他情况下，细胞的状态保持不变。让我们列举所有这样的场景。

- ❑ **保持"活着"** 如果细胞是"活着"的，而且周围有2个或3个活着的邻居，它将继续"活着"。
- ❑ **保持"死亡"** 如果细胞是"死亡"的，而且周围"活着"的邻居数不等于3，它将继续保持"死亡"状态。

让我们来看几个例子。

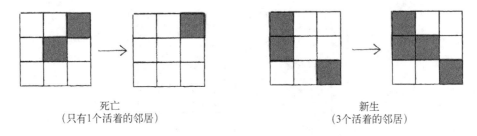

死亡
（只有1个活着的邻居）

新生
（3个活着的邻居）

图　7-23

在初等CA中，我们将每次迭代的细胞状态堆叠在一起，形成一个二维网格。然而，在生命游戏中，CA本身就是二维的。同样地，我们可以把每一次迭代用立体结构堆叠在一起，形成一个三维的CA可视化视图（你可以在练习中完成这个任务）。但对生命游戏而言，典型的可视化方式是用一帧动画表示一次迭代。因此，在某一时刻，我们只能看到一次迭代的细胞状态，而无法看到所有迭代的状态，整个运行结果看起来像是培养皿中快速生长的细菌。

生命游戏具有一个有趣的特性：某些初始图案能带来奇妙的结果。例如，以下图案在迭代中保持静止，不会发生任何改变。

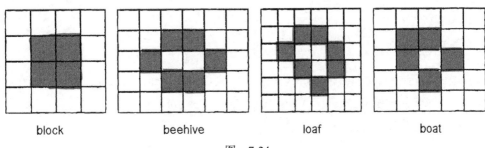

block   beehive   loaf   boat

图　7-24

还有一些图案将会在两个状态之间交替出现：

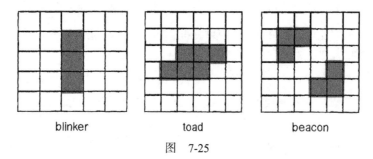

blinker　　　　　　　　toad　　　　　　　　beacon

图　7-25

也有一些图案，会在迭代过程中发生移动。（需要注意的是：我们看到的图案移动是细胞生死交替产生的视觉结果，细胞本身并没有发生移动。）

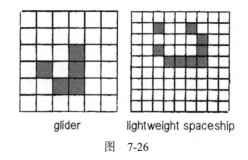

glider　　　lightweight spaceship

图　7-26

如果你对这些图案感兴趣，网上有很多"开箱即用"的生命游戏演示程序，你可以在里面设置CA的初始状态，观察它在各种速度下的运行效果。下面推荐两个在线程序：

❏ Exploring Emergence（http://llk.media.mit.edu/projects/emergence/），开发者是麻省理工学院媒体实验室Lifelong Kindergarten小组的Mitchel Resnick和Brian Silverman；

❏ Conway's Game of Life （http://stevenklise.github.com/ConwaysGameOfLife），开发者是Steven Klise，开发工具是Processing.js！

在下一节中，我们将从头开发一个生命游戏程序，为了尽可能简单，我希望随机设置每个细胞的状态。

7.7　编写生命游戏

现在，我们需要将之前的Wolfram CA扩展到二维空间。前面我们用一维数组存放细胞的状态，在生命游戏中，我们需要用二维数组（http://www.processing.org/learning/2darray/）表示细胞状态。

```
int [][] board = new int[columns][rows];
```

首先，我们用随机的状态值（0或1）初始化board数组中的每个细胞。

```
for (int x = 0; x < columns; x++) {
    for (int y = 0; y < rows; y++) {
        current[x][y] = int(random(2));          用0或1初始化每个细胞
    }
}
```

为了计算下一次迭代，就像以前一样，我们需要一个新的二维数组。并在遍历过程中将新状态写入这个数组。

```
int[][] next = new int[columns][rows];
for (int x = 0; x < columns; x++) {

    for (int y = 0; y < rows; y++) {

        next[x][y] = _____?;          为每个细胞设置新状态

    }
}
```

在研究新状态的计算方法之前，我们要先搞清楚如何引用邻居细胞。在一维CA中，引用邻居细胞很简单：如果细胞的下标是1，那么邻居的下标就是 $i-1$ 和 $i+1$。在二维CA中，每个细胞都有两个下标：列下标 x 和行下标 y。如图7-27所示，细胞的邻居分别为：$(x-1, y-1)$、$(x, y-1)$、$(x+1, y-2)$、$(x-1, y)$、$(x+1, y)$、$(x-1, y+1)$、$(x, y+1)$和$(x+1, y+1)$。

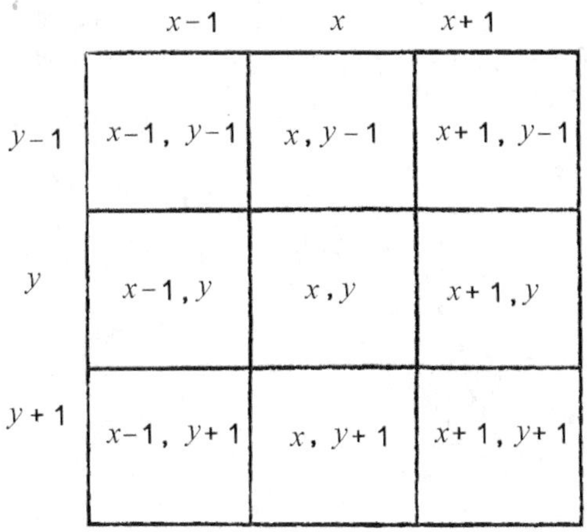

	$x-1$	x	$x+1$
$y-1$	$x-1, y-1$	$x, y-1$	$x+1, y-1$
y	$x-1, y$	x, y	$x+1, y$
$y+1$	$x-1, y+1$	$x, y+1$	$x+1, y+1$

图 7-27

在生命游戏中，所有规则都只涉及"活着"的邻居细胞的数量。因此，我们可以引入一个邻居计数器变量，每次发现一个"活着"的邻居，就递增这个变量，最后就能得到"活着"的邻居的总数。

```
int neighbors = 0;

if (board[x-1][y-1] == 1) neighbors++;          最顶行的邻居
```

```
if (board[x  ][y-1] == 1) neighbors++;
if (board[x+1][y-1] == 1) neighbors++;


if (board[x-1][y]   == 1) neighbors++;          中间的邻居（不包括自身）
if (board[x+1][y]   == 1) neighbors++;


if (board[x-1][y+1] == 1) neighbors++;          最底行的邻居
if (board[x  ][y+1] == 1) neighbors++;
if (board[x+1][y+1] == 1) neighbors++;
```

如同Wolfram CA，上面的实现方式在教学方面非常有用，它让我们看到了每一个计算步骤（每次找到一个状态为1的邻居，就递增计数器）。但是，"如果细胞状态等于1，则让计数器加1"和"计数器加上细胞状态"这两种描述是等价的，只是后者比前者更巧妙。毕竟，如果细胞只有0和1两个状态，所有邻居细胞状态的和就等于"活着"的邻居的总数。由于邻居处在一个3 × 3的网格内，我们可以把这一步放到另一个循环中。

```
for (int i = -1; i <= 1; i++) {
    for (int j = -1; j <= 1; j++) {
        neighbors += board[x+i][y+j];          将所有邻居的状态相加
    }
}
```

上面的代码中有一个错误，在生命游戏中，细胞并不是自己的邻居。因此我们应该加一个条件判断语句：如果i和j同时等于0，则跳过当前邻居；但还有另一种方案，就是在结束循环时再减去自身的状态。

```
neighbors -= board[x][y];                      减去自身的状态，我们不想把自身也包括在内
```

最后，一旦知道"活着"邻居的总数，我们下一步要做的就是确定细胞的新状态，也就是实现生命游戏的规则：新生、死亡或者静止。

```
if     ((board[x][y] == 1) && (neighbors < 2)) {    如果细胞活着，但活着的邻居少于两个，它就因孤
                                                    独而死去
    next[x][y] = 0;
}


else if ((board[x][y] == 1) & (neighbors > 3)) {    如果细胞活着，但活着的邻居多于3个，它就因为个
                                                    体过剩而死亡
    next[x][y] = 0;
}


else if ((board[x][y] == 0) && (neighbors == 3)) {  如果细胞的状态为死亡，但它有3个活着的邻居，则
                                                    重生
    next[x][y] = 1;
}
```

```
else {
    next[x][y] = board[x][y];
}
```
其他情况下，细胞的状态保持不变

把以上代码合在一起：

```
int[][] next = new int[columns][rows];
```
下一代状态

```
for (int x = 1; x < columns-1; x++) {
    for (int y = 1; y < rows-1; y++) {
```
遍历所有细胞，但跳过边缘细胞

```
        int neighbors = 0;
```
将所有邻居的状态相加，计算活着的邻居数量

```
        for (int i = -1; i <= 1; i++) {
            for (int j = -1; j <= 1; j++) {
                neighbors += board[x+i][y+j];
            }
        }
```

```
        neighbors -= board[x][y];
```
减去自身状态

生命游戏规则
```
        if      ((board[x][y] == 1) && (neighbors < 2)) next[x][y] = 0;
        else if ((board[x][y] == 1) && (neighbors > 3)) next[x][y] = 0;
        else if ((board[x][y] == 0) && (neighbors == 3)) next[x][y] = 1;
        else next[x][y] = board[x][y];
    }
}
```

```
board = next;
```
next数组变成了当前状态

下一代状态计算完成后，我们就可以用之前的方法绘制生命游戏——黑色方块代表"活着"，白色方块代表"死亡"。

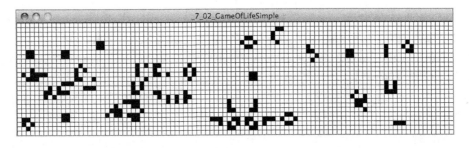

示例代码7-2　生命游戏

```
for ( int i = 0; i < columns;i++) {
    for ( int j = 0; j < rows;j++) {
```
如果状态=1，就绘制黑色方块

```
    if ((board[i][j] == 1)) fill(0);
    else fill(255);                          如果状态为0，就绘制白色方块
    stroke(0);

    rect(i*w, j*w, w, w);
  }
}
```

练习 7.6

请创建这样的生命游戏模型，让你可以手动地配置或用特定的已知模式配置网格。

练习 7.7

请实现"环绕"的生命游戏模型，让相反边界的细胞互为邻居。

练习 7.8

尽管上面的解决方案很方便，但在内存使用上不够高效，因为它在每一帧都会创建一个新的二维数组！对于 Processing 桌面程序，这么做并不会很大的问题；但如果在移动设备上运行这段程序，你就要小心了。对此有一种解决方案，即只创建两个数组，在运行过程中替换它们，把新的状态写入当前没用到的数组。请你实现这一方案。

7.8　面向对象的细胞实现

在前 6 章的课程中，我们一步步创建了很多示例程序，这些程序都是由对象组成的系统，其中的对象具有运动相关特性。在本章，虽然我们一直把"细胞"当成对象，实际上却没有在代码中使用任何面向对象技术（除了描述整个 CA 系统的 CA 类）。由于细胞的构造足够简单（仅仅是一个比特），因此程序可以用这种方式顺利地实现。但在后面的工作中，我们将为 CA 系统添加一些扩展特性，其中很多都涉及细胞的多个属性，比如：让细胞记住最近的 10 个状态；在 CA 系统中加入运动和物理学特性，让细胞能在屏幕中移动，在每一帧里动态地改变它的邻居。请问，这些特性该如何实现？

为了实现上述（或更多）的需求，我们应该把细胞当成具有多种属性的对象，而不仅仅是 0 或 1。接下来我们要重新实现生命游戏的模拟。首先要把：

```
int[][] board;
```

替换成：

```
Cell[][] board;
```

这里的Cell是一个类，下面我们将实现这个类。一个细胞对象有哪些属性？在本例中，每个细胞都有一个位置和大小，当然还有状态。

```
class Cell {

    float x,y;                        位置和尺寸
    float w;


    int state;                        细胞的状态是什么？
```

在非面向对象版本中，我们用两个不同的二维数组存放当前和下一代的状态。用对象表示细胞后，每个细胞可以同时保存这两个状态。因此，我们希望细胞能记住之前的状态（在计算新状态之前）。

```
    int previous;                     之前一代的细胞状态是什么？
```

这让我们能将更多状态变化信息可视化。比如，我们可以对状态发生变化细胞赋予不同的颜色，如以下代码所示：

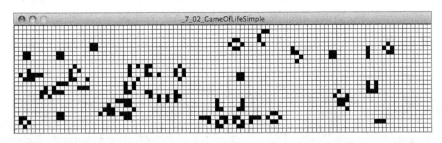

示例代码7-3　面向对象的生命游戏

```
void display() {
    if (previous == 0 && state == 1) fill(0,0,255);   如果细胞重生，涂上蓝色！

    else if (state == 1) fill(0);

    else if (previous == 1 && state == 0) fill(255,0,0)

    else fill(255);                                    如果细胞死亡，涂上红色！

    rect(x, y, w, w);

}
```

剩下的代码（在现有需求下）不需要进行太多改动。我们仍然需要对邻居细胞计数，不同的是：在遍历二维数组的过程中，本例要引用对象状态变量。

```
for (int x = 1; x < columns-1; x++) {
    for (int y = 1; y < rows-1; y++) {
        int neighbors = 0;
        for (int i = -1; i <= 1; i++) {
            for (int j = -1; j <= 1; j++) {
                neighbors += board[x+i][y+j].previous;    使用之前的状态统计邻居的存活数量
            }
        }
        neighbors -= board[x][y].previous;

                                            调用newState()函数将新状态赋给每个细胞
        if      ((board[x][y].state == 1) && (neighbors < 2)) board[x][y].newState(0);
        else if ((board[x][y].state == 1) && (neighbors > 3)) board[x][y].newState(0);
        else if ((board[x][y].state == 0) && (neighbors == 3)) board[x][y].newState(1);
                                            否则，什么也不做
    }
}
```

7.9 传统 CA 的变化

现在，我们已经介绍了一维、二维细胞自动机背后的基本概念、算法和编程技术，下面轮到你去思考如何在这些基础上开发有创意的CA应用。在本节，我们将讨论CA特性扩展的思路。你可以在本书的官方网站找到本节相关练习题的解答。

(1) **非矩形网格**　没有理由让你只用矩形网格表示CA中的细胞。如果用其他形状表示CA中的细胞，效果会是怎样的？

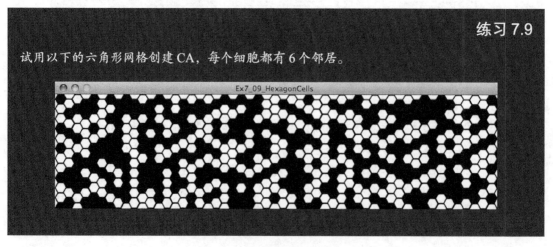

练习7.9

试用以下的六角形网格创建CA，每个细胞都有 6 个邻居。

(2) **概率性**　CA的规则不一定会产生确定的结果。

练习 7.10

用以下规则重新实现生命游戏。

个体过剩：如果细胞有 4 个或更多的活者的邻居，那么它有 80% 的概率会死亡。

孤独：如果细胞有一个或更少的活着的邻居，那么它有 60% 的概率会死去。

……

(3) **连续的**　在前面的例子中，细胞的状态只可能是 0 或 1，假如它的状态是介于 0~1 的浮点数呢?

练习 7.11

改写 Wolfram 初级 CA 模型，让细胞的状态是一个浮点数。你可以定义这样的规则:"如果状态大于 0.5"或者"……小于 0.2"。

(4) **图像处理**　我们在之前简略地接触过这一点，但是大部分图像处理算法和 CA 规则是类似的。模糊化图像就是根据邻居像素的平均值创建新像素。CA 规则可以用于模拟墨水在纸上的浸散效果及图像的水纹效果。

练习 7.12

创建这样的 CA:用每个像素表示单个细胞，像素颜色等于细胞状态。

(5) **历史性**　在面向对象的生命游戏程序中，我们分别用两个变量表示细胞的当前状态和前一代状态。如果你用一个数组存放细胞的状态历史，会有怎样的新特性? 事实上，这种思路常用于开发"复杂自适应系统"，它能从历史学习中不断适配和改变规则。我们会在第 10 章看到这样的示例:神经网络。

练习 7.13

使用以下可视化方式显示生命游戏:根据活着或死亡的时间对细胞着色。你也可以让细胞的状态影响规则。

(6) **移动细胞** 上述基础示例中，细胞在网格中的位置是固定的，但是你也可以创建这样的 CA：细胞的位置不是固定的，它可以在屏幕上移动。

练习 7.14

将 CA 的规则加入上一章的群集系统：每个 Boid 对象都有一个状态（可能会影响它的转向行为），在对象移动的过程中，随着邻居之间的距离发生变化，它们的状态也会发生变化。

---

(7) **嵌套** 复杂系统还有一个特性，即系统之间可以互相嵌套。我们的现实世界就具有这样的特性：城市是由人组成的复杂系统，人是由器官组成的复杂系统，器官是由细胞组成的复杂系统……

练习 7.15

设计这样的 CA：每个细胞都是一个更小的 CA，或是由 Boid 对象组成的群集系统。

生态系统项目

第 7 步练习

把细胞自动机应用到你的生态系统中，你可以按照以下思路进行。

❑ 为每个生物赋予一个状态。思考如何让这个状态驱动它的行为，并按照 CA 的思想，根据周围邻居的状态改变自身的状态。

❑ 把整个生态系统世界当作一个 CA，生物从某个方块区域移动到另一个区域，每个区域都有自己的状态——陆地、水或食物。

❑ 用 CA 产生的图案设计生物外形。

第8章

分　形

"病态的怪物！恐怖的数学家在嘶叫，它们每个在我眼里都是刺

我讨厌皮亚诺空间和科赫曲线

我害怕康托尔三分点集

谢尔宾斯基垫片让我想哭泣

一百万英里之外有一只蝴蝶在扇动翅膀

在寒冷11月的某一天，一个叫曼德博的人出生了"

　　　　　　　　　——Jonathan Coulton，"Mandelbrot Set"歌词

　　高中时，我们都学过一门名叫《几何学》的课程。在这门课中，我们学习了一维、二维及三维空间中的各种形状，此外还学习了圆周长、矩形面积、点和线之间距离的求解。回顾本书前面的内容，我们一直在学习几何知识，用向量描述物体在平面上的移动。此类几何问题一般称作欧几里得几何，以希腊数学家欧几里得的名字命名。

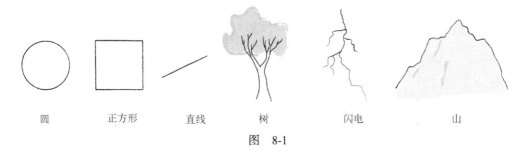

| 圆 | 正方形 | 直线 | 树 | 闪电 | 山 |

图　8-1

　　本书的目的是模拟大自然。对此，我想提出一个问题：仅仅用欧几里得几何能否完美地描述这个世界？毫无疑问，你面前的LCD屏幕是一个矩形，早上吃的李子是圆形的。但如果转头看看路边的大树、树上的叶子、雷暴中的闪电、晚餐食用的西兰花、身体内的血管，以及纽约的山脊线和海岸线……你会发现大自然的大部分物体都不能用理想的欧几里得几何形状表示，因此简单的形状如ellipse()、rect()和line()已经无法满足需求，我们需要用更复杂的图案构建运算化设计模型。本章我们主要学习自然几何背后的概念和模拟技术，也就是分形。

8

8.1　什么是分形

术语分形（源自拉丁文fractus，意思是"破碎"）是数学家本华·曼德博（Benoit Mandelbrot）于1975年提出的。在他的《大自然的分形几何》（*The Fractal Geometry of Nature*）中，分形被定义为"一个粗糙或零碎的几何形状，可以分成数个部分，且每一部分都是整体缩小后的形状（至少近似）"。

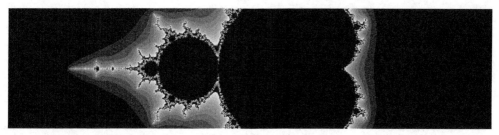

图8-2　最著名且最具代表性的分形图案是以曼德博的名字命名的，也就是上图的曼德博集合。曼德博集合是由复二次多项式迭代生成的。有一个经典的数学论题：曼德博集合到底是无穷的，还是有界限的？这种"逃逸时间"算法和本章所讲的递归技术比起来，实用性较低。但是，本书的代码示例还是包含了生成曼德博集合的例子

让我们用两个简单的例子解释分形的定义。首先，思考树形分支结构（后面我们将用代码实现它）：

图　8-3

注意，在图8-3中每一个树枝的末尾都会分出两个树枝，而这些树枝的末尾也有两个树枝，如此一直延续。假如我们从树上取下一个树枝，然后检查它的形状，会发现什么？

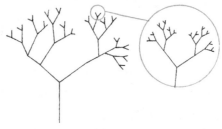

图　8-4

仔细看上面的树枝，我们发现它的形状和整棵树类似。这就是曼德博所说的自相似，每一部分都是"整体缩小后的形状"。

上面这棵树是对称的，而且每个部分都是整体的复制品。但分形不一定是完美的自相似图形。请看下面的这幅股票行情图（取自苹果公司的股票数据）。

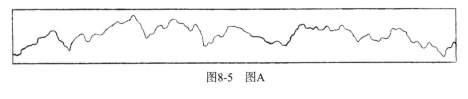

图8-5　图A

图8-6　图B

在上面两幅图中，x轴代表时间，y轴代表股票价格。我故意省略了坐标轴的标题。股票行情图就是一种分形图，因为它在任何时间尺度上看起来都是一样的。不看标题，你无法知道它到底是一年的数据，还是一天的数据，或是一个小时的数据。（顺便说一下，图A是6个月的行情数据，而图B是图A中一小部分的放大图，显示的是6小时的行情。）

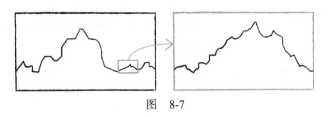

图　8-7

这就是随机分形的一个例子，随机分形指的是根据概率和随机性构建的分形。不同于确定性的树形结构，随机分形只是在数据上有自相似的特性。在本书后面的例子中，我们会同时学习分形图案构建背后的确定性和随机性技术。

尽管自相似是分形的重要特征，但你需要认识到，单纯的自相似并不能构成分形。一条直线也具有自相似的特征，它在任意缩放尺度下看起来都是一样的，而且可以看成是由无数短直线构成的，但直线并不是分形。分形的特点是在小尺度下也有精细的结构（继续缩放股市行情图，你还是会发现数据的波动），而且这个结构不能用欧氏几何描述。如果你可以说"这是一条直线！"，那么这就不是一个分形。

分形几何的另一个基本要素就是递归。分形都有一个递归定义，在学习分形的开发技术和代码示例之前，我们要先学会递归。

8.2　递归

让我们从分形在现代数学的第一次亮相中讨论递归的概念。1883年，德国数学家格奥尔格·康托尔开发了一套用于构建无穷集合的简单规则。

(1)从一条线段开始

(2)去除线段中间的1/3

(3)对剩余的线段不断重复步骤(2)

图8-8　康托尔集

这套规则有一个反馈回路。把一条线段分成两条线段，把得到的线段再分成两条，最终将得到4条线段。再将同样的规则作用在这4条线段上，你会得到8条线段。这种连续地在结果上重复应用某个规则的过程就称为*递归*。康托尔十分关心无数次作用规则后产生的结果。但我们只关心有限的像素空间，通常会忽略无限递归的问题。因此我们应该用代码建立一套有限递归机制，而不是无限地在结果上运用规则（这会让程序崩溃）。

在实现康托尔集之前，我们先看看如何用代码实现递归。以下代码是我们常做的事——在一个函数中调用另一个函数。

```
void someFunction() {
    background(0);                          在函数someFunction()中
                                            调用background()函数
}
```

如果我们在函数中调用自身，会发生什么？上面的someFunction()函数能否调用someFunction()函数？

```
void someFunction() {
    someFunction();
}
```

实际上，这么做不仅是允许的，而且还很常见（在康托尔集的实现中，这还是必不可少的）。调用自身的函数称为*递归函数*，它能有效地解决某些特定问题。某些数学计算就是用递归实现的，最常见的例子就是阶乘。

给定数字*n*的阶乘，通常表示为*n*!，它的定义是：

$$n! = n \times (n-1) \times \ldots \times 3 \times 2 \times 1$$

$$0! = 1$$

我们可以用一个for循环计算阶乘：

```
int factorial(int n) {
    int f = 1;
```

```
    for (int i = 0; i < n; i++) {          使用常规的循环计算阶乘
        f = f * (i+1);
    }
    return f;
}
```

仔细观察，你会发现阶乘计算中一些有趣的东西。让我们来看看4!和3!：

$$4! = 4 \times 3 \times 2 \times 1$$
$$3! = 3 \times 2 \times 1$$

因此：

$$4! = 4 \times 3!$$

用更一般的方式表示，对任意正整数n，都有：

$$n! = n \times (n-1)!$$
$$1! = 1$$

也就是说：

n的阶乘被定义为n乘以$n-1$的阶乘。

阶乘的定义中也包含阶乘？在函数中引用自身就是递归的一个例子。我们可以用调用自身的方式实现阶乘函数。

```
int factorial(int n) {
    if (n == 1){
        return 1;
    } else {
        return n * factorial(n-1);
    }
}
```

这看起来可能很疯狂，但它确实能正常工作。下图表示了factorial(4)的调用过程：

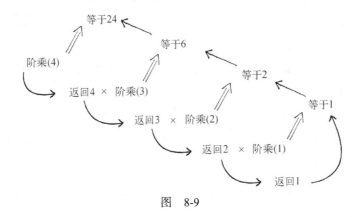

图 8-9

8

把相同的规则作用在图形上，我们就可以得到一些有趣的效果。本章的示例将会展示更多的递归用法。先看看下面这个递归函数：

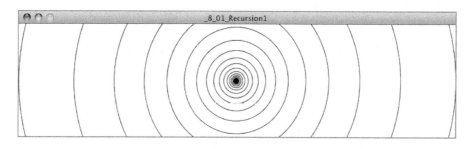

示例代码8-1 递归圆I

```
void drawCircle(int x, int y, float radius) {
    ellipse(x, y, radius, radius);
    if(radius > 2) {
        radius *= 0.75f;
        drawCircle(x, y, radius);                    drawCircle()函数递归地调用自身
    }
}
```

drawCircle()函数的作用是根据传入的参数绘制一个圆。在运行过程中，它会调用自身，传入更改后的参数值，产生的结果是一系列同心圆：每个圆都在前一个圆的内部。

注意：以上函数只有在半径大于2时才会递归调用自己，这是关键点。与循环类似，所有的递归函数都必须有一个退出条件！在循环中，所有的for和while循环必须包含一个布尔表达式，如果计算结果为false，则退出循环。如果没有这个条件，程序将陷入无限循环，最后崩溃。递归也是如此，如果递归函数不停地调用自身，程序的运行结果就是一个没有响应的窗口。

上面这个递归圆程序比较鸡肋，你完全可以用更简单的循环实现它。但是，在某些场景下，函数会多次调用自己。在这时候，递归的实现方式就显得非常优雅。

让我们用更复杂的方式实现drawCircle()函数：对于任意圆圈，在它的左右两边分别画一个半径减半的圆圈。

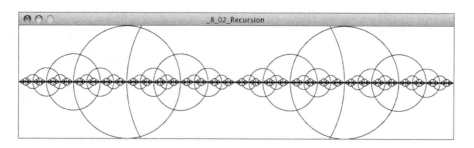

示例代码8-2　两次递归

```
void setup() {
    size(400,400);
    smooth();
}

void draw() {
  background(255);
  drawCircle(width/2,height/2,200);
}

void drawCircle(float x, float y, float radius) {
    stroke(0);
    noFill();
    ellipse(x, y, radius, radius);
    if(radius > 2) {

        drawCircle(x + radius/2, y, radius/2);


        drawCircle(x - radius/2, y, radius/2);

    }
}
```

为了产生分支效果，drawCircle()函数在两处调用自己。对每个圆，它的左右两边分别有一个半径减半的圆

再加上一点代码，我们可以在每个圆顶部和底部也加上新圆。

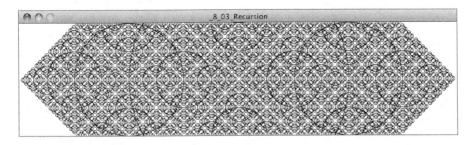

示例代码8-3　4次递归

```
void drawCircle(float x, float y, float radius) {
    ellipse(x, y, radius, radius);
    if(radius > 8) {
        drawCircle(x + radius/2, y, radius/2);
        drawCircle(x - radius/2, y, radius/2);
        drawCircle(x, y + radius/2, radius/2);
        drawCircle(x, y - radius/2, radius/2);
    }
}
```

试着用迭代实现上述程序——我打赌你不敢这么做！

8.3 用递归函数实现康托尔集

接下来，我们要用递归函数实现康托尔集的可视化。从哪里开始？我们知道康托尔集在开始时是一个线段。因此，我们可以先实现一个用于绘制线段的函数。

```
void cantor(float x, float y, float len) {
    line(x,y,x+len,y);
}
```

上面的cantor()函数在坐标(x,y)处开始画一个线段，线段长度是len。（假设线段是水平的）因此，如果我们按以下方式调用cantor()函数：

```
cantor(10, 20, width-20);
```

就会得到这条线段：

图 8-10

从康托尔规则中可以看出，我们需要去掉线段中间的1/3，剩下两条线段：一条线段从起点到1/3处，另一个条线段从2/3处到终点。

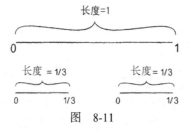

图 8-11

我们要分别绘制这两条线段。我们沿y轴方向将这两条线段下移几个像素，让它们显示在原线段的下方。

```
void cantor(float x, float y, float len) {
    line(x,y,x+len,y);

    y += 20;

    line(x,y,x+len/3,y);                        从起点到1/3处

    line(x+len*2/3,y,x+len,y);                  从2/3处到终点
}
```

图 8-12

尽管这是一个很好的开始，但重复地为每个线段调用line()函数并不是我们想要的实现方式。线段的数量会很快地增长，接下来我们要调用4次line()函数，再接着是8次，然后是16次……for循环曾经是我们解决此类问题的常用方法，但尝试之后你会发现，用循环的方法解决这个问题是非常复杂的。在这时候，递归就派上用场了，能拯救我们于水火之中。

回顾一下我们如何绘制第一个条线段，也就是从起点到1/3处的线段：

```
line(x,y,x+len/3,y);
```

我们可以把这里的line()替换成cantor()函数。因为cantor()函数本来就会在(x,y)位置画一条指定长度的线段！因此：

```
line(x,y,x+len/3,y);        替换成 ------->  cantor(x,y,len/3);
```

对于下面的line()函数调用，也有：

```
line(x+len*2/3,y,x+len,y);   替换成 ------->  cantor(x+len*2/3,y,len/3);
```

于是，我们就有了以下代码：

```
void cantor(float x, float y, float len) {
    line(x,y,x+len,y);

    y += 20;

    cantor(x,y,len/3);
    cantor(x+len*2/3,y,len/3);
}
```

由于cantor()函数是递归调用的，在调用过程中，同样的规则会作用于下一条线段，再作用于下下条线段……别急着运行代码，我们还少了一个关键元素：退出条件。我们必须保证递归在某个点上能停下来——比如线段的长度小于1个像素。

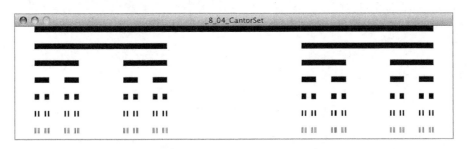

示例代码8-4   康托尔集

```
void cantor(float x, float y, float len) {
    if (len >= 1) {                        如果长度小于1个像素，就停止递归！
        line(x,y,x+len,y);
        y += 20;
```

```
        cantor(x,y,len/3);
        cantor(x+len*2/3,y,len/3);
    }
}
```

练习8.1

练习：以 drawCircle()函数和康托尔集为模型，用递归产生你自己设计的图形。下面是某个示例的截图。

8.4   科赫曲线和 ArrayList 技术

递归函数是构建分形图案的一种技术。然而，如果你想把上面的康托尔集变成单个对象，能独立地移动，该怎么做？递归函数简单优雅，但它只能产生图案，无法把图案当作对象。有一种技术能让我们在产生分形图案的同时，还能把图案的各个部分当作对象，那就是把递归和 ArrayList 结合在一起。

为了展示这种技术，让我们先看看另一个有名的分形图案，它是由瑞典数学家海里格·冯·科赫于1904年提出的，下面列出了它的规则。（它的初始状态和康托尔集一样，都是一条线段。）

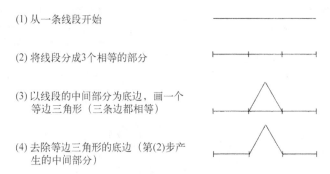

(1) 从一条线段开始

(2) 将线段分成3个相等的部分

(3) 以线段的中间部分为底边，画一个
　　 等边三角形（三条边都相等）

(4) 去除等边三角形的底边（第(2)步产
　　 生的中间部分）

(5) 对剩余的线段不断地重复步骤(2)~步骤(4)

图   8-13

它的结果如下：

图　8-14

"怪物"曲线

科赫曲线（即 Koch Curve，和其他分形图案通常被称为"数学怪物"。因为分形经过无数次递归之后，将会出现一个奇怪的悖论：假设起始长度是 1，第一次迭代后，科赫曲线的长度将会变成原来的 4/3（每个线段的长度都是起始长度 1/3）；再做一次迭代，长度会变成原来的 16/9；经过无数次迭代之后，科赫曲线的长度会接近无穷大。然而，它依然能被这个狭小的空间（屏幕）容纳。

由于我们工作在有限的像素空间内，因此并不需要考虑这个悖论。我们必须限制科赫规则的递归作用次数，以避免程序耗尽内存或崩溃。

前面我们用递归实现了康托尔集，在这里我们依然可以用递归实现科赫曲线。但我们打算稍稍改变其中的实现方式：把科赫曲线的每个线段当作单独的对象。这么做会增添很多新的设计思路，比如，我们可以让这些线段对象单独移动，参与物理模拟。除此之外，我们还可以用随机颜色和线条宽度绘制每个线段对象。

为了把每个线段当作单独的对象，我们必须先设计这些对象：对象存放了哪些数据，以及对象有什么功能？

科赫曲线是一系列相互连接的线段。我们打算用KochLine对象表示这些线段。每个科赫线段都有一个起点（a）和终点（b）。这些点都是向量对象。其中的线段可以用Processing的line()函数绘制。

```
class KochLine {

    PVector start;                                    线段的起点和终点
    PVector end;

    KochLine(PVector a, PVector b) {
        start = a.get();
        end = b.get();
    }

    void display() {
        stroke(0);
        line(start.x, start.y, end.x, end.y);         在起点和终点之间画一条线段
    }
}
```

有了KochLine类之后，我们就可以开始实现主程序了。我们需要用一个数据结构存放曲线中的KochLine对象，ArrayList（ArrayList的用法参见第4章）是一个合理的选择。

```
ArrayList<KochLine> lines;
```

setup()函数负责ArrayList实例的创建和初始化。我们应该在ArrayList中加入一个初始线段，线段从0开始，横向贯穿Sketch屏幕。

```
void setup() {
    size(600, 300);
    lines = new ArrayList<kochline>();        创建ArrayList对象

    PVector start = new PVector(0, 200);      屏幕的左边

    PVector end = new PVector(width, 200);    屏幕的右边

    lines.add(new KochLine(start, end));      第一个KochLine对象
}
```

在draw()函数中，我们用一个循环绘制所有的KochLine对象（当前时刻的状态）。

```
void draw() {
    background(255);
    for (KochLine l : lines) {
        l.display();
    }
}
```

这就是代码框架，回顾一下到目前为止我们实现了什么。

❑ KochLine类　表示点A到点B之间的线段。

❑ ArrayList　KochLine对象组成的列表。

如何在这两个类的基础上实现科赫规则和递归过程？

你还记得生命游戏中细胞自动机的实现吗？在生命游戏的模拟过程中，我们始终保持两个状态列表：当前代和下一代的细胞状态。在一次迭代完成后，我们就把下一代状态变成当前代，再开始新一代的计算。本例可以使用类似的技术，用一个ArrayList跟踪当前的KochLine对象集（在程序开始时，只有一个KochLine对象集），用第二个ArrayList存放由科赫规则产生的新KochLine对象。每一个KochLine对象都会产生4个新的KochLine对象，我们应该把这些新对象放到下一代ArrayList中。当前ArrayList遍历完成之后，下一代ArrayList就会成为当前的ArrayList。参见图8-15.

代码如下：

```
void generate() {
    ArrayList next = new ArrayList<KochLine>();    创建下一代ArrayList对象……
```

```
for (KochLine l : lines) {                    ……对当前的每一个线段

    next.add(new KochLine(???, ???));          添加4条新线段（我们必须计算这些新线段的位置）
    next.add(new KochLine(???, ???));
    next.add(new KochLine(???, ???));
    next.add(new KochLine(???, ???));

}

lines = next;                                 现在我们只关心新的ArrayList

}
```

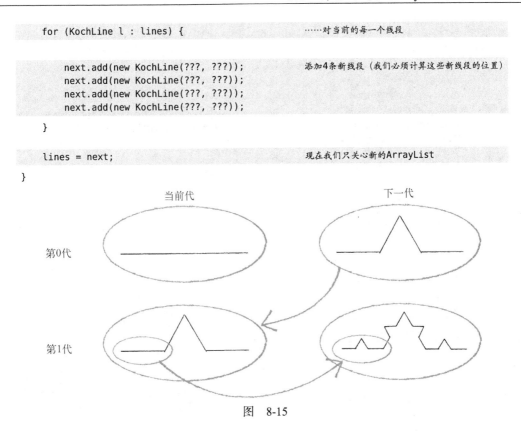

图　8-15

通过一次次调用generate()函数（比如，每次鼠标按下时），我们递归地把科赫曲线规则作用在当前的KochLine对象上。当然，上面的代码并没有实现科赫规则。科赫规则将一条线段分解成4条线段。我们可以用一些简单的算术和三角函数完成计算。由于KochLine对象用到了向量，因此这是一个实践向量运算的绝好机会。我们先来找出KochLine对象的分解点。

图　8-16

从上图可以看出，为了产生新的KochLine对象，我们需要找到5个点（图中的a、b、c、d和e），然后根据这些点创建线段（线段ab、cb、cd和de）。

```
next.add(new KochLine(a,b));
next.add(new KochLine(b,c));
next.add(new KochLine(c,d));
next.add(new KochLine(d,e));
```

如何找到这几个点？现在我们有了KochLine对象，何不让它帮我们计算这些点？

```
void generate() {
    ArrayList next = new ArrayList<KochLine>();
    for (KochLine l : lines) {

        PVector a = l.kochA();
        PVector b = l.kochB();
        PVector c = l.kochC();
        PVector d = l.kochD();
        PVector e = l.kochE();

        next.add(new KochLine(a, b));
        next.add(new KochLine(b, c));
        next.add(new KochLine(c, d));
        next.add(new KochLine(d, e));
    }

    lines = next;
}
```

kochLine对象有5个函数，每个函数都返回一个根据科赫规则产生的PVector对象

现在我们需要在KochLine类中实现这5个函数，每个函数分别返回图8-16中的某个点。我们先搞定kochA()函数和kochE()函数，它们分别返回原始线段的起点和终点。

```
PVector kochA() {
    return start.get();
}
```

get()函数返回一个PVector副本。在6.14节中，我们提到要尽量避免创建对象副本，但在本例中，为了让线段独立移动，我们必须创建副本

```
PVector kochE() {
    return end.get();
}
```

下面计算点B和点D，点B位于线段的1/3处，而点D位于线段的2/3处。它们的方向都是由起点指向终点，长度分别为原始线段长度的1/3和2/3。

图　8-17

```
PVector kochB() {
    PVector v = PVector.sub(end, start);
    v.div(3);

    v.add(start);
```

从起点到终点的PVector向量
将长度缩短为1/3

向量加上起点，得到新的点

```
    return v;
}

PVector kochD() {
    PVector v = PVector.sub(end, start);
    v.mult(2/3.0);                              和前面的计算步骤一样,但我们需要移动2/3的长度
    v.add(start);
    return v;
}
```

点C是最难计算的。但如果你知道等边三角形的内角都是60度,事情将会变得简单。我们只要将一个1/3长度的向量旋转60度,再从点B沿着这个向量移动,就能得到点C!

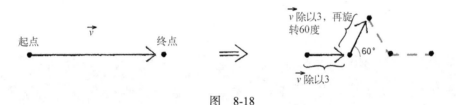

图　8-18

```
PVector kochC() {
    PVector a = start.get();                    从起点开始
    PVector v = PVector.sub(end, start);
    v.div(3);                                   移动1/3长度到点B
    a.add(v);
    v.rotate(-radians(60));                     将以上向量旋转60度
    a.add(v);                                   沿着这个向量移动到点C
    return a;
}
```

将上述代码整合在一起,如果我们在step()函数中调用5次generate()函数,就能得到以下结果。

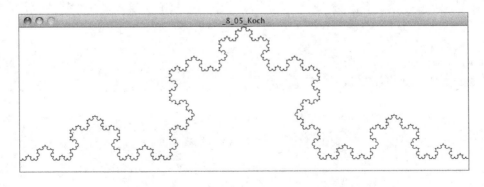

示例代码8-5　科赫曲线

```
ArrayList<KochLine> lines;

void setup() {
    size(600, 300);
    background(255);
    lines = new ArrayList<KochLine>();
    PVector start = new PVector(0, 200);
    PVector end   = new PVector(width, 200);
    lines.add(new KochLine(start, end));

    for (int i = 0; i < 5; i++) {                    重复运用科赫规则5次
        generate();
    }
}
```

练习 8.2

试写程序绘制出科赫雪花（或者其他科赫曲线的变体）。

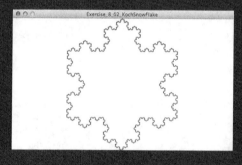

练习 8.3

试在科赫曲线中加入动画。举个例子，你能否从左向右绘制科赫曲线？能否用不同的视觉效果显示线段？能否用前几章的技术移动线段？如果把科赫曲线的线段做成弹簧（toxiclibs）或者关节（Box2D），该如何实现？

练习 8.4

请用对象和 ArrayList 重新实现康托尔集。

8.5 树

到目前为止，我们接触的分形都是确定性的，也就是说，这类分形没有任何随机因素，每次运行都会构建出相同的结果。对于传统分形和可视化编程技术的演示，它们是非常不错的素材；但在模拟方面，它们过于准确，不够贴近自然。在本章接下来的部分，我想讨论随机（非确定性）分形的构建技术。本节要模拟的是带有分支的树。首先，让我们用确定性分形技术构建一棵分形树。构建规则如下：

(1) 画一条线段
(2) 在线段的末尾：(a)向左旋转，画一条更短的线段；(b) 向右旋转，画一条更短的线段
(3) 不断地在新线段上重复步骤(2)

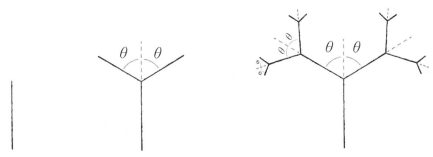

图 8-19

再一次，我们用递归方式构建了一个分形：树枝是一个线段，线段末尾有两根小树枝。

这个分形的难点在于它的分形规则用到了旋转，每个新的树枝必须在原树枝上旋转一定的角度，而原树枝也是如此。幸运的是：Processing专门有一个机制用于管理旋转角度，即变换矩阵。如果你不熟悉pushMatrix()函数和popMatrix()函数，我建议你读一下Processing在线教程中的"2D Transformations"文档（http://processing.org/learning/transform2d/），这个文档涵盖了本章需要的相关概念。

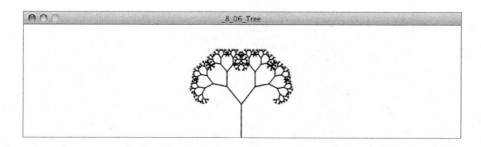

让我们从主干开始。由于要涉及rotate()函数，我们必须在绘制过程中不断地沿着树枝平移。主干是从屏幕底部开始的（如上图所示），因此我们要做的第一件事就是平移到主干所在的位置。

```
translate(width/2,height);
```

紧接着我们要画一根向上延伸的线段（如图8-20所示）：

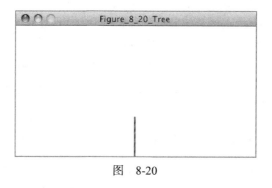

图 8-20

```
line(0,0,0,-100);
```

树干绘制完成后，为了画出它的树枝，我们需要平移到树干的末端，然后进行旋转。（最后，我们需要把这些操作实现为递归函数，但在此之前要先梳理出具体步骤。）

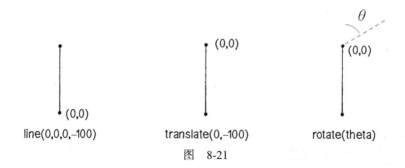

图 8-21

记住，在Processing中，旋转始终都是绕着原点进行的。因此，我们必须把原点平移到当前树枝的末端。

```
translate(0,-100);
rotate(PI/6);
line(0,0,0,-100);
```

现在我们已经画好了右边的树枝，下面要添加左边的树枝。在向右旋转之前，我们可以调用 pushMatrix()函数保存转换矩阵的当前状态，旋转完成后再调用popMatrix()函数恢复状态，接着在树干左边画树枝。以下是全部代码。

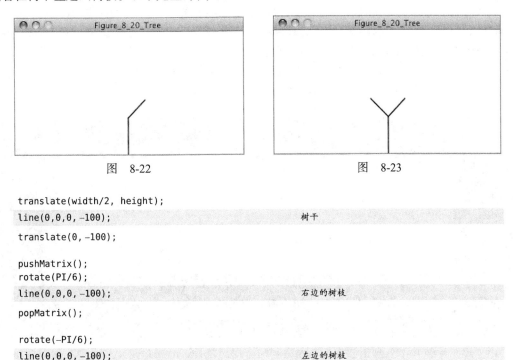

图　8-22　　　　　　　　　　　　　　图　8-23

```
translate(width/2, height);
line(0,0,0,-100);                         树干

translate(0,-100);

pushMatrix();
rotate(PI/6);
line(0,0,0,-100);                         右边的树枝
popMatrix();

rotate(-PI/6);
line(0,0,0,-100);                         左边的树枝
```

如果把每个line()函数调用都当成一根"树枝"，你会发现，树枝其实是一条线段，线段的末尾还连接着两条线段。我们可以直接调用line()函数产生更多树枝，但类似于康托尔集和科赫曲线，这么做会让代码变得复杂而笨重。相反地，我们可以把上述逻辑作为递归函数的实现思路，把其中的line()函数调用替换为递归的branch()函数。下面来看看这种实现。

示例代码8-6　递归树

```
void branch() {
    line(0, 0, 0, -100);                  绘制树枝

    translate(0, -100);                   平移到末尾

    pushMatrix();
    rotate(PI/6);                         向右旋转，再画新的树枝
    branch();
```

8

```
    popMatrix();

    pushMatrix();
    rotate(-PI/6);                          向左旋转，再画新的树枝
    branch();
    popMatrix();
}
```

在上面的代码中，每个branch()函数调用的周围都有成对的pushMatrix()函数和popMatrix()函数调用。这种实现方式非常神奇。每次调用branch()函数之前，pushMatrix()函数都会事先记住当前树枝的位置。请把自己当作Processing，尝试着用笔和纸跟踪递归函数的执行，你会发现：程序首先画所有右边的树枝，当它达到终点时，popMatrix()函数会逐个恢复之前每个树枝的状态，然后再开始画左边的树枝。

练习 8.6

请模拟示例代码8-6中的代码执行流程，按照 Processing 程序对树枝的绘制顺序，在上图中为每个树枝标上序号。

以上递归函数并不会画出一棵树，因为它没有退出条件，最终只是陷入无限的递归调用。你可能还会发现，图中树枝随着层数的增加而缩短。以下代码让树枝的长度不断缩短，一旦树枝长度小于某个值，就停止递归。

```
void branch(float len) {                    branch()函数接受一个长度参数
    line(0, 0, 0, -len);
    translate(0, -len);

    len *= 0.66;                            每个树枝的长度以2/3的倍数缩短

    if (len > 2) {
        pushMatrix();
        rotate(theta);
        branch(len);                        后续的branch()调用必须传入长度参数

        popMatrix()

        pushMatrix();
```

```
        rotate(-theta);
        branch(len);
        popMatrix();
    }
}
```

我们还加入了一个theta（θ）变量。有了这个变量，我们可以在setup()和draw()函数中随意改变树枝之间的夹角。比如，我们可以根据mouseX（鼠标横坐标）的位置确定夹角。

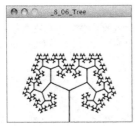 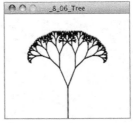 

示例代码8-7 递归树

```
float theta;

    void setup() {
        size(300, 200);
    }

    void draw() {
        background(255);
        theta = map(mouseX,0,width,0,PI/2);        根据鼠标位置选择角度

        translate(width/2, height);                第一根树枝从屏幕底部开始

        stroke(0);
        branch(60);
    }
```

练习 8.7

请用 strokeWeight() 函数改变树枝的粗细，把树干画的最粗，后续的树枝则越来越细。

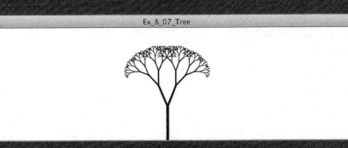

练习 8.8

我们还可以用科赫曲线中的 `ArrayList` 技术生成这棵树。请你用树枝（branch）对象和 `ArrayList` 重新实现本例。提示：你需要用向量保存树枝的方向和长度，而不是用 Processing 变换矩阵。

练习 8.9

试用树枝对象的 `ArrayList` 构建一棵树，创建完成后，请你用动画模拟树木的生长。你能否在树枝的末端添加树叶？

在分形树中加入一点点随机性就可以使它的外形更贴近自然。查看一棵树的外形，你会发现每根树枝的角度和长度都不相同，此外，每根树枝的分支数量也不相同。简单地改变树枝的角度和长度能带来什么样的结果？这很容易实现，只要在绘制时获取一个随机数即可。

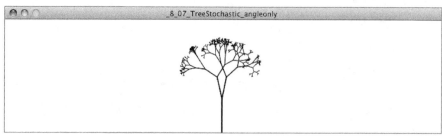

```
void branch(float len) {
    float theta = random(0, PI/3);          选择一个随机数作为树枝的角度

    line(0, 0, 0, -len);
    translate(0, -len);
    len *= 0.66;
    if (len > 2) {
        pushMatrix();
        rotate(theta);
        branch(len);
        popMatrix();
        pushMatrix();
        rotate(-theta);
        branch(len);
        popMatrix();
    }
}
```

以上代码调用了两次branch()函数。我们可以选择一个随机数作为树枝的数量，只需改变branch()函数的调用次数。

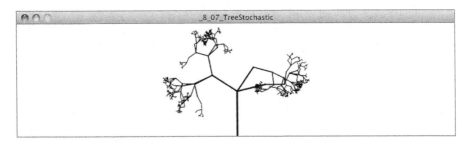

示例代码8-8 随机分形树

```
void branch(float len) {

    line(0, 0, 0, -len);
    translate(0, -len);

    if (len > 2) {

        int n = int(random(1,4));              以随机的次数调用branch()函数
        for (int i = 0; i < n; i++) {

            float theta = random(-PI/2, PI/2);  每个树枝都有随机的角度
            pushMatrix();
            rotate(theta);
            branch(h);
            popMatrix();
        }
    }
}
```

练习 8.10

请用 Perlin 噪声算法确定树枝的长度。随时间调整噪声值，让树有动画效果，看看你能否模拟出树木被风吹动的效果。

练习 8.11

请用 toxiclibs 模拟树的物理效果，每一根树枝都是用弹簧相连的两个粒子，在这种情况下，如何让这棵树屹立不倒？

8.6 L系统

1968年，匈牙利植物学家Aristid Lindenmayer开发出了一套基于语法的系统，用于模拟植物的生长模式。这套系统称作L系统（Lindenmayer系统的简称）。迄今为止，我们在本章里碰到的所有递归分形图案都可以用L系统生成。我们并不喜欢用L系统完成之前做过的工作，但必须承认它的巨大作用，因为它提供了一种用复杂规则构建分形结构的机制。

为了在Processing中创建L系统的实例，我们需要下述基础知识：(a)递归；(b)变换矩阵；(c)字符串。到目前为止，我们已经学过递归和变换，却没有学过字符串。本书假设你了解字符串操作的基础知识，但如果你对此不熟悉，我建议你看看Processing中的有关字符串和文本显示的教程（http://www.processing.org/learning/text/）。

一个L系统主要包括3个元素。

- **字母表** L系统的字母表由系统可能出现的合法字符组成。比如字母表"ABC"，意思是L系统中的任何"语句"（由字符组成串）只能包含这3个字符。
- **公理** 公理是一个语句，用于描述系统的初始状态。举个例子，对于字母表为"ABC"的L系统，它的公理可以是"AAA""B"或"ACBAB"。
- **规则** L系统的规则首先作用于公理，然后递归作用于结果，每次作用都会产生一个 I 新的语句。一个规则包括"前身"和"继任者"两部分。比如，规则"A→AB"的意思就是：把字符串中的所有"A"都替换成"AB"。

让我们从一个非常简单的L系统开始。（这实际上是Lindenmayer在模拟藻类生长时用的原始L系统。）

字母表：**A B**
公理：**A**
规则：**(A → AB) (B → A)**

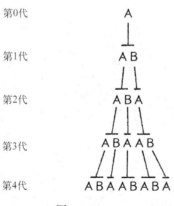

图 8-24

类似于递归分形，我们可以把规则的应用当成一次迭代。按照这个定义，公理就是第0代。

下面讨论如何用代码实现迭代。我们先用一个字符串存储公理：

```
String current = "A";
```

就像生命游戏和科赫曲线的实现，我们要用一个完全独立的字符串跟踪下一代：

```
String next = "";
```

下一步：把规则应用于当前字符串，然后把结果放到next变量中。

```
for (int i = 0; i < current.length(); i++) {
    char c = current.charAt(i);
    if (c == 'A') {                      生成规则 A → AB
        next += "AB";
    } else if (c == 'B') {               生成规则 B → A
        next += "A";
    }
}
```

循环完成之后，current的值就等于next。

```
current = next;
```

为了确保程序能正常工作，我们把这些操作放到一个函数中，并在鼠标被按下时调用该函数。

```
Generation 0: A
Generation 1: AB
Generation 2: ABA
Generation 3: ABAAB
Generation 4: ABAABABA
Generation 5: ABAABABAABAAB
Generation 6: ABAABABAABAABABAABABA
Generation 7: ABAABABAABAABABAABABAABAABABAABAAB
Generation 8: ABAABABAABAABABAABABAABAABABAABAABABAABABAABAABABAABABA
Generation 9: ABAABABAABAABABAABABAABAABABAABAABABAABABAABAABABAABABAABAABABAABAABABAABABAABAABABAABAAB
Generation 10:
ABAABABAABAABABAABABAABAABABAABAABABAABABAABAABABAABABAABAABABAABAABABAABABAABAABABAABAABABAABABAABAABABAABABAABAABABAABAAB
AABABAABABA
```

示例代码8-9 简单L系统的语句生成

```
String current = "A";                    从公理开始

int count = 0;                           记录迭代次数

void setup() {
    println("Generation " + count + ":" + current);
}

void draw() {
}

void mousePressed() {
    String next = "";
```

```
    for (int i = 0; i < current.length(); i++) {      遍历当前字符串，生成新字符串
        char c = current.charAt(i);
        if (c == 'A') {
            next += "AB";
        }   else if (c == 'B') {
            next += "A";
        }
    }
    current = next;
    count++;
    println("Generation " + count + ": " + current);
}
```

由于规则递归地应用于每一代，字符串的长度呈指数性增长。在第11代，字符串共有233个字符；到第22代，字符的个数就超过了46 000。尽管Java的String类非常好用，但在大字符串拼接方面，它的效率非常低。String对象是"不可变"的，也就是说，String对象在创建后就无法改变。每次在String对象末尾添加内容时，Java都必须创建一个全新的String对象（尽管你用的是同一个变量名）。

```
String s = "blah";
s += "add some more stuff";
```

在大部分情况下，这并不会有什么问题。但我们可以不用复制这46 000个字符！为什么不用效率更高的实现方式？为了提高L系统的运行效率，我们应该使用StringBuffer类。StringBuffer对字符串拼接操作做了特别的优化，在拼接完成后，它也可以被轻易地转化为String对象。

```
StringBuffer next = new StringBuffer();              这个StringBuffer对象代表"下一代"语句

for (int i = 0; i < current.length(); i++) {
    char c = current.charAt(i);
    if (c == 'A') {
        next.append("AB");                          用append()函数代替+=
    } else if (c == 'B') {
        next.append("A");
    }
}
current = next.toString();                           StringBuffer可以被轻易地转化回String对象
```

你可能会有疑问："为什么要做这些事情？本章的内容不是在讨论分形图的绘制吗？它们之间有什么关系？"是的，L系统的递归特性和本章的讨论确实有关，但问题是：如何把L系统应用到植物生长的可视化模拟上？

事实上，我们可以把L系统的语句当作绘图指令。下面用另一个例子说明其中的工作原理。

字母表：　**A B**
公理：　　**A**
规则：　　**(A → ABA) (B → BBB)**

我们可以用以下方式翻译L系统的语句。

A： 向前画一个线段
B： 向前移动，不画任何线段

来看看每代语句的内容和它们的可视化输出。

第0代： **A**
第1代： **ABA**
第2代： **ABABBBABA**
第3代： **ABABBBABABBBBBBBBBABABBBABA**

你是否觉得很熟悉？下图是由L系统生成的康托尔集：

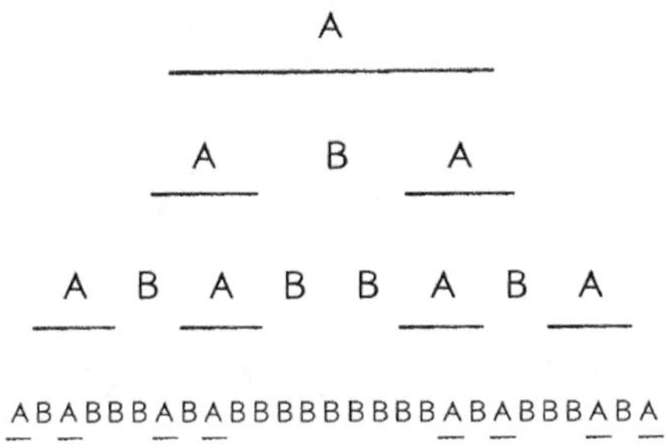

图 8-25

"FG+-[]" 是L系统常用的字母表，它的含义如下。

F： 画一个线段，然后向前移动
G： 向前移动（不画任何线段）
+： 向右转
–： 向左转
[： 保存当前的位置
]： 恢复之前的位置

这种绘图框架通常称为 "Turtle graphics"（海龟绘图法，源自早期的LOGO编程）。想象你的电脑屏幕中有一只海龟，你可以对它下一些命令：向左转、向左转、画一个线段等。Processing并不会自动以这种方式工作，但在translate()、rotate()和line()函数的帮助下，我们可以轻易地实现Turtle graphics引擎。

可以按照以下方式把字母表翻译为Processing代码。

F： `line(0,0,0,len); translate(0,len);`
G： `translate(0,len);`
+： `rotate(angle);`
–： `rotate(-angle);`
[： `pushMatrix();`
]： `popMatrix();`

对一个由L系统生成的语句，我们可以遍历它的每个字符，按照上述方式调用合适的函数。

```
for (int i = 0; i < sentence.length(); i++) {
```

```
char c = sentence.charAt(i);                        检查每个字符

if (c == 'F') {                                     为每个字符执行正确的操作。我们可以用更简洁的
                                                    case语句执行这些操作，但却用了if/else结构，
                                                    对初学者来说，它更容易理解
    line(0,0,len,0);
    translate(len,0);
} else if (c == 'F') {
    translate(len,0);
} else if (c == '+') {
    rotate(theta);
} else if (c == '-') {
    rotate(-theta);
} else if (c == '[') {
    pushMatrix();
} else if (c == ']') {
    popMatrix();
}

}
```

下面这个示例程序展示了更复杂的分形结构，对应L系统的定义如下。

字母表： FG+-[]
公理： F
规则： F → FF+[+F-F-F]-[-F+F+F]

本节的随书源代码实现了之前提到的所有L系统，它的功能主要由以下3个类实现。

❑ Rule类　负责存放L系统规则的"前身"和"继任者"。
❑ LSystem类　负责L系统的迭代计算（用到了上面所说的StringBuffer类）。
❑ Turtle类　阅读L系统产生的语句，执行相应的绘图指令。

我不想讲解这些类的具体实现，因为它们和本章之前的代码类似。但我们可以看看这些类是如何整合在主程序中的。

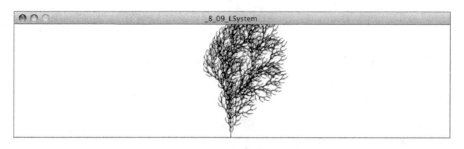

示例代码8-10　L系统

```
LSystem lsys;
```

```
Turtle turtle;

void setup() {
    size(600,600);

    Rule[] ruleset = new Rule[1];                               规则集由Rule对象组成

    ruleset[0] = new Rule('F',"FF+[+F-F-F]-[-F+F+F]");

    lsys = new LSystem("F",ruleset);                            为L系统指定公理和规则集

    turtle = new Turtle(lsys.getSentence(),width/4,radians(25));
}                                                               Turtle graphics渲染器的创建需要传入给定语
                                                                句、初始长度和选择角度
void draw() {
    background(255);
    translate(width/2,height);                                 从窗口的底部开始

    turtle.render();
}

void mousePressed() {
    lsys.generate();                                           每当鼠标被按下，就产生一个新语句

    turtle.setToDo(lsys.getSentence());

    turtle.changeLen(0.5);                                     缩短线段长度
}
```

练习 8.12

试把 L 系统中的语句用作对象创建指令，并把创建后的对象存放到 ArrayList 中。用三角函数和向量运算代替变换矩阵（类似于科赫曲线的实现）。

练习 8.13

L 系统和植物结构方面的开山之作 *The Algorithmic Beauty of Plants* 出版于 1990 年，作者是 Przemysław Prusinkiewicz 和 Aristid Lindenmayer。这本书是免费的，你可以在网上找到它（http://algorithmicbotany.org/papers/#abop）。书中的第 1 章描述了各种复杂的 L 系统，这些 L 系统带有各种绘图规则和字母表。除此之外，本书还描述了生成随机 L 系统的方法。请你按照本书描述的方式扩展 L 系统的示例程序。

8

练习 8.14

在本章中，我们讨论了如何用分形算法产生可视化图案。然而，分形的作用不止于此。比如，在巴赫的大提琴组曲三号中也可以见到分形图案。大卫·福斯特·华莱士有一本小说 *Infinite Jest*，这本小说的结构灵感也来自于分形。请思考如何使用本章的例子产生音频或文本。

生态系统项目

第 8 步练习

把分形应用到你的生态系统中，可以按照以下思路进行。

❑ 在生态系统中加入外形类似植物的生物体。

❑ 假如其中某种植物长得像树，你能否在树枝末尾加上树叶或者花？能否模拟叶子从树上落下的效果（在风的作用下）？你能否在树上加入一些能被其他生物采食的果子？

❑ 设计一种外形为分形图案的生物。

❑ 用 L 系统产生一系列指令，并用这些指令控制生物的移动和行为。

第 9 章

代码的进化

"生命是从一无所有的状态进化而来的，大约100亿年前，宇宙几乎没有任何东西。这是一个惊人的事实，而我会极力地证明这个事实。"

——理查德·道金斯

让我们回到最开始的地方：当你写第一个Processing程序时，最先接触和使用最广泛的基础概念是什么？在我看来是变量，变量允许我们在运行期存放和复用各种数据。当然，它并不是什么新鲜事物，我们的Sketch程序已经不是由一两个变量组成的简单程序，而是由复杂数据结构组成的程序，这些数据结构是一些自定义类型的变量（对象），同时包含数据和功能。在变量的帮助下，我们已经实现了由运动者、粒子、小车、细胞和树构成的模拟世界。

在本书的示例程序中，所有变量在使用前都必须初始化。你可能会用随机的颜色和大小初始化一束粒子，用相同的坐标初始化所有小车的位置。除了用随机方法或精心设计的方式为这些变量设置属性外，还可以让自然界中的进化替我们做决定。

本章将围绕以下问题展开。我们能否把一个对象的变量当作DNA？对象能否产生新对象，并把自己的DNA传递给下一代？是否可以用程序模拟进化过程？

这些问题的答案都是肯定的！毕竟，如果不解决对这种在自然界中发现的最强大算法过程的模拟，我们就无法实现像照镜子一样的自然编码效果。本章致力于研究生物进化背后的原理，并探讨如何用代码模拟这些原理。

9.1　遗传算法：启发自真实现象

有必要澄清一下本章的目的：我们的目标不是深入研究遗传和进化的科学原理，我们不会研究旁氏表、核苷酸、蛋白质合成、RNA和其他生物进化相关的话题。相反，我们只讨论达尔文进化论背后的核心原理，并根据这个原理开发出一套算法。我们并不在乎进化模拟是否精确，只关心进化在软件中的应用策略。

这并不意味着深入研究科学原理没有价值，对这方面感兴趣的读者，我鼓励你们用更多进化方面的特性扩展本章的示例程序。但为了让示例程序易于理解，我们只涉及基础，其实这些基础也已经足够复杂和有趣了。

9

"遗传算法"指的是一种特定算法，它以特定的方式实现，用于解决特定类型的问题。尽管遗传算法是本章的基础，但我们不会用绝对精确的方式实现它，因为我们应该多花精力探索遗传算法的创新用法。本章主要分为以下三部分（我们的大部分时间将花在第一部分）。

(1) **传统遗传算法**   我们从传统遗传算法开始。这种算法用于解决"解空间过于庞大，穷举法耗时过长"的问题。举个例子，有一个介于1~1 000 000的数字，你要花多少时间才能猜到这个数字？如果用穷举法，你就要检查每一种可能：这个数字是不是等于1，是不是2，是不是3？……运气好的话，你很快就能猜到这个数字；如果运气不好，你就要从1枚举到1 000 000，这肯定会耗费大量的时间。但如果我能告诉你更多的信息，比如猜的数字是大是小，是有点大，还是非常大；如果能得到每次猜测的"契合度"，我想你的猜测肯定会越来越接近正确答案，解决问题的速度也会更快。也就是说，你的答案可以发生进化。

(2) **交互式选择**   实现传统遗传算法之后，我们会研究遗传算法在可视化艺术方面的应用。交互式选择指的是事物（通常是由计算机产生的图像）在用户交互下发生进化的过程。举个例子，你在参观一家博物馆，博物馆的墙上挂着几幅油画。在交互式选择技术的帮助下，你只要选择出最喜欢的画，程序就会根据你的喜好自动产生（或者"进化出"）一副新画供你欣赏。

(3) **生态系统模拟**   如果你去阅读人工智能方面的在线文档或教科书，通常会看到关于传统遗传算法和交互式选择技术的讲解。但它们不会讲解如何在程序中模拟现实世界的进化过程。本章的最后将探索如何在模拟生态系统中模拟进化过程。模拟生态系统中的对象会相遇、结合，并把基因传递给下一代。这种技术可以直接应用到每一章最后的生态系统项目中。

9.2   为什么使用遗传算法

尽管计算机对进化过程的模拟可以追溯到20世纪50年代，但大部分人认为当今的遗传算法（Genetic Algorithm，GA）是由密歇根大学的约翰·霍兰德教授率先提出的。霍兰德教授也是 *Adaptation in Natural and Artifical Systems* 一书的作者，这本书是GA研究的开山之作。现在，遗传算法成为了一个更广泛的研究领域，通常称为"进化计算"。

为了演示传统遗传算法，我们以猴子为例。注意这些猴子并不是我们的进化祖先，它们只是一群虚构的猴子，在不断地敲击键盘，企图敲出莎士比亚的著作。

"无限猴子定理"指出：一只猴子在打字机上随意地敲击按键，在无限次敲击后，总会打出莎士比亚的全部作品。这个定理主要是为了说明：猴子敲出莎士比亚作品的概率很低，就算这只猴子源自宇宙大爆炸时期，到现在它也不太可能敲出莎士比亚的《哈姆雷特》。

假设这只猴子的名字叫George，George用的是精简版打字机，里面只有27个按键：26个字母键加空格键。因此，George敲击某个按键的几率为1/27。

图 9-1

莎士比亚有一句名言"to be or not to be that is the question"（这是"To be, or not to be: that is the question"的简化版），这句话共有39个字符。按照引言中的"事件概率"计算方法，George敲对第一个字符的概率是1/27，敲对第二个字符的概率也是1/27，同时敲对这两个字符的概率是1/(27×27)。因此，George敲对整句话的概率是：

$$(1/27)乘上39次，也就是 (1/27)^{39}$$

敲对整句话的概率等于：

$$1 \div 66\ 555\ 937\ 033\ 867\ 822\ 607\ 895\ 549\ 241\ 096\ 482\ 953\ 017\ 615\ 834\ 735\ 226\ 163$$

事实已无需说明，敲对一句话已接近不可能，更何况整部《哈姆雷特》！就算George是一台电脑，每秒钟能随机输入100万个单词，如果要让它得到正确结果的概率大于99%，George必须工作9 719 096 182 010 563 073 125 591 133 903 305 625 605 017年。（注意，宇宙的年龄仅仅是13 750 000 000年。）

列出这些庞大的数字并不是为了吓唬读者，而是为了证明穷举法（随机列举所有可能出现的句子）并不是一种合理的策略。在遗传算法中，我们也从随机的句子开始，但会通过一种模拟进化的方式得到最终结果。

值得一提的是：这个问题本身（输入"to be or not to be that is the question"）就有些荒谬。因为我们早就已经知道答案，只需直接打出这个句子就能完成任务。下面这个Processing程序就已经解决了这个问题。

```
string s = "To be or not to be that is the question";
println(s);
```

不过，这个问题还是有意义的，它的意义在于：求解答案已知的问题有助于我们验证算法的正确性。一旦遗传算法成功地解决了这个问题，它的有效性就能得到证明。我们就能以更自信的心态用它求解答案未知的问题。所以，第一个示例的目的仅仅在于演示遗传算法的工作原理。如果 GA 算出的结果和已知结果相同，也就是得到"to be or not to be"，就代表它已被正确地实现。

> **练习 9.1**
>
> 试创建一个 Sketch 程序，用它生成随机字符串。在后续的遗传算法示例中，我们也要做同样的工作。测试 Processing 生成 "cat" 要花费多久时间。再改造这个程序，用 Processing 生成随机的图形。

9.3 达尔文的自然选择

在研究遗传算法之前，我们要先学习达尔文进化学说中的 3 个基本法则。如果要正确地模拟自然选择，我们必须同时实现这 3 个要素。

(1) 遗传　子代必须以某种方式继承父代的特性。如果生物存活的时间足够长，繁殖的概率也足够大，那么它们的特征将会传递给下一代。

(2) 突变　种群的个体具有多种特征，也就是说，必须引入突变的机制保证个体的多样化。举个例子，在某个甲虫种群中，所有个体的特征都是相同的：它们有同样的颜色、尺寸和翅展等。如果没有变异，子代将永远和父代保持一致，新的特征永远不会出现，种群也不会进化。

(3) 选择　必须有一种选择机制：使得种群中的某些个体能够繁殖，把自己的基因传递给下一代；而另一些个体却没有机会繁殖。这通常称作"适者生存"。比如，羚羊种群的个体经常成为狮子的猎物。羚羊跑得越快，它就越能逃过狮子的猎杀，生存时间越久，繁殖的可能性越大，也就越有可能将自己的基因传递给下一代。适者这个术语有一定的误导性，在一般情况下，它指的是更大、更快，或更强。但还有一些例外，自然选择会挑选一些更适应环境的生物特性，让具有这些特性的生物有更多的生存和繁殖机会。自然选择并不会让某种生物变得更"好"（这是一个主观词语）或在生理上变得更强。举个例子，对于这些正在敲键盘的猴子，更"适"的个体是那些能敲出接近"to be or not to be"句子的猴子。

下面，我们将以猴子打字的例子为上下文学习遗传算法。算法本身分为两部分：一组初始化条件（也就是 Processing 的 setup() 函数）和重复迭代的步骤（Processing 的 draw() 函数），这些步骤将一直重复执行，直到我们得到正确答案。

9.4 遗传算法，第一部分：创建种群

继续猴子敲键盘的例子，我们将为此创建一个由句子构成的种群（"句子"指的是一个字符串）。这引出了一个问题：如何创建这个种群？种群可以用达尔文学说中的突变法则创建。举个

简单的例子，假设我们要进化出"cat"这个单词，现在种群中有3个单词：

```
hug
rid
won
```

毫无疑问，这3个单词存在一定的多样性。但无论以何种方式组合它们，都无法得到"cat"单词，因为它们的多样性不足以进化出最优的答案。但如果我们有1000个单词，每个短语都是随机生成的，那么至少存在几个单词的第一个、第二个或第三个字母分别为"c""a"和"t"。也就是说，大样本容易产生足够的多样性，更容易生成目标短语（在第二部分，我们将引入另一种提高多样性的方式）。因此，我们可以把第一个步骤总结为：

　　　创建一个种群，用随机的方式生成种群内的个体。

这就引入了另一个问题，个体是什么？前几章的种群个体是图像对象或小车对象，而本章却有所不同。本章的种群个体拥有虚拟的"DNA"，DNA是描述个体外形和行为的一系列属性（我们称为"基因"）。比如，在猴子敲键盘的例子中，DNA就是字符串。

遗传领域有两个重要概念：基因型和表现型，两者之间有重要区别。基因型（genotype）就是遗传密码，也就是本例的字符串，它会从父代传给子代；表现型（phenotype）就是基因型的表达。两者之间的区别关系着遗传算法的实现。在图形编程中，我们一直在回答以下问题：你的世界是由什么对象组成的，以及如何设计这些对象的基因型（存储对象属性的数据结构）和表现型（你想用这些对象表达什么）。最简单例子就是颜色的显示：

基因型	表现型
int c = 255;	
int c = 127;	
int c = 0;	

在这里，基因型就是数字信息，每种颜色都是一个整型变量。但数据的表达方式可以是随意的，它们可以表达完全不同的信息，比如以下整数就表示线段的长度。除此之外，它还可以表示力的大小。

相同的基因型	不同的表现型（线段长度）
int c = 255;	
int c = 127;	
int c = 0;	

在猴子敲键盘的例子中，基因型和表现型并没有区别。DNA是一个字符串，而DNA的表达也是这个字符串。

最后我们可以结束第一部分的讨论，将这部分内容概括为：

创建由 N 个个体组成的种群，每个个体都有随机的DNA。

9.5   遗传算法，第二部分：选择

下面我们将实现达尔文的选择法则。选择过程需要评估种群个体的适应度，从而选出更适合繁殖的个体。我们可以将选择过程分为两部分。

(1) 评估适应度

为了让遗传算法有效，我们需要设计一个适应度函数。这个函数会产生一个描述个体适应度的分值。当然，现实世界并不是这么运作的。在现实世界中，生物并没有分值，它们只有两种选择：生存或死亡。但传统遗传算法的最终目的是进化出最佳方案，所以它需要用分值衡量每一种方案的效果。

再一次简化这个问题，假设我们只想进化出单词 "cat"。种群中有3个成员："hut" "car" 和 "box"。"car" 有两个正确字符，它的适应度最高。"hut" 只有一个正确字符，"box" 没有正确字符。因此，适应度函数如下：

适应度 = 正确字符的数量

DNA	适应度
hut	1
car	2
box	0

你可能希望看到更复杂的适应度函数，但对于入门学习来说，本例非常合适。

(2) 创建交配池

得到所有个体的适应度后，我们就开始选择合适的个体，并将它们放入交配池。这一步的实现方式有很多种。可以只选择个体中的精英："哪两个个体的分数是最高的？所有后代都将由这两个个体繁殖出来！"在编程实现上，这是最简单的方案，但它不符合多样性原则。如果种群（可能由上千个个体组成）中的两个个体成了唯一的繁殖个体，那么下一代的多样性就会非常低，这会抑制种群的进化过程。也可以扩大交配池中的个体数量——比如，前50%的个体都能繁殖后代，也就是说，如果有1000个个体，那么前500个能繁殖后代。这种方案也很容易实现，但不会产生最优的结果。在这种情况下，排名靠前的个体的繁殖机会和排在中间的个体一样。为什么排在第500位的个体有繁殖机会，而排在第501位的个体却没有繁殖机会呢？

一种更好的方案是概率方法，我们称为 "命运之轮"（又叫作 "赌盘"）。下面我要向你展示

这种方法，我们先看一个简单的例子。假设种群中有5个个体，它们都有自己的适应度分值。

个体	适应度
A	3
B	4
C	0.5
D	1.5
E	1

首先，我们要单位化这些分值。你还记得向量的单位化吗？向量的单位化就是把向量的长度变为1。适应度的单位化就是让分值介于0~1，计算它在总适应度中所占的比例。我们先把所有元素的适应度相加得到总适应度：

$$总适应度 = 3 + 4 + 0.5 + 1.5 + 1 = 10$$

再用每个分值除以总适应度，就能得到单位化后的适应度。

个体	适应度	单位化适应度	百分比表示
A	3	0.3	30%
B	4	0.4	40%
C	0.5	0.05	5%
D	1.5	0.15	15%
E	1	0.1	10%

下面，我们要开始实现命运之轮。

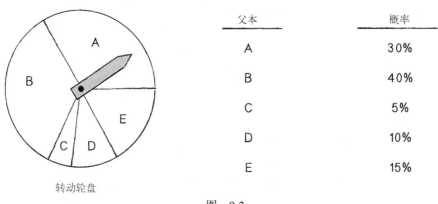

父本	概率
A	30%
B	40%
C	5%
D	10%
E	15%

转动轮盘

图 9-2

转动这个轮盘，你会发现B被选中的概率最大，接下来是A，然后是D和E，最后是C。基于概率的选择方法是一种很好的实现方式：首先，它保证概率最高的个体有最大的繁殖机会；其次，它并不会减弱种群的多样性，和精英选择的方式有所不同，即使是最低分值的个体（C）依然有把基因传给后代的机会。低分值的个体可能有一些非常有用的基因片段，这些片段不能被移除。比如，在"to be or not to be"的进化过程中，可能会出现以下个体。

```
A: to be or not to go
B: to be or not to pi
C: xxxxxxxxxxxxxxxbe
```

你可以看出，A和B是适应度最高的个体。但是它们都不是最优解，因为它们的最后两个字符都不正确。尽管C的分值很低，但它最后的基因片段恰好是正确的。因此，尽管我们要用A和B产生大部分的后代基因，却仍需要让C有机会参与繁殖过程。

9.6   遗传算法，第三部分：繁殖

现在我们已经有了选择父代的策略，下面就开始讨论繁殖下一代的方法，这一步的关键在于达尔文的遗传法则——子代能继承父代的特性。繁殖的实现方式也有很多种。无性繁殖就是一种合理（并容易实现）的策略，该策略用单个父本复制出子代个体。但遗传算法的标准方法是用两个父本繁殖后代，具体步骤如下。

(1) 交叉

交叉就是根据双亲的遗传密码创建一个子代。拿猴子敲键盘举例，假设我们从交配池中选择了两个句子（如选择部分所述）。

```
父本A: FORK
父本B: PLAY
```

下面，我们要根据这两个语句创建子代。最直观的方法（我们称为50/50方法）就是取A的前两个字符，取B的后两个字符，把这两部分拼接在一起：

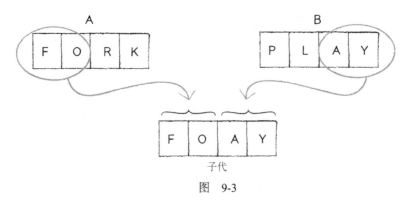

图 9-3

这种交叉方法能进一步改进：我们不一定从每个父本中都各选一半的遗传密码，而应该选择随机的中间分割点。改进后，我们还可能得到"FLAY"或"FORY"。这种方法比50/50方法更好，因为它能提高子代的多样性。

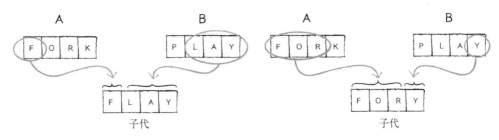

图9-4 选择一个随机的中间点

还有一种方式是为子代的每个字符随机选择父代。你可以把它想象成掷4次硬币：正面朝上则选择A，反面朝上则选择B。如此一来，我们就能得到各种结果，如："PLRY""FLRK""FLRY""FORY"……

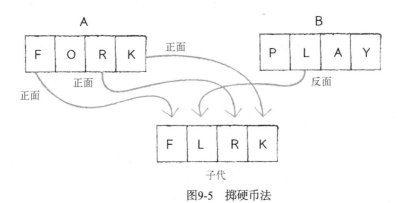

图9-5 掷硬币法

这种方法产生的结果和选择随机中间点法基本上一样；但是如果基因的顺序对表现型有一定程度的决定作用，你就应该根据具体需求选择其中的一种方法。

(2) 突变

交叉过程产生子代DNA，但还要经历突变过程才能最终确定。突变是一个可选的过程，某些场景不会涉及突变。根据达尔文的进化学说，突变是普遍存在的。在初始化过程中，我们用随机的方式创建种群，确保种群有一定的多样性。但在孕育第一代时，种群的多样性就已经确定了；而突变的作用就是在进化过程中不断引入多样性。

突变可以用突变率描述。一个遗传算法可能有5%、1%或0.1%的突变率。假设交叉完成后，某子代个体是"FORY"，如果突变率为1%，这意味着每个字符有1%的突变概率。而字符怎么发生突变呢？在本例中，我们把突变定义为用一个随机的字符替换原字符。1%是一个很低的突变率，对于由4个字符组成的字符串来说，在大部分时间它都不会发生突变（确切地说，在96%的时间都不会发生突变）。一旦突变发生，当前字符就会被替换成另一个随机字符（如图9-6所示）。

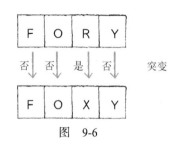

图 9-6

在某些场景中，突变率能显著地影响系统行为。高突变率（比如，80%的突变率）会阻碍进化过程。如果大部分子代基因是随机产生的，我们就无法保证"合适"的基因能频繁地出现在后代中。

在获得新种群之前，我们会不断地进行选择（选择两个父本）和繁殖（交叉和突变）操作。一旦子代种群代替了当前种群，我们还会回到之前的步骤：再次评估适应度，再次进行选择和繁殖操作。

到目前为止，我们已经详细地描述了遗传算法的所有步骤，接下来，我们需要将这些步骤翻译成Processing代码。由于前面的描述有些冗长，我们先对此作个总结，把遗传算法分成几个步骤。

SETUP

第1步：*初始化*　创建由N个个体组成的种群，随机确定个体的DNA。

LOOP

第2步：*选择*　评估个体的适应度，创建交配池。

第3步：*繁殖*　重复N次。

a) 根据相对适应度，概率性地选择两个父本。
b) 杂交——结合父本的DNA，创建出一个"子代个体"。
c) 突变——以一定的概率使子代的DNA发生突变。
d) 将这个子代加入新种群。

第4步：用新种群替换旧种群，再回到第2步。

9.7　创建种群的代码

9.7.1　第1步：初始化种群

如果我们要创建一个种群，首先要做的就是用一个数据结构存放种群中的个体元素。在大部分情况下（比如猴子敲键盘的例子），种群的个体数量是固定的，因此可以用数组存放个体（在后面的例子中，种群中的个体数量会发生变化，我们会用**ArrayList**实现它）。数组中应该存放什么对象？我们还应该用一个存放基因信息的对象表示个体。它可以称为DNA对象：

```
class DNA {

}
```

种群就是由DNA对象组成的数组。

```
DNA[] population = new DNA[100];                            100个DNA对象组成的种群
```

DNA类应该包含哪些内容? 对于敲击键盘的猴子, DNA就是它打出来的随机语句, 也就是一个字符串。

```
class DNA {
    string phrase;
}
```

这样的实现是合理的, 但我们不想把String对象用做遗传密码。相反, 我们想用字符串数组表示遗传密码。

```
class DNA {
    char[] genes = new char[18];           每个"基因"都是数组中的元素, 我们需要18个基
                                           因, 因为"to be or not to be"共有18个字符

}
```

用数组的好处是: 我们可以很方便地把这些代码扩展到其他例子中。举些例子: 在一个物理系统中, 生物的DNA可能是由向量组成的数组; 对于一个图像对象, 个体的DNA就是整型(RGB值)数组。我们可以用数组描述任意属性的集合。尽管字符串非常适用于本例, 但数组可以作为未来扩展的基础。

遗传算法要求我们为种群创建N个个体, 每个个体的DNA都是随机生成的。因此, 在对象的构造函数中, 我们用随机方式确定数组中的每个字符。

```
class DNA {
    char[] genes = new char[18];

    DNA() {
        for (int i = 0; i < genes.length; i++) {
            genes[i] = (char) random(32,128);      从编号为32~128的ASCII字符中随机选择一系列
                                                    字符, ASCII相关信息详见: http://en.wiki
                                                    pedia. org/wiki/ASCII

        }
    }
}
```

我们已经有了构造函数, 以下代码初始化种群数组中的DNA对象。

```
DNA[] population = new DNA[100];

void setup() {
    for (int i = 0; i < population.length; i++) {
```

```
        population[i] = new DNA();                    初始化种群中的每个成员
    }
}
```

DNA类根本没有完成。为了执行遗传算法的其他任务，我们还需要在其中加入更多函数。下面我们将实现遗传算法的第2步和第3步。

9.7.2　第 2 步：选择

第2步的内容是"评估个体的适应度，创建交配池"。我们先来评估对象的适应度，前面我们把正确字符的数量作为适应度函数。我想在此进行一些修改，用正确字符数量的百分比表示适应度——适应度函数就是将正确字符数除以总字符数。

适应度 = 正确字符的数量/总字符数

应该在什么地方计算适应度呢？由于DNA类包含了遗传信息（遗传信息就是猴子打出来的语句，我们要拿它和目标语句进行对比），我们可以在DNA类中添加一个适应度评估函数。假设目标语句如下：

```
String target = "to be or not to be";
```

现在，我们可以根据目标字符串的内容逐个比对当前"基因"的字符，一旦获得正确字符，就增加计数器。

```
class DNA {
    float fitness;                                 在DNA类中加入一个适应度变量

    void fitness () {                             该函数的作用是计算适应度
        int score = 0;
        for (int i = 0; i < genes.length; i++) {
            if (genes[i] == target.charAt(i)) {   字符是否正确

                score++;                           如果正确，增加分值
            }
        }
        fitness = float(score)/target.length();   适应度就是正确字符的百分比
    }
```

draw()函数的第一步操作就是对每个对象调用fitness()函数。

```
    void draw() {
        for (int i = 0; i < population.length; i++) {
            population[i].fitness();
        }
    }
```

获得所有个体的适应度分值后，我们就要为繁殖过程创建"交配池"。交配池是一个数据结

构，我们可以从中取出繁殖所需的双亲对象。回顾前面的描述，繁殖过程需要根据适应度计算概率值，然后用这个概率挑选双亲。适应度最高的个体被选中的概率最大；适应度较低的个体被选中的概率也较低。

在"引言"部分，我们学习了概率基础和自定义分布随机数的生成方法。下面我们将用这些技术为个体分配概率值，然后用"命运之轮"的方法选择父本。回顾图9-2：

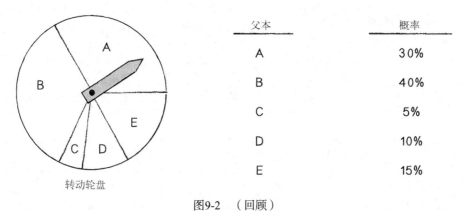

父本	概率
A	30%
B	40%
C	5%
D	10%
E	15%

转动轮盘

图9-2　（回顾）

模拟这个转盘可能会非常有趣，但我们不想把时间花在这里。

相反地，我们只需要根据这5个选项（ABCDE）的出现概率，在ArrayList中填充不同数量的实例，然后从中选择父本。也就是说，假设有一堆字母，其中有30个A、40个B、5个C、15个D和10个E。

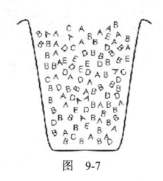

图　9-7

如果你随机地从中选择一个字母，得到A的概率是30%，得到C的概率是5%……对本例而言，字母集合就是ArrayList，ArrayList中的每个字母都是潜在的繁殖个体。因此，我们要先根据个体的概率计算出现次数N，然后在ArrayList中对该个体添加N次。

```
ArrayList<DNA> matingPool = new          从空的交配池开始
ArrayList<DNA>();
```

```
for (int i = 0; i < population.length; i++) {
    int n = int(population[i].fitness * 100);    n等于适应度乘以100，是一个介于0~100的整数
    for (int j = 0; j < n; j++) {
        matingPool.add(population[i]);    在交配池中将个体添加N次
    }
}
```

练习 9.2

此外，蒙特卡罗方法也是一种产生自定义分布随机数的方法。这种技术需要选择两个随机数，第二个随机数用于资格判定，它决定第一个随机数是该保留还是该丢弃。请用蒙特卡罗方法重新实现交配池。

练习 9.3

在某些情况下，命运之轮算法对某些元素的选择概率可能会非常高。我们来看以下概率分布。

A: 98%
B: 1%
C: 1%

这个概率分布可能会产生意想不到的结果，它会减少系统的多样性。对此，我们可以采用这样的解决方案：把适应度分值替换为个体的排名。

A: 50% (3/6)
B: 33% (2/6)
C: 17% (1/6)

用这种方式重新实现交配池算法。

9.7.3　第 3 步：繁殖

交配池已经准备好了，下面我们要开始新个体的繁殖。首先要选择双亲，我们可以用随机的方式选择它们，这符合生物繁殖的特征，传统GA也是采用这种方式。但对我们而言，选择父本并没有任何限制：可以用"无性"繁殖的方式实现，也可以选择3个或4个父本合成子代DNA。在代码演示中，我想用两个父本，并分别称为parentA和parentB。

首先，我们要生成两个随机数作为交配池的下标，这是一个介于0至ArrayList长度之间的随机数。

```
int a = int(random(matingPool.size()));
int b = int(random(matingPool.size()));
```

接下来，我们从交配池中取出这两个下标对应的DNA对象。

```
DNA parentA = matingPool.get(a);
DNA parentB = matingPool.get(b);
```

交配池中的同一个对象可能会有多个实例（我们也肯重复选中某个随机数），因此parentA和parentB可能是同一个DNA对象。如果要严谨地对待这个问题，我们可以加入一些检查代码，确保不选中同一个对象；但是这么做并不会带来很大的效益，你可以在练习题中实现它。

练习 9.4

在本例中加入检查代码，确保你不会选中两个同样的"父本"。

得到双亲后，下面我们就开始执行交叉和突变过程。

```
DNA child = parentA.crossover(parentB);    交叉函数
child.mutate();                            突变函数
```

当然，crossover()函数和mutate()函数需要我们自己来实现。从上面的调用方式可以看出，crossover()函数的参数是DNA对象，它的返回值是一个新的DNA对象，也就是子代个体。

```
DNA crossover(DNA partner) {               函数的参数是DNA对象，返回值也是DNA对象

    DNA child = new DNA();                 子代是新的DNA对象，DNA在构造函数中是用随机
                                           方式初始化的，但我们会用双亲的DNA覆盖子代DNA


    int midpoint = int(random(genes.length));   在基因数组中选择随机的"中间点"

    for (int i = 0; i < genes.length; i++) {
        if (i > midpoint) child.genes[i] = genes[i];        中间点之前和之后的基因来自不同的父本
        else child.genes[i] = partner.genes[i];
    }

    return child;                          返回子代DNA
}
```

上述crossover()函数的实现使用了"随机中间点"方法，子代基因的第一部分取自parentA，第二部分取自parentB。

练习 9.5

请使用"掷硬币"法重新实现 crossover()函数，每个子代基因都有 50% 的概率来自 parentA，有 50% 的概率来自 parentB。

9

mutate()函数比crossover()函数更容易实现。我们只需要遍历基因数组，根据突变率为每个字符随机选择一个新字符。举个例子，如果突变率为1%，我们将有1%的概率选择一个新字符。

```
float mutationRate = 0.01;

if (random(1) < mutationRate) {                 这里的代码有1%的机会执行

}
```

函数的完整实现如下：

```
void mutate() {
    for (int i = 0; i < genes.length; i++) {    遍历数组中的每个基因
        if (random(1) < mutationRate) {
            genes[i] = (char) random(32,128);    突变，产生随机字符
        }
    }
}
```

9.8   遗传算法：整合代码

你可能已经注意到，我们已经学习了两次遗传算法的实现步骤：第1次用文字形式描述，第2次用代码片段实现。在本节，我希望把前面的内容合并，用代码描述算法的各个步骤。

示例代码9-1   遗传算法：进化出莎士比亚名言

GA需要的变量	
`float mutationRate;`	突变率
`int totalPopulation = 150;`	个体总数
`DNA[] population;`	个体数组
`ArrayList<DNA> matingPool;`	交配池数组
`String target;`	目标答案

```
void setup() {
    size(200, 200);
```

```
    target = "to be or not to be";                    初始化目标答案和突变率

    mutationRate = 0.01;


    population = new DNA[totalPopulation];             步骤1：初始化种群

    for (int i = 0; i < population.length; i++) {
        population[i] = new DNA();
    }
}
void draw() {
                                                       步骤2：选择
    for (int i = 0; i < population.length; i++) {      步骤2a：计算适应度

        population[i].fitness();
    }
    ArrayList<DNA> matingPool = new ArrayList<DNA>();   步骤2b：创建交配池


    for (int i = 0; i < population.length; i++) {
        int n = int(population[i].fitness * 100);       根据适应度分值将个体加入交配池
        for (int j = 0; j < n; j++) {
            matingPool.add(population[i]);
        }

    }


    for (int i = 0; i < population.length; i++) {      步骤3：繁殖
        int a = int(random(matingPool.size()));
        int b = int(random(matingPool.size()));
        DNA partnerA = matingPool.get(a);
        DNA partnerB = matingPool.get(b);
        DNA child = partnerA.crossover(partnerB);       步骤3a：交叉

        child.mutate(mutationRate);                     步骤3b：变异


        population[i] = child;                          用新的子代覆盖种群，draw()循环会重复执行
                                                        这些步骤

    }
}
```

主标签页的实现代码反映了遗传算法的各个步骤，它调用的功能函数是在DNA类中实现的。

```
class DNA {

    char[] genes;
    float fitness;


    DNA() {                                             随机地创建DNA
        genes = new char[target.length()];
        for (int i = 0; i < genes.length; i++) {
            genes[i] = (char) random(32,128);
        }
    }
```

9

```
void fitness() {                                    计算适应度
    int score = 0;
    for (int i = 0; i < genes.length; i++) {
        if (genes[i] == target.charAt(i)) {
            score++;
        }
    }
    fitness = float(score)/target.length();
}
```

```
DNA crossover(DNA partner) {                         交叉
    DNA child = new DNA(genes.length);
    int midpoint = int(random(genes.length));
    for (int i = 0; i < genes.length; i++) {
        if (i > midpoint) child.genes[i] = genes[i];
        else              child.genes[i] = partner.genes[i];
    }
    return child;
}
```

```
void mutate(float mutationRate) {                    突变
    for (int i = 0; i < genes.length; i++) {
        if (random(1) < mutationRate) {
            genes[i] = (char) random(32,128);
        }
    }
}
}
```

```
String getPhrase() {                        转化为字符串——表现型
    return new String(genes);
}
}
```

练习 9.6

在上例中加入一个额外的特性，使其能输出更多遗传算法的工作信息。比如：输出每一代中最接近目标的语句，共经历过的代数，平均适应度等。一旦得到目标语句，马上停止遗传算法。用一个 Population 类管理 GA（替换 draw() 函数中的代码）。

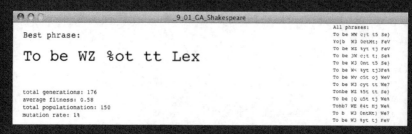

9.9 遗传算法：创建自己的遗传算法

使用遗传算法有一个好处：可以将示例代码轻易地移植到另一个应用中，因为选择和繁殖的核心代码可以保持不变。定制遗传算法的关键点有3个，这3点都非常重要，它们能帮你跳出示例程序，在Processing或其他开发环境中创造性地使用遗传算法。

9.9.1 第1点：更改变量

遗传算法并没有多少变量。仔细看前面的例子，你只能发现两个全局变量（不包括存放种群的数组和存放交配池的`ArrayList`）。

```
float mutationRate = 0.01;
int totalPopulation = 150;
```

这两个变量能显著地影响系统行为，我不建议随意地给它们赋值（尽管不断地试错也能得到最优解，且不失为一种合理方法）。

在莎士比亚名言示例程序中，我选择的参数值能算出正确答案，但是计算速度不够快（平均为1000代左右），这么做是为了用一段合理的时间演示计算过程。随着种群个体数量的增多，遗传算法的计算速度也会变得更快。下表列出了不同规模种群的效率：

个体数量	突变率	解决问题所需代数	解决问题所需时间（秒）
150	1%	1089	18.8
300	1%	448	8.2
1000	1%	71	1.8
50 000	1%	27	4.3

注意：随着种群规模不断增大，求解问题所需的代数急剧减少。然而，这不一定能减少总时间。一旦种群中个体数量超过50 000，Sketch的运行速度会变得很慢，因为随着个体数量增加，适应度计算和交配池构建所需的时间也会变长。（当然，你可以为大规模的种群做更多优化。）

除了种群规模，突变率也能显著影响性能。

个体数量	突变率	解决问题所需代数	解决问题所需时间（秒）
1000	0%	37或没有？	1.2或没有？
1000	1%	71	1.8
1000	2%	60	1.6
1000	10%	没有？	没有？

在没有突变（突变率为0%）的情况下，能否得到正确的结果还要靠运气。如果所有正确的字符都出现在种群的初始个体中，你就能很快进化出正确结果。如果初始个体不包含所有的正确字符，你永远也得不到正确结果。重复运行几次以上程序，你就能碰到这两种情况。除此之外，如果突变率高于某个值（假如是10%），进化过程将会出现很高的随机性（在每个子代个体中，

1/10的字符是随机确定的），因此模拟过程就变成了纯粹的随机枚举。从理论上讲，它最终会得到正确的答案，但你可能要等很久，甚至等待时间远远超出合理值。

9.9.2   第2点：适应度函数

更改突变率或种群规模是一件很容易的事，你只需要在Sketch中输入几个数字。对遗传算法而言，真正的困难在于实现适应度函数。如果无法定义问题的目标或无法用数值衡量目标的完成度，你就不能正确地实现遗传算法。

在讨论其他适应度函数之前，让我们看看莎士比亚适应度函数中的几个缺陷。假如目标短语的字符数不是19个，而是上千个。如果种群中有两个个体，其中某个个体的正确字符数是800，而另一个个体的正确字符数是801。它们的适应度分值如下：

句子A	800个正确字符	适应度 = 80%
句子B	801个正确字符	适应度 = 80.1%

这里存在几个问题。首先，我们要在交配池中多次添加某一个体，假设添加次数为N，N等于适应度乘以100。对象只能在ArrayList中添加整数次，因此，A和B对象的添加次数都是80次，也就是说它们被选中的概率相等。尽管我们可以用浮点概率改进这个问题，但是80.1%的概率只比80%多出0.1%。但在进化场景中，801个正确字符的效果比800个正确字符好很多。我们需要让多出来的那个字符产生应有的效果，让前者的适应度分值明显高于后者。

换一种方式，让我们用图形表示适应度函数。

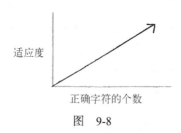

图   9-8

这是一个线性函数，在正确字符数增加的过程中，适应度分值也随之增大。我们还可以让适应度随着正确字符的增加呈指数性增长，对应效果如下图所示：

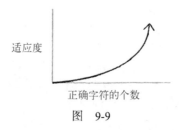

图   9-9

正确字符的数量越多，适应度的增长越快。我们可以用多种方法实现这一效果，比如以下方式：

适应度 = 正确字符数 × 正确字符数

假如种群中有2个个体，个体A有5个正确字符，个体B有6个正确字符。A的正确字符数比B多20%。进行平方计算后，得到的适应度分值如下表所示。

正确字符数	适应度
5	25
6	36

随着正确字符数的增加，适应度分值呈指数性增长。B的适应度分值比A高44%。

除此之外，还有另一个公式：

适应度分值 = $2^{正确字符的数量}$

正确字符数	适应度
1	2
2	4
3	8
4	16

在这个公式中，适应度分值的增长速度更快，每增加一个字符，分值就翻倍。

练习 9.7

请重新实现适应度函数，让适应度随正确字符的增加而呈指数性增长。最后你需要将适应度分值单位化到0~1，使它们能合理地加入交配池。

虽然指数函数和线性函数在适应度设计中非常重要，但我还想提醒你另一个关键点：请设计你自己的适应度函数！并不是所有用到的遗传算法项目都涉及字符的计数。在本书中，你可能会在粒子系统中使用遗传算法，让其中的粒子发生进化；或在自治智能体中用遗传算法优化转向行为的权重，让个体可以避开障碍或走出迷宫。在设计适应度函数之前，你要先问自己想评估哪些参数。

假如你正在模拟竞速，需要用遗传算法求解小车的最佳速度。适应度函数可以这么设计：

适应度 = 小车到达目标需要的帧数

假如你要用遗传算法求解导弹的最佳发射轨迹。适应度函数可以这么设计：

适应度 = 导弹和靶子之间的距离

9

在电脑游戏中，NPC角色（由电脑控制的角色）的设计也常常用到遗传算法。假如你正在设计足球游戏。，在这个游戏中，守门员由用户操纵，其他球员由程序操纵。程序要通过一系列的射门参数控制这些球员，我们可以用以下方式设计适应度函数：

适应度 = 总进球数

对足球游戏来说，这是再简单不过的一种实现方式，但它恰好说明了问题的关键：球员的进球数越多，适应度越高，进入下一轮游戏的概率也越大。虽然这个适应度函数很简单，但它展现了遗传算法的强大之处——系统的适应能力。在球员进化过程中，如果突然换了一个新人类玩家（和完全不同的策略），系统会马上发现原先的适应度分值变低，需要进化出新的策略。也就是说，系统有适应能力！（不要担心，由此产生的机器人并不会奴役人类。）

最后，如果适应度函数不能有效地评估个体的表现，你将无法使系统发生进化。某个特定程序的适应度函数并不适合用在其他项目上。因此，你需要发挥自己的才智，重新设计自己的适应度函数。fitness()函数的功能就是计算适应度分值，你只需修改它的实现就能创建自己的适应度函数。

```
void fitness() {
    ????????????
    ????????????
    fitness = ??????????
}
```

9.9.3 第 3 点：基因型和表现型

最后一个关键点和系统属性的编码方式有关。在设计遗传算法之前，你需要问自己几个问题。你想表达什么？如何把要表达的东西转化为一串数字？什么是系统的基因型和表现型？

在足球游戏的讨论中，我们假定电脑控制的球员有"一系列控制射门方式的参数"。这些参数和它们的编码方式就是对应的基因型，我们应该设计这些参数。

我们之所以从莎士比亚名言的示例开始讨论遗传算法，很大一部分原因在于它的基因型（字符数组）和表现型（显示在窗口上的字符串）很容易设计。

在本章的开头，我曾经提示：从本书的最开始你就在设计基因型和表现型。当你在实现某个类时，需要加入一系列变量。

```
class Vehicle {
    float maxspeed;
    float maxforce;
    float size;
    float separationWeight;
    //……
```

为了进化这些变量，我们需要将它们转化为数组。这样一来，我们就可以在数组上使用DNA类的crossover()、mutate()等函数。对此，一种常用的方案是用介于0~1的浮点数填充整个数组。

```
class DNA {

    float[] genes;                              浮点数组

    DNA(int num) {
        genes = new float[num];
        for (int i = 0; i < genes.length; i++) {

            genes[i] = float(1);                挑选介于0~1的浮点数

        }
    }
```

注意我们如何将遗传信息（基因型）和表达（表达型）放到两个不同的类中。DNA类就是基因型，Vehicle类需要用DNA对象驱动自身行为，还要用可视化方式表达遗传信息，因此Vehicle类就是表现型。只要在Vehicle类内部放入一个DNA实例，就可以在两者之间建立联系。

```
class Vehicle {
    DNA dna;                                    在Vehicle类中添加DNA对象

    float maxspeed;
    float maxforce;
    float size;
    float separationWeight;
                                                ……
    Vehicle() {
        DNA = new DNA(4);
        maxspeed = dna.genes[0];                用基因设置变量

        maxforce = dna.genes[1];
        size = dna.genes[2];
        separationWeight = dna.genes[3];
    }                                           ……
```

当然，你并不希望所有变量都落在0~1。我们可以用Processing的map()函数把遗传信息映射到合适的范围，比起在DNA类中维护范围，用map()函数映射范围更简单。举个例子，如果你想获得一个介于10~72的长度变量，可以这么做：

```
size = map(dna.genes[2], 0, 1, 10, 72);
```

在某些情况下，你会把基因型设计成一个对象数组。考虑火箭模型的设计：火箭中有一组"推进器"引擎，你可以用PVector对象描述每个推进器的推进方向和动力强度。

```
class DNA {
    PVector[] genes;                            基因型是向量数组

    DNA(int num) {
        genes = new float[num];
        for (int i = 0; i < genes.length; i++) {
```

```
        genes[i] = PVector.random2D();        指向随机方向的向量
        genes[i].mult(random(10));            将向量设为随机长度
    }
}
```

我们用一个Rocket类实现表现型，让它参与物理系统的模拟。

```
class Rocket {
    DNA dna;
    //……
}
```

把基因型和表现型实现为不同的类（如DNA和Rocket），这么做有一个很大的好处：之前开发的DNA类可以保持不变，你只需要更改基因数组的数据类型（float、PVector对象等），并在表现型中实现数据的表达。

在下一节，我们会按照这些思路继续往下走，用具体的实例讲解这些步骤。以下实例同时包含了运动物体和由向量数组描述的DNA对象。

9.10　力的进化：智能火箭

我们基于一个特殊原因选择火箭模型的思路。2009年，Jer Thorp 在他的博客上（http://blprnt.com）发表了一个遗传算法示例 "Smart Rockets"。Jer指出，NASA用进化计算技术解决了从卫星天线设计到火箭发射模式的一系列问题，这启发他创建这个Flash程序演示火箭的进化。以下是场景描述：

一组火箭从屏幕底部开始发射，目标是击中屏幕中的靶子（绕过直线前进路线中的障碍物）。

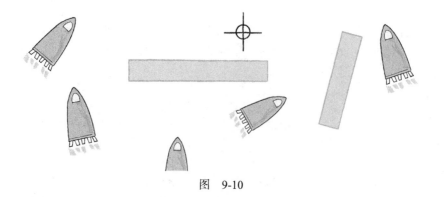

图　9-10

每个火箭都配有5个推进器，推进器产生大小和方向都可变的推力。推进器不是一次全部发射，也不会连续发射，它的发射次数由一个自定义序列决定。

图 9-11

在本节中，我们要演化自己的简化版智能火箭（其中受到了Jer Thorp的启发）。在本节的结尾，我们可以在练习中实现Jer Thorp的智能火箭模型的其他高级特性。

我们的火箭只有一个推进器，在每一帧动画中，这个推进器可以产生任何方向和强度的推力。这个模型并不符合真实场景，但它会简化框架构建过程。（之后我们可以优化火箭和推进器模型，让它更符合真实场景。）

首先，我们要把第2章的Mover类重命名为Rocket类。

```
class Rocket {
    PVector location;          火箭有3个向量：位置、速度和加速度
    PVector velocity;
    PVector acceleration;


    void applyForce(PVector f) {   将力转化为加速度（牛顿第二定律）
        acceleration.add(f);
    }


    void update() {                简单的物理模型（欧拉积分）
        velocity.add(acceleration);  速度根据加速度变化
        location.add(veloctiry);     位置根据速度变化

        acceleration.mult(0);
    }
}
```

有了以上代码框架，我们只需在每一帧中调用applyForce()函数并传入一个推进力，就能实现智能火箭的运动模拟。一旦draw()函数被调用，"推进器"就会对火箭施加一个推进力。

我们在上一节提到了定制遗传算法的3个关键点，下面结合本例回顾这3个关键点。

第1点：种群规模和突变率

实际上，我们可以暂时推迟这一点的讨论。本例的策略是先选择一些合适的初始值（种群中有100个火箭，突变率是1%），然后构建整个系统，再根据Sketch运行结果更改这些参数。

第2点：适应度函数

我们知道发射火箭的目的是击中某个靶子。也就是说，火箭到靶子的距离越近，它的适应度就越高。适应度和距离成反比：距离越短，适应度越高；距离越长，适应度越低。

9

假设靶子是一个PVector对象，我们可以用这种方式实现适应度函数：

```
void fitness() {
  float d = PVector.dist(location, target);     计算距离
  fitness = 1/d;                                适应度和距离成反比
}
```

这也许是最简单的适应度函数。我们用1除以距离，就能得到反比例关系：距离越大，得到的适应度值越小；距离越小，得到的适应度值越大。

距　　离	1/距离
300	1/300=0.0033
100	1/100=0.01
5	1/5=0.2
1	1/1=1.0
0.1	1/0.1=10

如果要让适应度和距离成指数关系，可以用1除以距离的平方。

距　　离	1/距离	(1/距离)^2
300	1/400=0.0025	0.000 006 25
100	1/100=0.01	0.000 1
5	1/5=0.2	0.04
1	1/1=1.0	1.0
0.1	1/0.1=10	100

除此之外，我们还可以对适应度函数做一些额外的优化，但简单的实现是一个良好的开端。

```
void fitness() {
    float d = PVector.dist(location, target);
    fitness = pow(1/d,2);                      1除以距离的平方
}
```

第3点：基因型和表现型

前面我们说到，每个火箭都有一个推进器。推进器会在每一帧产生方向和大小皆可变的推力。因此，我们需要在每一帧动画中获取一个PVector对象。这样一来，本例的基因型（控制火箭行为的数据）可以用PVector对象的数组表示。

```
class DNA {
    PVector[] genes;
```

好消息是：本例不需要对DNA类进行任何其他修改。在猴子敲键盘程序中，我们为DNA类开发了一系列功能，这些功能完全适用于本例。唯一的不同点在于基因数组的初始化方式。在前面的例子中，基因数组由字符组成，它的元素是随机字符；在本例中，我们应该用随机的PVector对象初始化DNA序列。如何创建一个随机的PVector对象？你的直觉可能是这样的：

```
PVector v = new PVector(random(-1,1),random(-1,1));
```

　　这种方法很好，有时候也能奏效，但并不严谨。如果将得到的向量画在一幅图中，就会得到图9-12。也就是说，所有向量在一起形成了一个正方形区域。对本例而言，可能没有太大问题，但它还是存在一些偏差：正方形对角线上的向量比水平或竖直的向量更长。

图　9-12

　　更好的方案应该是：选择一个随机角度，在这个角度上创建长度为1的向量。这样得到的向量将会形成一个圆。这可以通过极坐标系到笛卡儿坐标系的转换来完成，还可以直接调用PVector的random2D()函数，后者会更方便一些。

图　9-13

```
for (int i = 0; i < genes.length; i++) {
    genes[i] = PVector.random2D();          按随机角度创建向量
}
```

　　实际上，长度为1的PVector向量代表一个强度很大的力。记住，力会改变加速度，而加速度会以每秒30次的频率改变速度。因此，我们需要在DNA类中再加入一个变量：maxforce变量，用于限制PVector对象的长度。我们用这种方式控制推进力的大小。

```
class DNA {

    PVector[] genes;                        基因序列是一组向量

    float maxforce = 0.1;                   推进器的推力大小

    DNA() {
```

9

```
        genes = new PVector[lifetime];                  火箭生命期的每一帧分别对应一个向量对象

        for (int i = 0; i < genes.length; i++) {
            genes[i] = PVector.random2D();
            genes[i].mult(random(0, maxforce));          用随机的方式改变向量长度，但不要超过最大推进力
        }
    }
```

还需要注意，PVector对象的数组长度等于lifetime。火箭生存期中的每一帧都需要有个向量。以上代码假设lifetime是个全局变量，存储了每一代的总帧数。

Rocket类可以参照第2章中向量和力的示例程序，它的作用就是表达PVector数组的遗传信息，也就是表现型。我们只需要在Rocket类中添加一个DNA对象和fitness变量。只有Rocket对象知道如何计算它和靶子之间的距离，因此我们需要把适应度函数放到Rocket类中实现。

```
class Rocket {

    DNA dna;                                           火箭的DNA

    float fitness;                                     火箭的适应度


    PVector location;
    PVector velocity;
    PVector acceleration;
```

DNA对象在这里有什么用？我们会从DNA基因数组中逐个取出PVector对象，然后将这个对象施加到火箭上。为了实现这一点，我们还需要添加一个整型变量，作为遍历数组时的计数器。

```
int geneCounter = 0;

void run() {

    applyForce(dna.genes[geneCounter]);                将基因数组中的力向量作用在火箭上

    geneCounter++;                                     转到基因数组的下一个力向量

    update();                                          更新火箭的物理属性

}
```

9.11 智能火箭：整合代码

现在，我们有了DNA类（基因型）和Rocket类（表现型）。还剩下一个Population类没有实现，这个类的作用是管理火箭数组，实现选择和繁殖功能。告诉你一个好消息：我们可以使用猴子敲键盘示例程序的代码，而且也不需要做太多修改。对于这两个程序，创建交配池和生成子代个体数组的实现过程是完全一样的。

```
class Population {

    float mutationRate;                                记录突变率、种群数组、交配池数组及代计数器的
                                                       种群变量

    Rocket[] population;
```

```
ArrayList <Rocket>matingPool;
int generations;

void fitness() {}          这些函数没有发生变化，因此无需列举
void selection() {}
void reproduction() {}

}
```

但它们之间还是存在显著的区别。在猴子敲键盘程序中，随机语句在创建完成之后就进行适应度评估；字符串也没有生命期，它的存在仅仅是为了计算适应度。但在本例中，火箭需要先尝试如何击中靶子，运行一段时间后才能做适应度评估。因此，我们需要在Population类中加入一个函数，该函数的职责是模拟物理运动，它的实现方式和粒子系统中的run()函数一样——更新所有粒子的位置，并绘制它们。

```
void live() {
    for (int i = 0; i < population.length; i++) {
        population[i].run();          run()函数负责操纵力、更新火箭的位置及显示火箭
    }
}
```

最后，我们可以实现setup()函数和draw()函数。主标签页程序的主要职责是按序调用Population的成员函数，执行遗传算法的每个步骤。

```
population.fitness();
population.selection();
population.reproduction();
```

不过，本例和猴子打字程序有所不同，我们不需要在每一帧中做这些事情。正确的执行步骤如下：

(1) 创建火箭种群
(2) 让所有火箭运行N帧
(3) 进化出下一代

    ❑ 选择
    ❑ 繁殖

(4) 回到步骤(2)

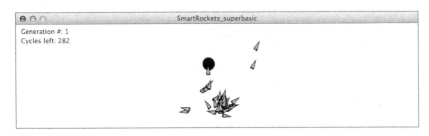

示例代码9-2　简单的智能火箭

```
int lifetime;                                        每一代生命期的帧数

int lifeCounter;                                     我们位于哪一帧

Population population;                               种群对象

void setup() {
    size(640, 480);
    lifetime = 500;
    lifeCounter = 0;

    float mutationRate = 0.01;
    population = new Population(mutationRate, 50);    第一步：创建种群。我们在这里指定突变率和种群
                                                     规模
}

void draw() {
    background(255);
    if (lifeCounter < lifetime) {                    修改后的遗传算法

        population.live();                           第二步：只要lifeCounter小于lifetime，火箭
                                                     就一直存活

        lifeCounter++;
    } else {
        lifeCounter = 0;                             一旦生命期结束，就重置lifeCounter，开始下一
                                                     轮进化（步骤3和步骤4，选择和繁殖）

        population.fitness();
        population.selection();
        population.reproduction();
    }
}
```

虽然上面的程序能正常运行，但运行结果不够有趣。火箭最后只能进化出一系列垂直向上的向量。在下一个例子中，我们将讨论两个改进方案，并提供实现方案所需的代码片段。

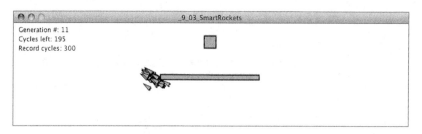

改进1：障碍物

为了让系统更复杂，并进一步展示进化算法的威力，我们可以在系统中加入障碍物，火箭在

飞行过程中必须避开这些障碍物。我们可以创建一个静止的矩形障碍物，只需在系统中引入一个Obstacle类，该类存放了障碍物的位置和尺寸。

示例代码9-3 智能火箭

```
class Obstacle {
    PVector location;                    障碍物有位置（矩形的左上角）、宽度和高度
    float w,h;
```

我们还可以在Obstacle类中加入一个contains()函数，该函数用于判断火箭是否撞到障碍物，返回值是true或false。实现如下：

```
boolean contains(PVector v) {
    if (v.x > location.x && v.x < location.x + w && v.y > location.y && v.y <
location.y + h) {
        return true;
    } else {
        return false;
    }
}
```

如果存在一个障碍物数组，每个火箭都需要检查它是否会撞到这些障碍物，我们可以在Rocket类中增加一个函数：如果火箭撞到任何障碍物，返回true；如果没有撞到，则返回false。

```
void obstacles() {                       这是Rocket类的成员函数，检查火箭是否撞到
                                         障碍物
    for (Obstacle obs : obstacles) {
        if (obs.contains(location)) {
            stopped = true;
        }
    }
}
```

如果火箭撞到障碍物，它应该停止运动，不再更新位置。

```
void run() {
    if (!stopped) {                      如果火箭不会撞到障碍物，就执行run()函数的
                                         操作
        applyForce(dna.genes[geneCounter]);
        geneCounter = (geneCounter + 1) % dna.genes.length;
        update();
        obstacles();
    }
}
```

我们还应该调整火箭的适应度：火箭撞到障碍物是一件很可怕的事情，在这种情况下，火箭的适应度应该大大降低。

```
void fitness() {
    float d = dist(location.x, location.y, target.location.x, target.location.y);
    fitness = pow(1/d, 2);
```

9

```
    if (stopped) fitness *= 0.1;
}
```

改进2：更快地击中靶子

仔细观察第一个智能火箭示例，你会发现更快击中靶子的火箭并没有得到奖赏。适应度函数的唯一变量是火箭与靶子之间的距离。实际上，某些火箭在运动过程中曾经非常接近靶子，但由于其运动速度过快，最终超越了靶子。因此，火箭的运动应该更加缓慢而平稳。

优化火箭飞行速度的方式有很多种。首先，我们可以记录在飞行期火箭与靶子的最近距离，用这个距离代替两者的最终距离。我们用recordDist变量表示这个最近距离。（本节的所有函数都是Rocket类的成员函数。）

```
void checkTarget() {
    float d = dist(location.x, location.y, target.location.x, target.location.y);
    if (d < recordDist) recordDist = d;                  对每一帧，我们都要检查这个距离，查看它是否比
                                                         "记录"距离更近。如果是，我们就有了新记录
```

除此之外，火箭到达靶子所花费的时间应该成为奖赏因素。换句话说，火箭越快到达靶子，它的适应度就越高；越慢到达靶子，适应度就越低。为了实现这一特性，我们需要引入一个计数器，在火箭生命期的每一轮递增这个计数器，直到它到达靶子。最后，计数器的值等于火箭到达靶子所花费的时间。

```
if (target.contains(location)) {            如果对象到达目标位置，将布尔标志设为true
    hitTarget = true;
} else if (!hitTarget) {
    finishTime++;                           如果火箭没有达到目标位置，则继续递增计数器
    }
}
```

适应度和finishTime成反比，因此我们可以按照以下方式改进适应度函数：

```
void fitness() {

    fitness = (1/(finishTime*recordDist));       完成时间和最短距离

    fitness = pow(fitness, 2);                   创建指数关系

    if (stopped) fitness *= 0.1;                 如果火箭撞到障碍物，则适应度大大降低

    if (hitTarget) fitness *= 2;                 如果火箭能到达目标位置，则提高适应度
}
```

这些改进都已整合到示例代码9-3（智能火箭）的代码中了。

练习 9.8

请尝试创建更复杂的障碍物，让火箭更难到达靶子。请思考在这种情况下是否需要改进 GA 的其他方面，比如是否需要改进适应度函数？

练习 9.9

试用 Jer Thorp 的智能火箭实现方式改进本例的火箭发射模式。在 Jer Thorp 的模型（http://www.blprnt.com/smartrockets/）中，每个火箭有都 5 个推进器（可产生任何大小和方向的推力），每个推进器都根据一个发射序列（任意长度）产生推力。除此之外，火箭的燃料也是有限的。

练习 9.10

请尝试用不同的可视化方式显示火箭。你能否画出到达靶子的最短路径？你能否用粒子系统模拟出推进器的喷气效果？

练习 9.11

另外，我们还可以用流场进化实现本例。你能否创建向量流场对应的基因型？

计算机图形学中有一个著名的遗传算法实现，那就是 Karl Sims 的 "Evolved Virtual Creatures"。在这个实现中，Sims 根据数字生物（在模拟物理环境中的生物）的任务执行能力评估适应度。任务包括游泳、奔跑、跳跃、跟踪以及争夺领域等。

该实现的创新之处在于其基于节点的基因型。在 Sims 的实现中，生物的 DNA 并不是由 PVector 对象或数字构成的线性列表，而是由节点构成的图。（有关图的例子，请回顾练习 5.15 中 toxiclibs 的力导向图）对应的表现型是生物本身：通过肌肉相连的躯体。

9

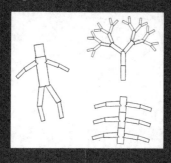

练习 9.12

根据 Sims 设计的生物，请你用 toxiclibs 或 Box2D 构建简单的二维生物。如果你想了解更多关于 Sims 的技术实现，可以看看相关视频，或者阅读 Sims 写的论文 "Evolved Virtual Creatures" (http://www.karlsims.com/evolved-virtual-creatures.html)。除此之外，你还能找到一个相似的例子：BoxCar2D (http://boxcar2d.com/)，该程序用 Box2D 模拟了 "车" 的进化。

9.12   交互式选择

除了 "Evolved Virtual Creatures"，Sims的Galapagos博物馆系统也是众所周知的，这套系统于1997年首次安装在东京的互动艺术中心。该系统有12个显示器用于展示电脑生成的图像。随着时间的推移，这些图像不断进化，进化过程涉及遗传算法的选择和繁殖。这套系统的创新之处并不在于遗传算法本身，而在于适应度函数的实现策略。每个显示器前面的地板上都有一个传感器，它能侦测用户是否在看屏幕。图像的适应度由用户的欣赏时间确定。这就是所谓的交互式选择：适应度由用户确定的遗传算法。

思考你曾经用过的评分系统。你能否根据Netflix上的电影评分进化出完美的电影，或者根据美国选秀比赛的评分进化出最完美的歌手？

为了展示这种技术，我们打算创建一个由表情构成的种群。每个表情都有一系列属性：头的大小、头的颜色、眼睛的位置、眼睛的大小、嘴的颜色、嘴的位置、嘴的宽度以及嘴的高度。

图　9-14

表情的DNA（基因型）是介于0~1的浮点数组。表情的每个属性都对应着数组的某个元素。

```
class DNA {
    float[] genes;
    int len = 20;                                      为了画出这张脸，我们需要20个基因

    DNA() {
        genes = new float[len];
        for (int i = 0; i < genes.length; i++) {
            genes[i] = random(0,1);                    每个基因都是介于0~1的随机浮点数
        }
    }
}
```

表现型是Face类，其中包含一个DNA实例。

```
class Face {

    DNA dna;
    float fitness;
```

接下来要在屏幕上绘制表情，我们可以用Processing的map()函数将基因信息转化为合适的像素值或颜色值。（在本例中，我们还会用colorMode()函数将RGB范围设置为0~1。）

```
void display() {
    float r             = map(dna.genes[0],0,1,0,70);    用map()函数将基因转化为绘制参数

    color c             = color(dna.genes[1],dna.genes[2],dna.genes[3]);
    float eye_y         = map(dna.genes[4],0,1,0,5);
    float eye_x         = map(dna.genes[5],0,1,0,10);
    float eye_size      = map(dna.genes[5],0,1,0,10);
    color eyecolor      = color(dna.genes[4],dna.genes[5],dna.genes[6]);
    color mouthColor    = color(dna.genes[7],dna.genes[8],dna.genes[9]);
    float mouth_y       = map(dna.genes[5],0,1,0,25);
    float mouth_x       = map(dna.genes[5],0,1,-25,25);
    float mouthw        = map(dna.genes[5],0,1,0,50);
    float mouthh        = map(dna.genes[5],0,1,0,10);
```

到目前为止，我们一直在做前面已经做过的事。但这里会有一点不同：我们不打算实现fitness()函数，也不打算用某个数学公式计算表情的适应度；相反，我们打算让用户自己确定适应度函数。

如何用最佳方式让用户确定适应度是交互设计方面的问题，这不在本书的讨论范围。因此我们不会讨论如何写一个滑动条控件，也不会讨论如何实现一个用于打分的硬件，或创建一个Web应用专门让用户提交在线分数。用什么样的方式获得适应度分值应该由你自己决定，同时也取决于应用的具体类型。

为了实现简单的演示功能，我们打算用以下方式获取适应度分值：当鼠标在某个表情上停留越久，它的适应度就越高。当用户点击"evolve next generation"按钮时，我们就为他创建下一代表情。

让我们来看看遗传算法的各个步骤如何应用在主标签程序中。我们要注意：适应度由鼠标操作决定，下一代的创建由按钮触发。剩余的代码，如鼠标位置检查、按钮交互……可以在随书源代码中找到。

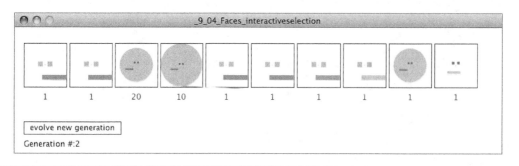

示例代码9-4 交互式选择

```
Population population;
Button button;

void setup() {
    size(780,200);
    float mutationRate = 0.05;
    population = new Population(mutationRate,10);
    button = new Button(15,150,160,20, "evolve new generation");
}

void draw() {

    population.display();
    population.rollover(mouseX,mouseY);         将鼠标位置传入population对象的rollover()
                                                函数，以此确定适应度
    button.display();
}

void mousePressed() {
    if (button.clicked(mouseX,mouseY)) {        一旦按钮被按下，就通过选择和繁殖创建下一代
        population.selection();
        population.reproduction();
    }
}
```

注意：本例只是交互式选择的演示程序，并不能实现具有实际意义的结果。首先，我们没有花心思设计表情的外形，这些表情只是由简单图形和颜色构成的。Sims专门用复杂的数学函数设计图像的基因型。你也可以考虑用向量创建基因型，比如点和路径。

这里还有个关键问题，那就是时间。在自然界，进化的过程要花费数百万年。在电脑模拟的世界里，我们用某种特定的算法创建新一代，整个进化过程进行地很快。在猴子敲键盘的程序中，

在每一帧里都会产生新的子代（大约花费1/60 s）。由于适应度值是根据数学公式计算出来的，我们还可以引入更大的样本，加快进化速度。然而，在交互式选择中，我们必须等待用户对种群的每个个体进行评分，评分完成后才能产生下一代。如果种群太大，用户会觉得很无聊，而且用户也没有耐心经历太多子代！

这个问题有一个灵巧的解决方案。Sims的Galapagos展览程序隐藏了用户评级过程，因为它能从用户观赏作品的行为中得到数据。Web程序能从无数用户中获取评分数据，这是一种优秀的分布式策略，适合快速获取大种群的评分数据。

最后，我要声明：成功构建交互式选择系统的关键在于遗传算法。遗传算法的几个关键点：什么是基因型和表现型；如何计算适应度。在交互式选择中，第二个问题应该改为：如何在用户的交互过程中获取适应度？

练习 9.14

请创建自己的交互式选择项目。除了可视化设计，你还可以考虑声音的进化——比如音调构成的短序列。你能否制定出一种策略用于获取大量用户评分，比如 Web 程序或者物理传感系统？

9.13 生态系统模拟

在本章的进化系统中，你可能会注意到一些奇怪的地方。在现实世界中，种群中的新个体不会在同一时间诞生，也不会在同一时间成长或繁殖，然后立即死亡，最后使种群的规模保持在完美的稳定状态。这些行为方式都不符合真实场景。也不会有人拿着计算器在森林中四处转悠，专门为每一种生物计算适应度。

在真实的自然界中，并不存在"适者生存"的规律，真正的规律是"生存者生存"。也就是说，生存时间越久的生物，无论以什么原因，繁殖的机会总是更大。新个体在诞生后能生存一段时间，在这段时间内它可能会繁殖出后代，之后才死亡。

你不会在人工智能教科书中找到"现实世界"的进化模拟。本章的前面部分讲述了遗传算法的使用方式。但是，由于本书的目的是模拟自然系统，因此我们有必要讨论如何用遗传算法构建一个类"生态系统"，就如同我们在每一章最后做的练习题。

我们先从一个简单的场景开始，创建一种名为"bloop"的生物，这是一个圆圈，根据Perlin噪声算法在屏幕中移动。这种生物有一个半径和最大速度。我们设定：生物的外形越大，移动速度越慢；外形越小，移动越快。

```
class Bloop {
    PVector location;                                    位置
```

```
    float r;                                  尺寸和速度

    float maxspeed;

    float xoff, yoff;                         Perlin噪声算法所需的变量

    void update() {
        float vx = map(noise(xoff),0,1,-maxspeed,maxspeed);
        float vy = map(noise(yoff),0,1,-maxspeed,maxspeed);

        PVector velocity = new PVector(vx,vy);   用Perlin噪声算法计算速度向量

        xoff += 0.01;
        yoff += 0.01;

        location.add(velocity);                bloop对象发生移动
    }
    void display() {                          bloop对象的外形是一个圆

        ellipse(location.x, location.y, r, r);
    }
}
```

上述代码遗漏了一些细节（比如在构造函数中初始化变量），但总体思路是正确的。

在本例中，我们想把bloop种群放到一个ArrayList中，而不再是之前用的定长数组，因为随着bloop个体的诞生或死亡，种群规模能动态扩大或缩小。我们可以在World类中存放这个ArrayList实例，它负责管理bloop世界中的所有元素。

```
class World {

    ArrayList <Bloop> bloops;                 bloop对象列表

    World(int num) {
        bloops = new ArrayList<Bloop>();

        for (int i = 0; i < num; i++) {
            bloops.add(new Bloop());          初始化bloop对象列表
        }
    }
```

到目前为止，我们只是在重复第5章粒子系统的构建过程。我们有一个在屏幕中移动的个体（bloop），还有一个世界（World）管理着数量可变的个体。为了将它变成进化系统，我们需要在世界中加入两个额外特性：

❑ bloop死亡

❑ bloop诞生

我们用bloop个体的死亡代替适应度函数和“选择”过程。如果某个bloop个体死亡，它就无法繁殖后代。我们可以在bloop类中加入health变量，用它实现bloop个体的死亡机制。

```
class Bloop {
    float health = 100;                              bloop对象在起始时刻拥有100点生命值
```

在每一帧动画中，bloop个体会损失一些生命值（health）。

```
void update() {
                                                     实现运动所需的代码
    health -= 1;                                     递减生命值
}
```

如果bloop的health减为0，它就会死亡。

```
boolean dead() {                                     在bloop类中加入一个函数，检查bloop对象是否
                                                     死亡
    if (health < 0.0) {
        return true;
    } else {
        return false;
    }
}
```

这是一个很好的开端，但我们还没做成任何事。如果所有bloop的health都从100开始，并在每一帧都减1，这样一来，所有bloop的生存时间都相同，也会同时死亡。如果每个bloop对象都有相同的生存时间，它们繁殖后代的概率也相等，因此种群就不会进化。

我们可以用多种方式实现可变的生存期。比如，引入bloop的捕食者：bloop的运动速度越快，它被捕食的几率也就越低，最后会进化出速度越来越快的bloop对象。此外还可以引入食物：当bloop对象吃到食物，它的生命值就提高，生命也得以延续。

假设我们有一个由食物位置组成的ArrayList，名为food。我们可以通过测试bloop对象和食物的位置确定bloop对象的觅食行为：如果bloop离食物足够近，它就吃掉这些食物（食物也从世界中移除），增加自己的生命值。

```
void eat() {
    for (int i = food.size()-1; i >= 0; i--) {
        PVector foodLocation = food.get(i);
        float d = PVector.dist(location, foodLocation);

        if (d < r/2) {                               bloop对象是否接近食物

            health += 100;                           如果是，增加生命值

            food.remove(i);                          其他bloop对象已无法吃到这份食物

        }
    }
}
```

现在，摄入更多食物的bloop对象能生存更久，繁殖的机会也更大。因此，我们希望系统能进化出觅食能力更强的bloop对象。

9

既然世界已经构建完成，下面我们添加进化的几个要素。首先，我们要建立基因型和表现型。

9.13.1　基因型和表现型

bloop的觅食能力和两个变量有关：大小和速度。bloop的尺寸越大，觅食能力越强，因为越大的bloop越容易和食物相交；bloop的速度越快，觅食能力也越强，因为移动速度越快，单位时间内走过的面积越大，接触的食物也越多。

由于尺寸和速度成反比（大尺寸的bloop对象运动快，小尺寸的bloop对象运动慢），因此我们只需要用单个数字表示基因型。

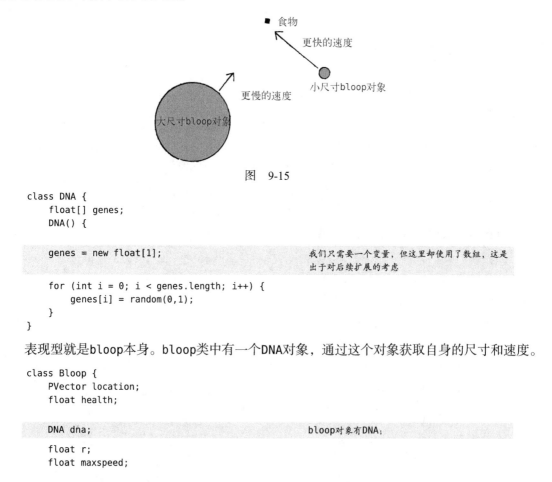

图　9-15

```
class DNA {
    float[] genes;
    DNA() {

    genes = new float[1];                    我们只需要一个变量，但这里却使用了数组，这是
                                             出于对后续扩展的考虑

    for (int i = 0; i < genes.length; i++) {
        genes[i] = random(0,1);
    }
  }
}
```

表现型就是bloop本身。bloop类中有一个DNA对象，通过这个对象获取自身的尺寸和速度。

```
class Bloop {
    PVector location;
    float health;

    DNA dna;                                 bloop对象有DNA；

    float r;
    float maxspeed;

     Bloop(DNA dna_) {
        location = new PVector(width/2,height/2);
        health = 200;
        dna = dna_;
```

```
    maxspeed = map(dna.genes[0], 0, 1, 15, 0);    将DNA中的基因映射为最大速度和半径
    r        = map(dna.genes[0], 0, 1, 0, 50);
}
```

`maxspeed`的值被映射到15～0，也就说，如果基因值为0，`bloop`的运动速度就等于15；如果基因值为1，`bloop`的运动速度就等于0。

9.13.2 选择和繁殖

有了基因型和表现型之后，我们需要设计一种选择策略，从种群中选出一些`bloop`对象作为繁殖父本。之前提到：`bloop`的生存时间越久，繁殖的机会越大。因此，适应度就是`bloop`的生存时间。

这里有一种实现方式：两个`bloop`对象一旦接触，它们就会产生一个新的`bloop`对象。`bloop`生存时间越久，它们接触对方的几率越大，繁殖机会也越大。（这还会影响进化结果，因为除了食物因素，`bloop`接触对方的能力也变成了繁殖因素。）

更简单的实现方式是"无性"繁殖，也就是说，`bloop`不需要配偶就能繁殖后代。它可以在任意时间复制自己，副本由完全相同的基因组成。我们可以将该选择算法描述为：

在任意时刻，`bloop`都有1%的繁殖机会。

这样一来，`bloop`生存时间越久，它至少繁殖1个后代的概率也越高。这和买彩票的原理是一样的：买彩票的次数越多，中奖的概率也越大。（很遗憾地告诉你，即使如此，买彩票中奖的概率依然接近0。）

为了实现这个选择算法，我们可以在`bloop`类中加入一个函数。函数的功能是：在每一帧选择一个随机数，如果随机数小于0.01（1%），就产生新的`bloop`对象。

```
Bloop reproduce() {                        该函数返回子代bloop对象

    if (random(1) < 0.01) {                有1%的概率执行其中的代码，也就是有1%的繁殖机会

        // 创建新的bloop对象
    }
}
```

`bloop`对象如何繁殖？在之前的例子中，繁殖过程需要调用DNA类的`crossover()`函数，并根据新的DNA创建对象。由于本例子代由单个父本生成，因此只需调用对象的`copy()`函数。

```
Bloop reproduce() {
    if (random(1) < 0.0005) {

        DNA childDNA = dna.copy();         创建DNA的副本

        childDNA.mutate(0.01);             1%的突变率
```

```
        return new Bloop(location, childDNA);        在相同的位置，用新的DNA创建新的bloop对象
    } else {
        return null;        如果不繁殖新的bloop对象，就返回NULL
    }
}
```

我们将繁殖概率从1%降到0.5%，这个值会带来很大的影响。繁殖概率越高，系统就会越快进入个体数量饱和状态；繁殖概率如果过低，系统中的生物就会很快灭绝。

DNA类的copy()函数很容易实现，因为Processing提供了一个arrayCopy()函数，该函数用于复制数组内容。

```
class DNA {

    DNA copy() {        copy()函数代替了之前的crossover()函数


        float[] newgenes = new float[genes.length]; 用相同的长度创建新数组，复制内容
        arraycopy(genes,newgenes);
        return new DNA(newgenes);
    }
}
```

实现完选择和繁殖的特性后，我们就可以终结这个World类了，它的主要功能就是管理bloop对象和食物列表。

在运行代码之前，请猜测一下系统最后会进化出什么样的bloop对象（尺寸和速度）。我们会在后面讨论这一点。

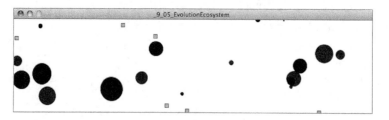

示例代码9-5 进化的生态系统

```
World world;

void setup() {        setup()函数和draw()函数的职责是创建和运行
                      World对象
    size(600,400);
    world = new World(20);
}

void draw() {
    background(255);
```

```
    world.run();
}

class World {

    ArrayList<Bloop> bloops;                                    World对象管理着种群个体和食物
    Food food;

    World(int num) {
        food = new Food(num);
        bloops = new ArrayList<Bloop>();
        for (int i = 0; i < num; i++) {                          创建种群
            PVector location = new PVector(random(width),random(height));
            DNA dna = new DNA();
            bloops.add(new Bloop(l,dna));
        }
    }

    void run() {
        food.run();

        for (int i = bloops.size()-1; i >= 0; i--) {
            Bloop b = bloops.get(i);                             存活的bloop对象

            b.run();
            b.eat(food);

            if (b.dead()) {                                      如果bloop死亡，它就被移除，并在对应的位置
                                                                 产生一份食物
                bloops.remove(i);
                food.add(b.location);
            }


            Bloop child = b.reproduce();                         每个存活的bloop对象都有繁殖机会，新产生的
                                                                 子代也应该被加入种群
            if (child != null)bloops.add(child);

        }
    }
}
```

如果你猜测系统将会进化出中等尺寸和速度的bloop对象，那就对了！在这个系统中，大尺寸的bloop对象运动过慢，很难找到食物；小尺寸的bloop对象的运动速度很快，但尺寸太小，也难以找到食物。尺寸中等的对象，运动速度足够快，寻找食物的能力最强，因此存活时间也最久。但也有例外，比如，恰好有一堆bloop对象聚集在同一块区域（由于体积过大，它们很少移动），这些对象很快就会死亡，最后剩下很多食物供存活的大尺寸bloop食用，这样一来，小部分大尺寸的bloop对象就能在某个特定位置存活一段时间。

这个例子非常简单，因为它只有单个基因，还是无性繁殖。下面有一些优化建议，你可以在bloop程序中加入这些特性，构建更复杂的生态系统。

9

生态系统项目

第 9 步练习

以本章的示例程序为出发点，请在生态系统中加入进化特性。

☐ 在你的生态系统中加入捕食者。捕食者和被捕食者（或者寄生者和宿主）之间的生物进化
通常称为"军备竞赛"。其中的生物不断适应与反适应对方。你能否用多种生物实现这样
的行为？

☐ 如何在 bloop 生态系统中实现两个父本的交叉以及变异？尝试实现让两个互相接触的生物
有一定概率进行交配的算法。除此之外，你能否创建出有性别的生物？

☐ 尝试着用转向力的权重组成生物的 DNA。你能否让系统进化出擅于互相合作的个体？

☐ 生态系统模拟的最大挑战就是实现一定的平衡。你可能发现多数努力的结果总是种群饱
和（和随之而来的大灭绝）或直接灭绝。请思考用什么样的技术能达到平衡；试考虑用遗
传算法进化出最优的生态系统参数。

第 10 章

神经网络

"你无法用常人的大脑解读我。"

——查理·辛

我们已经到了故事的结尾，这是本书最后一章（我还提供了补充阅读资料的网址，或许将来会有新的篇章）。本书从无生命物体的运动开始，之后再给这些物体加上主观意愿及自治功能，让它们具有按照系统规则执行行为的能力。最后，我们还把物体放到种群中，让它们参与进化。本章主要围绕以下问题展开：物体的决策过程是怎样的；它如何在学习中调整自己的选择；一个计算实体能否处理它的环境，然后做出决策？

人类的大脑可以描述为生物神经网络——一个由相互连接的神经元构成的网络，能以复杂的方式传导电信号。在生物神经网络中，神经元通过树突接收输入信号，基于这些输入信息，再通过轴突产生一个输出信号。人类大脑的工作方式非常复杂，本章不会非常严谨而详细地展开探讨。

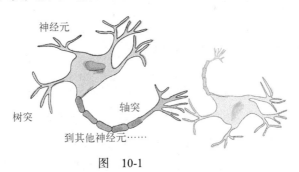

图　10-1

就像本书一直贯彻的理念，开发神经网络的动画系统并不一定要有准确和严谨的科学原理。我们只需要从大脑功能中获取简单的灵感。

本章首先从概念上概述神经网络功能特性，然后会创建一个很简单的示例程序（由单个神经元构成的神经网络），并且会讨论实现brain对象的策略；这个对象可以用在之前的Vehicle类中，为小车的转向行为做出决策。最后，本章会带你学习神经网络的动画和可视化技术。

10.1   人工神经网络：导论和应用

计算机科学家早已从人类大脑中获得一些灵感。1943年，神经学家Warren S. McCulloch和逻辑学家Walter Pitts共同开发了第一个概念性人工神经网络模型。在一篇名为*A logical calculus of the ideas imminent in nervous activity*的论文中，他们这样描述神经元：一个处在网络中的细胞，能够接收输入，然后处理这些输入，并产生输出。

他们没有精确描述大脑的工作方式，后续的诸多人工神经网络研究者也是如此，人工神经网络只是一个基于大脑工作方式设计的用于解决特定问题的计算模型。

你肯定能想象得到，某些问题对于计算机来说非常简单，但对于人类来说却非常难。比如，964 324的平方根是多少？如果把问题交给计算机，它只需要用一行代码就可以求出正确答案：982。Processing求解这个问题花费的时间不超过1毫秒。但也有些问题，人类解决起来非常容易，对计算机来说却很难。比如，给小孩看小猫或小狗的照片，他们会马上告诉你照片上是什么动物；某一天你跟陌生人热情地打招呼，第二天就会被对方认出来。但计算机能轻易完成这种任务吗？很多计算机科学家甚至花费了毕生精力来研究这类问题的解决方案。

神经网络最常见的应用就是执行"人类容易解决，而计算机难以解决"的任务，这类任务通常称作模式识别。神经网络的应用范围很广，从光学字符识别（将手写或打印文本转化为数字文本）到面部识别。我们没有时间也没有必要在本书使用这些复杂的人工智能算法，如果你对人工智能有兴趣，我建议你去读Stuart J. Russell和Peter Norvig写的*Artificial Intelligence: A Modern Approach*，还有David M. Bourg和Glenn Seemann写的*AI for Game Developers*。

神经网络是一个"联结"的计算系统，而我们编写的计算机程序是过程式的：程序从第一行代码开始，执行完这一行代码后就继续执行下一行，所有指令都是以线性方式组织起来的。神经网络并不遵循线性路径，相反，整个网络的节点（节点就是神经元）以并行的方式处理信息。

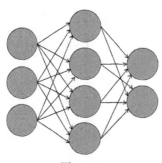

图   10-2

神经网络也是复杂系统的一个例子，它和第6章、第7章和第8章的某些概念类似。作为神经网络的个体元素，神经元的功能非常简单，它只读取输入，处理输入信息，最后产生输出。但由诸多神经元构成的网络却能表现出极其丰富和智能的行为。

神经网络的关键要素之一是它的学习能力。神经网络不只是一个复杂的系统，还是一个复杂的自适应系统。这意味着它可以根据流经的信息改变自身的内部结构，一般情况下，这个过程通过调整权重的方式实现。在上图中，每一条连线表示两个神经元之间的连接，箭头表示信息流的通路。每个连接都有自己的权重——控制两个神经元之间信号传递的数字。如果网络产生一个"好"的输出（我们会在后面定义什么是"好"的输出），则不需要调整权重；如果网络产生一个"差"的输出，也就是一个错误，那么系统将会执行适应过程，改变自己的内部权重，以改进后续的输出结果。

神经网络有多种学习策略，本章会带你学习其中的两种。

- ❏ **监督式学习**　本质上，这种策略还涉及一个"老师"，"老师"比神经网络本身更智能。在面部识别中，"老师"向神经网络展示一系列脸部照片。神经网络先猜测这些脸的名字，随后"老师"告诉它正确答案，让神经网络比较猜测结果和"正确"答案的区别，再根据错误进行调整。下一节涉及的神经网络就属于这种类型。

- ❏ **非监督式学习**　这种策略适用于没有已知数据集的情况，比如在一个数据集中寻找隐藏模式。聚类就是此类神经网络的一种应用，它的功能是根据未知规律对一组元素进行分组。本章不会学习任何关于非监督式神经网络的例子，因为这种策略与示例程序的相关度很低。

- ❏ **增强式学习**　这种策略构建在观察基础上。想象一只老鼠走迷宫：如果它朝左走，会得到一块奶酪；朝右走，会受到惊吓。经过一段时间的学习后，老鼠会自觉向左转。其中学习过程大概是这样的：老鼠的神经网络先做出转向的决定（朝左还是朝右），再观察它的环境。如果观察结果是消极的，为了在下次做出不同的决定，网络会调整内部权重。增强式学习在机器人中比较常见。在时刻，机器人执行某项任务并观察结果：它是撞到了一堵墙或者从桌子上掉落，还是依旧安然无恙？在本章的转向小车模拟中，我们会学习这类神经网络。

神经网络的学习能力和调整内部结构的能力使得它在人工智能领域非常有用。下面是神经网络在软件领域的几种应用场景。

- ❏ **模式识别**　我们已经提到过模式识别，这可能是神经网络最常用的场景。具体的应用实例有面部识别、光学字符识别等。

- ❏ **时序预测**　神经网络可以用来进行数据预测。比如，明天的股票是涨是跌，明天是晴天还是雨天？

- ❏ **信号处理**　人工耳蜗植入术和助听器需要过滤掉不必要的噪声并放大重要声音。神经网络可以经训练从而处理音频信号，并适当地过滤信号。

- ❏ **控制**　你可能听过自动驾驶汽车的研究动向。神经网络通常被用来管理物理汽车（或模拟汽车）的转向决策。

- ❏ **软传感器**　软传感器指的是测量集合的分析处理。温度计可以告诉你空气温度，其他传感器会告诉你湿度、气压、露点温度、空气质量、空气密度等数据，神经网络处理从这些传感器接收的输入数据，将这些数据作为整体进行评估。

10

❑ **异常检测**　由于神经网络擅于识别模式，它们还可以检测某些事情是否合乎规律。想象某个神经网络正在监视你的日常行为，经过一段时间，它已经掌握了你的行为模式。当你做错某些事时，它能做出提醒。

这绝对不是神经网络应用的完整列表，但我希望这能使你对神经网络的特点及应用可能性有一个大致的了解。神经网络是复杂且困难的，它涉及各种高深的数学知识。虽然其中的很多技术非常有吸引力（同时在科学研究上有重要意义），但在Sketch的动画和交互程序中并没有实践意义。如果要覆盖所有这些内容，我们需要另一本书，甚至是一系列的书。

因此，我们将在本章学习最简单的神经网络模型，只是为了理解如何将概念运用到代码中。后续我们会用Processing Sketch构建这些概念的可视化结果。

10.2　感知器

感知器是由就职于Cornell航空实验室的Frank Rosenblatt于1957年发明的，它可以被视为最简单的神经网络：单神经元计算模型。一个感知器由一个或多个输入、一个处理器和单个输出构成。

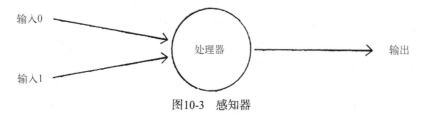

图10-3　感知器

感知器遵循"前馈"模式，即神经元接收输入并处理输入，最后产生输出。在上图中，我们应该按照从左向右的方式解读这个神经网络（单个神经元）：接收输入，产生输出。

下面我们来详细讨论每个处理步骤。

第一步：接收输入

假设某个感知器有两个输入——$x1$和$x2$。

```
输入0：x1 = 12
输入1：x2 = 4
```

第二步：输入加权

每个被送入神经元的输入首先要被加权，也就是将它乘以某个权重（通常是介于–1~1的某个数）。当感知器被创建时，我们会为每个输入分配随机权重。假设本例的输入权重如下。

```
权重0：0.5
权重1：–1
```

将每个输入乘以它的权重：

输入0 × 权重0 = 12 × 0.5 = 6
输入1 × 权重1 = 4 × –1 = –4

第三步：输入求和

对加权后的输入求和：

总和 = 6 + –4 = 2

第四步：产生输出

将总和传入一个激励函数（activation function）后，我们就能得到感知器的输出。输出可以是一个简单的二进制数，这相当于让激励函数告诉感知器是否"激发"某种操作。你可以在输出端连接一个LED灯：如果感知器被激发，灯亮；反之，灯不亮。

激励函数可以很复杂，人工智能书籍中的激励函数一般会涉及微积分的相关知识。但本例的激励函数非常简单，我们只是让它返回总和的符号。换句话说，如果总和是正数，输出结果就是1；如果是负数，输出结果就是–1。

输出 = sign（总和） ⇒ sign(2) ⇒ +1

让我们先回顾和总结一下这些操作，以便后续用代码实现。

感知器算法：

(1) 对每个输入，将它乘以对应的权重；
(2) 对加权后的输入求和；
(3) 把总和传入一个激励函数（返回符号），得到感知器的输出。

假设我们将输入和权重分别放到两个数组中，比如：

```
float[] inputs = {12, 4};
float[] weights = {0.5,-1};
```

"对每个输入"这句话暗示了一个循环，在每一轮循环中，我们将输入乘以权重，然后在循环中对它们求和。

```
float sum = 0;                          步骤1和步骤2：将所有加权后的输入相加
for (int i = 0; i < inputs.length; i++) {
    sum += inputs[i]*weights[i];
}
```

得到总和之后，我们就可以用激励函数计算最后的输出。

```
float output = activate(sum);           步骤3：用一个激励函数处理总和


int activate(float sum) {               激励函数

    if (sum > 0) return 1;              如果是正数，就返回1；负数时返回–1
    else return –1;

}
```

10

10.3   用感知器进行简单的模式识别

我们已经理解了感知器的运算过程，下面来看一个具体的例子。我们在前面曾经提到，神经网络常用于模式识别，比如面部识别。即使是非常简单的感知器也能表现出基本的分类功能，如下例所示：

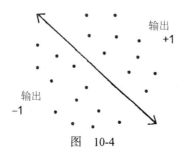

图   10-4

在二维空间中有一条直线，它将平面上的点分隔成两部分，我们要用神经网络判断某一个点位于哪一边。尽管这是一个非常简单的例子（不需要用神经网络就能判断点位于哪一边），但它展示了感知器的训练过程。

假设感知器有两个输入（某个点的x坐标和y坐标），在激励函数的处理下，可能产生两种输出结果：–1或+1。换句话说，我们要根据输出结果的符号对输入进行分类。如上图所示，所有点可被分为两类：位于直线下方（–1）或位于直线上方（+1）。

我们可以用下图表示这个感知器：

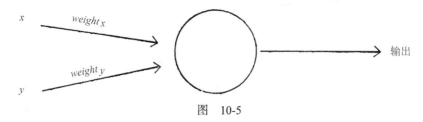

图   10-5

如上图所示，感知器有两个输入（x和y），每个输入都有一个权重（$weight_x$和$weight_y$），除此之外，感知器还有一个神经元和输出结果。

然而，这里还有一个问题。考虑点(0,0)，如果把这个点传入感知器（输入为：$x=0$和$y=0$），会得到什么结果？无论权重等于多少，总和总是为0！但这并不是正确结果——因为在这个二维平面中，点只能被分为两类：位于直线上方或者下方！

为了避免这个问题，我们的感知器还要有第三个输入，这个输入常称为偏置输入。偏置输入总是等于1，也有相应的权重。加入偏置后，感知器如下图所示：

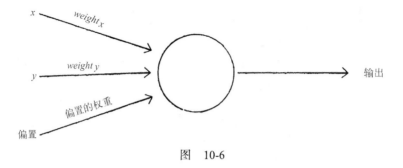

图   10-6

让我们回到点(0,0)，它的输入如下：

```
0 * x的权重 = 0
0 * y的权重 = 0
1 * 偏置的权重 = 偏置的权重
```

输出值等于三者的和：0加上0，再加上偏置的权重。因此，偏置回答了点(0,0)位于直线哪一边的问题。如果偏置的权重是正数，(0,0)就位于直线上方；如果为负数，则位于直线下方。它"偏置"了感知器对于直线和(0,0)之间相对位置的理解。

10.4 实现感知器

下面我们准备实现感知器类。感知器只需要存放输入权重，我们可以用浮点数组保存这些权重。

```
class Perceptron {
    float[] weights;
```

构造函数接收了一个参数，该参数指定输入的数量（本例有3个输入：x、y和偏置），数组的长度也等于该参数。

```
Perceptron(int n) {
    weights = new float[n];
    for (int i = 0; i < weights.length; i++) {
    weights[i] = random(-1,1);              用随机值初始化权重
    }
}
```

感知器能接收输入数据，并产生输出数据。我们可以把这些需求封装成一个feedforward()函数。在本例中，感知器的输入是一个数组（数组长度和权重数组长度相等），输出是一个整数。

```
int feedforward(float[] inputs) {
    float sum = 0;
    for (int i = 0; i < weights.length; i++) {
        sum += inputs[i]*weights[i];
    }
```

10

```
    return activate(sum);
```
总和的符号决定结果，−1或1。感知器做出猜测：它位于直线的哪一边

```
}
```

我们可以创建一个Perceptron（感知器）对象，然后传入一个点，让它猜测这个点处于直线的哪一边。

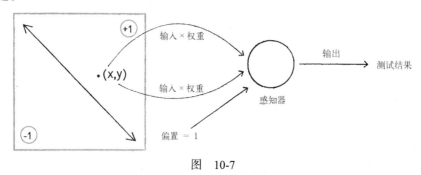

图　10-7

```
Perceptron p = new Perceptron(3);
```
创建感知器对象

```
float[] point = {50, −12, 1};
```
3个输入值：x、y和偏置

```
int result = p.feedforward(point);
```
最后答案

感知器有没有猜对结果？感知器猜对结果的概率不超过50%。请记住，在创建感知器时，我们用随机值初始化每个权重。神经网络并没有魔法，除非我们教它怎么做，否则它无法猜中任何结果。

为了训练神经网络，让它能猜出正确，我们打算引入10.1节中介绍的监督式学习方法。

在监督式学习中，我们向神经网络提供已知答案的输入。通过这种方式，神经网络就能知道自己是否做出了正确的决定。如果决定是错误的，神经网络就从误差中学习，调整内部的权重。整个处理过程如下。

(1) 向感知器提供输入，这些输入的答案是已知的。

(2) 让感知器猜测答案。

(3) 计算误差。（感知器是否猜到了正确答案？）

(4) 根据误差调整所有权重。

(5) 回到步骤(1)并重复。

步骤(1)~步骤(4)可以封装成一个函数。在实现这个函数之前，我们需要详细描述第(3)步和第(4)步的操作：如何定义感知器的误差，以及如何根据误差调整权重？

感知器的误差可以被定义为正确答案和猜测之间的偏差：

误差 = 正确输出 − 猜测输出

你对以上公式可能感到非常熟悉。在第6章，我们用类似方式计算了转向力：

转向力 = 所需速度 − 当前速度

这也是一种误差计算方式。当前速度相当于猜测结果，转向力相当于误差，误差告诉我们如何将速度调整为正确的方向。因此，小车的转向力求解过程和神经网络的权重调整是一样的。

在感知器中，输出结果只有两种情况：+1或−1。这意味着可能出现的误差有3种。

如果感知器猜到了正确答案，即猜测的结果等于预期结果，误差就等于0；如果正确答案是−1，而感知器猜了+1，误差就等于−2；如果正确答案是+1，而感知器猜了−1，误差就等于+2。

正确答案	猜测答案	误 差
−1	−1	0
−1	+1	−2
+1	−1	+2
+1	+1	0

误差是权重调整的决定因素。权重的调整幅度通常用Δ权重表示（或者"delta"权重，delta就是希腊字母Δ）。

新权重 = 权重 + Δ权重

Δ权重可由误差和输入的乘积计算得到。

Δ权重 = 误差 × 输入

因此：

新权重 = 权重 + 误差 × 输入

为了理解这个公式的原理，我们可以回到转向力的计算（见6.3节）。转向力等同于速度的误差。如果我们让小车的加速度（Δ速度）等于转向力，速度就会朝着正确的方向改变。神经网络也是如此，它应该朝着正确的方向调整，而这个方向就是由误差决定的。

然而在转向行为中，转向力的最大值也在控制小车的转向能力。如果这个最大值足够大，小车的加速和转向就很快；如果这个值太小，小车就要花更多时间来调整速度。神经网络也用了类似的策略，相应的变量称为"学习常数"。我们可以用以下方式添加这个学习常数：

新权重 = 权重 + 误差 × 输入 × 学习常数

注意，学习常数越大，权重的变化幅度也越大，这会让我们更快地解决问题。但如果权重变化幅度太大，我们可能会错过最优权重。反过来，学习常数越小，权重变化越慢，学习过程要花费的时间更多，权重调整幅度也越小，因此能提高神经网络的整体精度。

假设学习常数为变量c，我们可以按上述方式实现感知器的训练函数。代码如下：

10

```
float c = 0.01;                              用来控制学习常数的新变量

void train(float[] inputs, int desired) {    步骤1：提供输入和已知答案，它们都被传入
                                             train()函数
    int guess = feedforward(inputs);         步骤2：根据输入做出猜测

    float error = desired - guess;           步骤3：计算误差（正确答案和猜测答案的差）

    for (int i = 0; i < weights.length; i++) {   步骤4：根据误差和学习常数调整权重

        weights[i] += c * error * inputs[i];
    }
}
```

感知器类的完整实现如下：

```
class Perceptron {
    float[] weights;                         感知器存放了学习常数和权重
    float c = 0.01;


    Perceptron(int n) {
        weights = new float[n];
        for (int i = 0; i < weights.length; i++) {   以随机数初始化权重
            weights[i] = random(-1,1);
        }
    }


    int feedforward(float[] inputs) {        根据输入返回输出
        float sum = 0;
        for (int i = 0; i < weights.length; i++) {
            sum += inputs[i]*weights[i];
        }
        return activate(sum);
    }


    int activate(float sum) {                输出是1或-1
        if (sum > 0) return 1;
        else return -1;
    }


    void train(float[] inputs, int desired) {   用已知数据训练神经网络
        int guess = feedforward(inputs);
        float error = desired - guess;
        for (int i = 0; i < weights.length; i++) {
            weights[i] += c * error * inputs[i];
        }
    }
}
```

为了训练感知器，我们需要一系列答案已知的输入。我们可以将这部分操作封装成一个类：

```
class Trainer {

    float[] inputs;                          Trainer对象存放了输入和正确答案
```

```
int answer;

Trainer(float x, float y, int a) {
    inputs = new float[3];
    inputs[0] = x;
    inputs[1] = y;
    inputs[2] = 1;                          Trainer对象也在数组中存放了偏置输入

    answer = a;
}
}
```

现在问题变成了：如何判断某个点是位于直线之上，还是位于直线之下？让我们从直线函数开始。在直线函数中，y是x的函数：

$$Y = f(x)$$

一般情况下，直线可以表示为：

$$Y = ax + b$$

这里有一个特殊例子：

$$y = 2*x + 1$$

对应的Processing函数如下：

```
float f(float x) {                          该函数的作用是计算直线在X位置对应的y坐标
    return 2*x+1;
}
```

因此，如果我们用以下方式编造一个点：

```
float x = random(width);
float y = random(height);
```

如何知道这个点位于直线之下，还是直线之上？直线函数$f(x)$能告诉我们直线在x位置对应的y坐标，我们称为yline。

```
float yline = f(x);                         直线上某一点的y坐标
```

如果点位于直线之上，那么它的y坐标将小于yline。

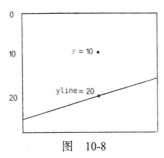

图　10-8

```
if (y < yline) {
    answer = -1;
} else {
    answer = 1;
}
```
如果y位于直线之上，答案就是-1

有了这些，我们就可以用输入和正确答案创建一个Trainer对象。

```
Trainer t = new Trainer(x, y, answer);
```

假设有一个感知器对象ptron，我们只需向它的train()函数传入输入和对应的答案，就能训练这个感知器。

```
ptron.train(t.inputs, t.answer);
```

请记住，这只是一个演示程序。还记得打出莎士比亚名言的猴子吗？我们让遗传算法进化出"to be or not to be"，这也是一个已知答案。这么做是为了确保遗传算法能正确运行。同样的道理也适用于本例。我们完全不需要用感知器确定一个点是高于还是低于直线，我们只需要用简单的数学运算就能得到答案。引入这个场景是为了展示感知器算法的工作原理和验证它的正确性。

我们向感知器传入一个训练点数组，看看它的运行效果。

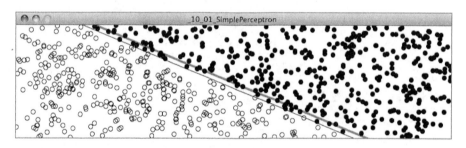

示例代码10-1 感知器

```
Perceptron ptron;                              感知器

Trainer[] training = new Trainer[2000];        2000个训练点

int count = 0;

float f(float x) {                             直线方程
    return 2*x+1;
}

void setup() {
    size(400, 400);

    ptron = new Perceptron(3);

    for (int i = 0; i < training.length; i++) {    创建2000个训练点
```

```
        float x = random(-width/2,width/2);
        float y = random(-height/2,height/2);

        int answer = 1;                              正确答案是1还是-1？
        if (y < f(x)) answer = -1;

        training[i] = new Trainer(x, y, answer);
    }
}

void draw() {
    background(255);
    translate(width/2,height/2);

    ptron.train(training[count].inputs, training[count].answer);
    count = (count + 1) % training.length;           为了展示动画效果，一次只训练一个点

    for (int i = 0; i < count; i++) {
        stroke(0);
        int guess = ptron.feedforward(training[i].inputs);
        if (guess > 0) noFill();                     展示分类：如果答案为-1，则不填充颜色；反之，
                                                     则填充黑色
        else           fill(0);
        ellipse(training[i].inputs[0], training[i].inputs[1], 8, 8);
    }
}
```

练习 10.1

除了上面的监督式学习模型，你能否用遗传算法训练神经网络，让它进化出正确的权重？

练习 10.2

感知器的可视化：绘制输入、处理节点和输出。

10.5 转向感知器

尽管上面的例子能充分展示感知器的作用，但它和本书的其他例子没有实践上的关联。在本节，我们会将感知器的概念（多个输入，单个输出）应用到转向行为中，顺便展示增强式学习策略。

在这里，我们打算用一种创新的方式诠释概念。这么做能够涵盖基础知识，又能避开一些复杂烦琐的工作。我们的主要目的是让示例程序看起来更有趣、更贴近大脑的工作方式，并不关心人工智能教科书介绍的规则。

10

你还记得前面的Vehicle类吗？Vehicle对象有自己的位置、速度和加速度，能根据一系列转向规则在屏幕中移动。它有一个遵循牛顿运动定律的applyForce()函数。

如果我们在Vehicle类中再加入一个Perceptron对象。

```
class Vehicle {

    Perceptron brain;                          给小车加上大脑

    PVector location;
    PVector velocity;
    PVector acceleration;
    //……
```

以下是我们要研究的场景：Sketch中有一系列目标（放在ArrayList中）和一辆小车。

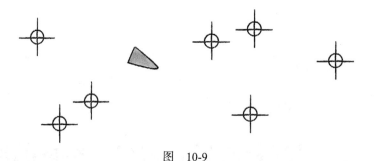

图　10-9

小车的目的是寻找图中的所有目标。按照第6章提出的方法，我们要实现一个seek()函数，用它计算到每个目标的转向力，再将这些转向力作用在物体上。假设这些目标是由PVector对象组成的ArrayList，那么整体实现如下所示：

```
void seek(ArrayList<PVector> targets) {
    for (PVector target : targets) {
        PVector force = seek(targets.get(i));       物体对每个目标都有转向力

        applyForce(force);
    }
}
```

在第6章，为了创建更加动态的模拟效果，我们还为每个转向力分别指定了权重。比如根据距离确定权重：目标越远，转向力越强。

```
void seek(ArrayList<PVector> targets) {
    for (PVector target : targets) {
        PVector force = seek(targets.get(i));
        float d = PVector.dist(target,location);
        float weight = map(d,0,width,0,5);

        force.mult(weight);                          转向力乘以各自的权重

        applyForce(force);
```

```
      }
  }
```

我们可以在这里引入感知器，把所有转向力都当作输入，再用感知器的输入权重对它们进行处理，最后产生输出转向力。也就是：

```
void seek(ArrayList<PVector> targets) {

    PVector[] forces = new PVector[targets.size()];  为brain对象创建一系列输入

    for (int i = 0; i < forces.length; i++) {
        forces[i] = seek(targets.get(i));            计算每个目标对应的转向力，填充转向力数组
    }

    PVector output = brain.process(forces);          从brain对象中获取输出结果，将转向力作用在物体上

    applyForce(output);

}
```

换句话说，vehicle对象不再做转向力加权运算，它把这部分工作转给brain对象。brain对象加权求和后的输出结果就是最后的转向力。这个改变能引入很多新的实现：小车可以按照自己的意愿做出转向决定，学习自身产生的错误，并对环境的刺激做出反应。下面我们来看看具体实现。

我们可以把直线分类感知器用做基础模型，但需要进行一些修改：感知器的输入从数字变为向量！下表对比了两种情况下feedforward()函数的实现。

输入值为向量	输入值为浮点数

```PVector feedforward(PVector[] forces) {```
 `//和是一个PVector`
 `PVector sum = new PVector();`
 `for (int i = 0; i < weights.length; i++){`
 `//向量的加法和乘法`
 `forces[i].mult(weights[i]);`
 `sum.add(forces[i]);`
 `}`
 `//没有激活函数`
 `return sum;`
 `}`
	```int feedforward(float[] inputs) {```
	 `// 和是一个浮点数`
	 `float sum = 0;`
	 `for (int i = 0; i < weights.length; i++) {`
	 `// 标量的加法和乘法`
	 `sum += inputs[i]*weights[i];`
	 `}`
	 `//激活函数`
	 `return activate(sum);`
	 `}`

这两个函数实现的几乎是同一个算法，但有两点区别。

(1) 向量求和　每个输入不再是单个数字，而是一个向量，因此我们必须用PVector的运算方式将它们加权求和。

(2) 没有激励函数　在这里，我们想要的结果是转向力。因此，我们不需要用一个布尔值对结果进行分类，只需直接返回结果向量。

将最终转向力作用于小车之后，我们下一步要做的就是给大脑施加反馈，也就是所谓的增强

10

式学习。本次转向决策是有利的还是有害的？假如系统中同时存在捕食者（吃掉小车）和食物（提高小车的生命值），这时候，神经网络的权重调整规则就应该是：躲避捕食者，靠近食物。

让我们来看一个更简单的例子，在这个例子中，小车想要朝着窗口的中心运动。我们用以下方式训练大脑对象：

图　10-10

```
PVector desired = new PVector(width/2,height/2);
PVector error = PVector.sub(desired, location);
brain.train(forces,error);
```

在这里，我们向brain对象传入所有输入的副本（后续要用它纠正误差），还传入了环境的观察值：一个由当前位置指向目标位置的PVector对象，这个向量就是小车的误差：误差越大，小车的表现越差；反之，表现越好。

之后，大脑可以根据这个"误差"向量（有两个误差值：x坐标误差和y坐标误差）调整权重，这和之前直线分类器的训练是一样的。

小车的训练	直线分类器的训练

`void train(PVector[] forces, PVector error) {`
 	
  `for (int i = 0; i < weights.length; i++) {`
    `weights[i] += c*error.x*forces[i].x;`
    `weights[i] += c*error.y*forces[i].y;`
  `}`
`}`
	`void train(float[] inputs, int desired) {`
	
	  `int guess = feedforward(inputs);`
	  `float error = desired - guess;`
	
	  `for (int i = 0; i < weights.length; i++) {`
	    `weights[i] += c * error * inputs[i];`
	  `}`
	`}`

由于小车的误差是已知的，因此我们只需要将这个误差当作参数传入。注意权重的调整需要进行两次计算：一次调整x坐标，另一次调整y坐标。

```
weights[i] += c*error.x*forces[i].x;
weights[i] += c*error.y*forces[i].y;
```

从Vehicle类的整体实现，我们可以看到转向函数如何用感知器控制转向行为。

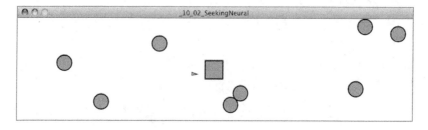

示例代码10-2　感知器转向

```
class Vehicle {

    Perceptron brain;                             小车有了大脑


    PVector location;                             物理运动所需的变量
    PVector velocity;
    PVector acceleration;
    float maxforce;
    float maxspeed;


    Vehicle(int n, float x, float y) {            在小车的构造函数中创建感知器对象，传入输入数
                                                  量和学习常数
        brain = new Perceptron(n,0.001);
        acceleration = new PVector(0,0);
        velocity = new PVector(0,0);
        location = new PVector(x,y);
        maxspeed = 4;
        maxforce = 0.1;
    }
    void update() {                               update()函数和之前一样
        velocity.add(acceleration);
        velocity.limit(maxspeed);
        location.add(velocity);
        acceleration.mult(0);
    }


    void applyForce(PVector force) {              applyForce()函数和之前一样
        acceleration.add(force);
    }


    void steer(ArrayList<PVector> targets) {
        PVector[] forces = new PVector[targets.size()];

        for (int i = 0; i < forces.length; i++) {
            forces[i] = seek(targets.get(i));
        }
        PVector result = brain.feedforward(forces);  所有转向力都是输入


        applyForce(result);                          施加计算得到的结果


        PVector desired = new PVector(width/2,height/2);  根据和中心之间的距离训练大脑

        PVector error = PVector.sub(desired, location);
        brain.train(forces,error);

    }
```

```
PVector seek(PVector target) {                    seek()函数和之前一样
    PVector desired = PVector.sub(target,location);
    desired.normalize();
    desired.mult(maxspeed);
    PVector steer = PVector.sub(desired,velocity);
    steer.limit(maxforce);
    return steer;
}
```

}

练习 10.3

请可视化神经网络的权重，将目标的权重映射为显示亮度。

练习 10.4

请尝试使用增强式学习实现不同的规则，比如有些目标是希望接近的，而有些目标是不希望接近的。

10.6　还记得这是个"网络"吗

感知器可以处理多个输入，但它只是个孤独的神经元。神经网络的威力来自网络结构，而感知器的能力非常有限。如果你去读一些有关人工智能的教学书籍，这些书一般会说明：感知器只能解决线性可分的问题。什么是线性可分的问题？让我们回顾第一个例子：感知器能判断某个点位于直线的哪一边。

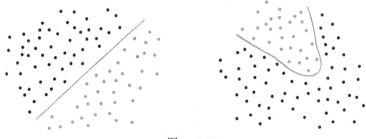

图　10-11

图10-11（左）表示线性可分类的数据，图形化所有数据之后，如果数据能被直线划分，那它们

就是线性可分的；图10-11（右）表示非线性可分的数据，你无法用一条直线分隔黑色和灰色的点。

最简单的非线性可分问题就是XOR，也就是逻辑算符"异或"。我们都知道AND运算：为了让A且B为真，A和B必须都为真。对于OR，只要A和B中有一个为真，A或B的结果就为真。AND和OR运算都是线性可分的问题。下面给出了AND和OR的真值表：

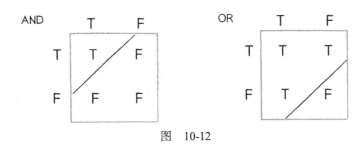

图 10-12

在图10-12中，你可以用一条直线分隔真和假的结果。

XOR相当于OR和NOT AND。换句话说，只有在A和B有且仅有一个为真时，A XOR B才为真，否则就为假。XOR的真值表如下：

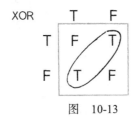

图 10-13

这不是线性可分的。你无法用一条直线分隔真和假的结果。

感知器无法解决XOR这么简单的问题。但我们可以把两个感知器组成网络：用一个感知器解决OR，用另一个感知器解决NOT AND。这两个感知器合起来就能解决XOR运算。

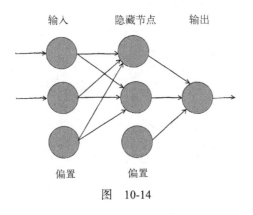

图 10-14

上面这幅图称为多层感知器，即由许多神经元组成的网络。其中某些神经元用于接收输入，某些神经元称为"隐藏"层（因为它们既不和输入相连，也不是输出），还有一些神经元是输出神经元。

训练这类神经网络是一件复杂的事。对单个感知器而言，我们可以轻易地根据误差调整权重，但神经网络有多个连接，而且每个连接都位于不同层次。如何确定每个神经网络对整体误差的贡献是多少？

多层神经网络的权重优化方案称为反向传播。神经网络产生输出的方式和感知器相同：都要将输入加权求和，再向前传递。两者之间的差别在于：产生最终输出之前是否通过其他层次。网络的训练（即权重调整）也涉及误差计算（正确结果–猜测结果），但是它的误差必须从后向前传播。神经网络会将误差平摊给每个连接的权重。

反向传播超出了本书的讨论范围，它需要用到一个更复杂的激励函数（称为Sigmoid()函数）和一些基本的微积分知识。如果你对反向传播感兴趣，可以去看看本书的官方网站（和GitHub代码库），我在里面用多层神经网络解决了XOR的问题，解决过程中用到了反向传播。

后面我们将讨论神经网络可视化结构的构建。我们会用神经元对象和连接对象创建神经网络，并用动画的方法展示前馈过程。下面的例子和第5章的力导向图很相似。

10.7   神经网络图

本节的目标是创建下面的网络图：

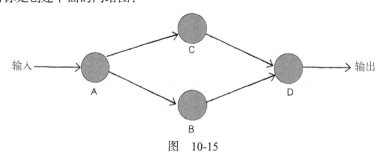

图   10-15

上图最基本的组件是一个神经元。神经元是一个具有(x, y)坐标的实体。

```
class Neuron {                          这是一个非常简单的神经元（Neuron）类，它存放
                                        了单个神经元的位置，能够显示自身
    PVector location;

    Neuron(float x, float y) {
        location = new PVector(x, y);
    }

    void display() {
```

```
            stroke(0);
            fill(0);
            ellipse(location.x, location.y, 16, 16);
        }
    }
```

神经网络类Network管理由神经元对象组成的ArrayList，每个神经元都自己的位置（这样就可以根据相对于网络中心的位置绘制神经元）。这是粒子系统101。我们有单个元素（神经元）和网络（一个由许多神经元组成的"系统"）。

```
class Network {                                     由神经元组成的神经网络
    ArrayList<Neuron> neurons;

    PVector location;

    Network(float x, float y) {
        location = new PVector(x,y);
        neurons = new ArrayList<Neuron>();
    }

    void addNeuron(Neuron n) {                      通过这个函数向网络添加神经元
        neurons.add(n);
    }


    void display() {                                绘制整个神经网络
        pushMatrix();
        translate(location.x, location.y);
        for (Neuron n : neurons) {
            n.display();
        }
        popMatrix();
    }

}
```

接下来，我们就能方便地构建上图。

```
Network network;

void setup() {
    size(640, 360);
    network = new Network(width/2,height/2);        创建神经网络对象


    Neuron a = new Neuron(-200,0);                   创建神经元
    Neuron b = new Neuron(0,100);
    Neuron c = new Neuron(0, -100);
    Neuron d = new Neuron(200,0);


    network.addNeuron(a);                            向网络添加神经元
    network.addNeuron(b);
    network.addNeuron(c);
    network.addNeuron(d);
```

10

```
    }

void draw() {
    background(255);
    network.display();                            画出网络
    }
```

运行效果如下：

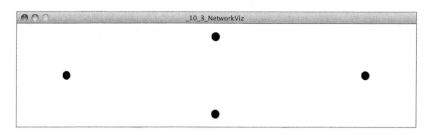

我们还少了神经元之间的连接。一个连接由3个元素组成：2个神经元和1个权重。

```
class Connection {
    Neuron a;                                     两个神经元之间的连接
    Neuron b;

    float weight;                                 连接有权重

    Connection(Neuron from, Neuron to,float w) {
        weight = w;
        a = from;
        b = to;
    }

    void display() {                              连接用一条线段标示

        stroke(0);
        strokeWeight(weight*4);
        line(a.location.x, a.location.y, b.location.x, b.location.y);
    }
}
```

有了Connection对象之后，我们可以用连接函数（放到Network类中）将神经元连在一起。在setup()函数中，除了初始化神经元对象，我们还需要连接它们。

```
void setup() {
    size(640, 360);
    network = new Network(width/2,height/2);

    Neuron a = new Neuron(-200,0);
    Neuron b = new Neuron(0,100);
    Neuron c = new Neuron(0,-100);
    Neuron d = new Neuron(200,0);
```

```
    network.connect(a,b);                              在神经元之间建立连接

    network.connect(a,c);
    network.connect(b,d);
    network.connect(c,d);

    network.addNeuron(a);
    network.addNeuron(b);
    network.addNeuron(c);
    network.addNeuron(d);
}
```

因此Network类需要有一个connect()函数，它的作用是在两个神经元之间建立连接。

```
void connect(Neuron a, Neuron b) {
    Connection c = new Connection(a, b, random(1));        连接具有随机的权重


    // 如何处理连接对象呢
    }
}
```

你可能觉得：Network对象也应该用一个ArrayList存储所有连接对象。尽管这很有用，但在本例中，这样的ArrayList并不是必须的。在神经网络的"前馈"过程中，神经元对象必须知道它们连接了哪几个"前向"神经元。也就是说，每个神经元对象必须存储自己的连接对象。当神经元a与b连接时，我们要在a对象上存储这个连接对象，以便在处理过程中将输出传给b。

```
void connect(Neuron a, Neuron b) {
    Connection c = new Connection(a, b, random(1));
    a.addConnection(c);
}
```

在某些场景下，我们还需要神经元b知道这个连接。但在本例中，我们只需单方向传递信息。

为了让所有代码能正常工作，我们还要在Neuron类中加入一个ArrayList，用于存放连接对象。addConnection()函数负责将连接对象加入ArrayList。

```
class Neuron {
    PVector location;

    ArrayList<Connection> connections;                  神经元存放了所有连接

    Neuron(float x, float y) {
        location = new PVector(x, y);
        connections = new ArrayList<Connection>();
    }

    void addConnection(Connection c) {                  将连接对象加入神经元
        connections.add(c);
    }
```

神经元类的display()函数负责绘制这些连接。最后，我们得到了整个神经网络示意图。

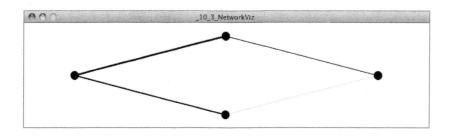

示例代码10-3　神经网络示意图

```
void display() {
    stroke(0);
    strokeWeight(1);
    fill(0);
    ellipse(location.x, location.y, 16, 16);

    for (Connection c : connections) {          绘制所有连接
        c.display();
    }
  }
}
```

10.8　实现前馈动画

还有一个有趣的问题：如何用可视化方式实现神经网络的信息流传递。我们的神经网络基于前馈模型，也就是说，第一个神经元（绘制在窗口的最左边）产生的输出将沿着连接向右流动，直到生成整个网络的输出。

第一步操作就是在网络中添加一个函数，这个函数用于接收输入，输入是介于0~1的随机数。

```
void setup() {

                                                    之前的神经网络初始化代码


    network.feedforward(random(1));                 新函数用于接收输入
}
```

神经网络管理着所有神经元，可以选择让哪个神经元处理输入。为了让本例尽可能简单，我们只把输入传给ArrayList中的第一个神经元，也就是显示在屏幕最左边的神经元。

```
class Network {

    void feedforward(float input) {                 新函数将输入传给神经元
        Neuron start = neurons.get(0);
        start.feedforward(input);
    }
```

接着，我们要在Neuron类中添加feedforward()函数。这个函数负责接收和处理输入。

```
class Neuron

    void feedforward(float input) {
                                                如何处理输入呢
    }
```

回顾感知器的实现，神经元的任务就是对所有输入加权求和。因此我们可以在Neuron类中添加一个sum变量，用它累加所有输入。

```
class Neuron

    int sum = 0;

    void feedforward(float input) {
        sum += input;                           累加所有输入
    }
```

神经元可以决定它是否"发射"，也就是将输出通过何种连接传递给下一层。在这里，我们创建了一个非常简单的激励函数：如果总和大于1，就发射！

```
void feedforward(float input) {
    sum += input;
    if (sum > 1) {                              激活神经元，"发射"输出
        fire();
        sum = 0;                                输出被"发射"后，将总和清零
    }
}
```

fire()函数如何实现？前面提到，每个神经元都存储了对其他神经元的连接。因此我们要在fire()函数中遍历这些连接，对它们调用feedforward()函数。在本例，我们将神经元的sum变量作为输出。

```
void fire() {
    for (Connection c : connections) {
        c.feedforward(sum);                     神经元将总和传给所有连接
    }
}
```

下面的问题比较棘手，因为我们的任务不只是创建正常运行的神经网络，还要实现运行动画。如果仅仅是为了前者，神经网络可以立即将输入传给下一个神经元，如下所示：

```
class Connection {

    void feedforward(float val) {
        b.feedforward(val*weight);
    }
```

但这并不是我们想要的。我们还要实现信息流由神经元a流向b的动画。

我们先思考如何实现这个特性。神经元*a*和神经元*b*的位置是已知的，分别为a.location和b.location。除此之外，我们还要引入另一个向量用于表示信息流的流向。

```
PVector sender = a.location.get();
```

有了神经元*a*的位置后，我们可以利用前面学到的运动算法让信息沿着路径前进。我们简单地将路径定为从神经元*a*到*b*的线段：

```
sender.x = lerp(sender.x, b.location.x, 0.1);
sender.y = lerp(sender.y, b.location.y, 0.1);
```

用一条线段表示神经元连接，并在信息所在的位置画个圆圈：

```
stroke(0);
line(a.location.x, a.location.y, b.location.x, b.location.y);
fill(0);
ellipse(sender.x, sender.y, 8, 8);
```

合起来就是这样的效果：

图10-16

这么做就能让信息沿着连接线移动，但是如何确定移动的时机？一旦Connection对象接收到"前馈"信号，就开始移动过程。我们可以引入一个布尔变量记录当前连接是否正在传输信号。之前，我们用以下方式传递信号：

```
void feedforward(float val) {
    b.feedforward(val*weight);
}
```

现在，我们不再直接传输数据，而是在feedforward()函数中触发动画。

```
class Connection {

    boolean sending = false;
    PVector sender;
    float output;

    void feedforward(float val) {
        sending = true;                 传输标志被置为true

        sender = a.location.get();      动画从神经元a开始

        output = val*weight;            存放输出值，在合适时机传输到下一节点

    }
```

注意，Connection类现在需要3个新的变量：布尔变量sending起始值为false，主要记录了连接是否正在传输信号（是否有动画）；PVector对象的sender变量记录了移动点的位置；由于我们不会立即传递输出值，因此还要引入一个output变量存储它，以便后续使用。

一旦连接被激活，feedforward()函数就会被调用。在激活状态下，我们还需要不断地更新信息点的位置（在draw()函数中更新）。

```
void update() {
    if (sending) {
        sender.x = lerp(sender.x, b.location.x, 0.1);   在传输过程中更新信息点的位置
        sender.y = lerp(sender.y, b.location.y, 0.1);
    }
}
```

但这里还少了一个关键元素，我们还需要检查sender变量是否已经达到神经元b，如果已经达到，就将输出前馈到下一个神经元。

```
void update() {
    if (sending) {
        sender.x = lerp(sender.x, b.location.x, 0.1);
        sender.y = lerp(sender.y, b.location.y, 0.1);

        float d = PVector.dist(sender, b.location);   计算距神经元b的距离

        if (d < 1) {                                  如果足够接近（小于1像素），就传递输出值，并停
                                                      止动画

            b.feedforward(output);
            sending = false;
        }
    }
}
```

Connection类和draw()函数的整体实现如下：

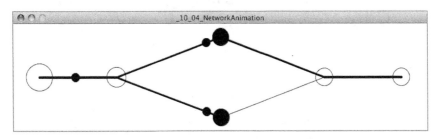

示例代码10-4 神经网络动画

```
void draw() {
    background(255);

    network.update();               神经网络的update()函数负责更新所有连接对象

    network.display();
```

```
        if (frameCount % 30 == 0) {
            network.feedforward(random(1));          每30帧传入一个输入值
        }
    }
}
class Connection {
    float weight;                                    连接数据

    Neuron a;
    Neuron b;


    boolean sending = false;                         动画相关的变量

    PVector sender;
    float output = 0;

    Connection(Neuron from, Neuron to, float w) {
        weight = w;
        a = from;
        b = to;
    }


    void feedforward(float val) {                    一旦有数据从a向b传递，连接就被激活
        output = val*weight;
        sender = a.location.get();
        sending = true;
    }


    void update() {                                  如果连接对象正在传递信息，就更新动画
        if (sending) {
            sender.x = lerp(sender.x, b.location.x, 0.1);
            sender.y = lerp(sender.y, b.location.y, 0.1);
            float d = PVector.dist(sender, b.location);
            if (d < 1) {
                b.feedforward(output);
                sending = false;
            }
        }
    }


    void display() {                                 用线段标示连接，用移动的圆圈标示信息流
        stroke(0);
        strokeWeight(1+weight*4);
        line(a.location.x, a.location.y, b.location.x, b.location.y);
        if (sending) {
            fill(0);
            strokeWeight(1);
            ellipse(sender.x, sender.y, 16, 16);
        }
    }
}
```

在上例中，我们用手动的方式配置神经元的位置和连接。请重新实现这个例子，用某种算法产生神经网络的布局。你能否创建一个圆形或随机的神经网络？以下是某个多层神经网络的示意图。

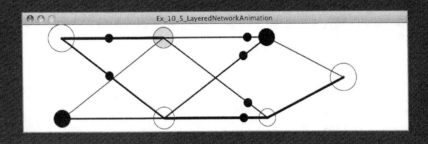

请重新实现这个例子，让每个神经元同时保存它的前向连接和后向连接。你能否在任意方向上前馈输入？

请用转向力和移动代替 lerp() 函数，可视化神经网络的信息流。

生态系统项目

第 10 步练习

在你"创造"的生物中引入"大脑"的概念。

- ❏ 用增强式学习实现生物的决策过程。
- ❏ 可视化生物的大脑运作过程（即使大脑本身并没有功能）。
- ❏ 能否把整个生态系统当成一个大脑？能否把环境中的元素当作神经元，把生物当作输入和输出？

10.9　结语

　　如果你还在阅读本书，那么恭喜你！你已经到达本书内容的结尾。尽管本书提供了很多学习材料，但我们对大自然的模拟技术还只停留在表面。本书的目的是引入一个不断发展的项目，我希望能继续在官方网站中添加新的教学资料和示例程序，并希望后续能扩展本书的内容。你的反馈对我非常重要，因此，请随时通过邮件联系我（daniel@shiffman.net），请随时向GitHub版本库（http://github.com/shiffman/The-Nature-of-Code/）递交代码。分享您的作品，保持联系，让我们与自然同在！

参考文献

图书

❑ Alexander, R. McNeill. *Principles of Animal Locomotion* (http://t.co/IQ0iranE).Princeton, NJ: Princeton University Press, 2002.

❑ Bentley, Peter. *Evolutionary Design by Computers* (http://t.co/XIp7b1zw). San Francisco: Morgan Kaufmann Publishers, 1999.

❑ Bohnacker, Hartmut, Benedikt Gross, Julia Laub, and Claudius Lazzeroni. *Generative Design: Visualize, Program, and Create with Processing* (http://t.co/8yekmakL). New York: Princeton Architectural Press, 2012.

❑ Flake, Gary William. *The Computational Beauty of Nature: Computer Explorations of Fractals, Chaos, Complex Systems, and Adaptatio*n (http://t.co/KdbTo1ZX).Cambridge, MA: MIT Press, 1998.

❑ Hale, Nathan Cabot. *Abstraction in Art and Nature* (http://t.co/ztbQ1zCL). New York:Dover, 1993.

❑ Hildebrandt, Stefan, and Anthony J. Tromba. *Mathematics and Optimal Form* (http://t.co/ IQ0iranE). New York: Scientific American Library, 1985. Distributed by W. H. Freeman.

❑ Kline, Morris. *Mathematics and the Physical World* (http://t.co/v84SZnGx). New York: Crowell, [1959].

❑ Kodicek, Danny. *Mathematics and Physics for Programmers* (http://t.co/ygDdHMak). Hingham, MA: Charles River Media, 2005.

❑ McMahon, Thomas A., and John Tyler Bonner. *On Size and Life* (http://t.co/EhX3KwZB). New York: Scientific American Library, 1983. Distributed by W. H. Freeman.

❑ Mandelbrot, Benoit B. *The Fractal Geometry of Nature* (http://t.co/jHRQ5sQC). San Francisco: W. H. Freeman, 1982.

❏ Pearce, Peter. *Structure in Nature Is a Strategy for Design* (http://t.co/zaGQMOMc). Cambridge, MA: MIT Press, 1980.

❏ Pearson, Matt. *Generative Art* (http://t.co/bXCWfgOC). Greenwich, CT: Manning Publications, 2011. Distributed by Pearson Education.

❏ Prusinkiewicz, Przemysław, and Aristid Lindenmayer. *The Algorithmic Beauty of Plants* (http://t.co/koD7FhJQ). New York: Springer-Verlag, 1990.

❏ Reas, Casey, and Chandler McWilliams. *Form+Code in Design, Art, and Architecture* (http://t.co/1jGgwhvU). Design Briefs. New York: Princeton Architectural Press, 2010.

❏ Reas, Casey, and Ben Fry. *Processing: A Programming Handbook for Visual Designers and Artists* (http://t.co/dtODdOQp). Cambridge, MA: MIT Press, 2007.

❏ Thompson, D'Arcy Wentworth. *On Growth and Form: The Complete Revised Edition* (http://t.co/ vncWa1uW). New York: Dover, 1992.

❏ Vogel., Steven. *Life in Moving Fluids* (http://t.co/fyTbVta1). Princeton, NJ: Princeton University Press, 1994.

❏ Wade, David. *Li: Dynamic Form in Nature* (http://t.co/1QYDlsDH). Wooden Books. New York: Walker & Co., 2003.

❏ Waterman, Talbot H. *Animal Navigation* (http://t.co/c2otv8LZ). New York: Scientific American Library, 1989. Distributed by W. H. Freeman.

❏ Whyte, Lancelot Law. *Aspects of Form: A Symposium on Form in Nature and Art* (http:// t.co/f7UkVLQM). Midland Books, MB 31. Bloomington: Indiana University Press, 1966.

其他使用Processing的图书，请参见Processing Books：http://www.processing.org/learning/books。

文章

❏ Galanter, Philip. "The Problem with Evolutionary Art Is…" (http://bit.ly/S7dhnq) Paper presented at EvoCOMNET'10: The 7th European Event on the Application of Nature-inspired Techniques for Telecommunication Networks and other Parallel and Distributed Systems, April 7-9, 2010.

❏ Gardner, Martin. "Mathematical Games: The Fantastic Combinations of John Conway's New Solitaire Game Life." (http://www.ibiblio.org/lifepatterns/october1970.html) *Scientific American* 229 (October 1970): 120-23.

❑ Reeves, William T. "Particle Systems—A Technique for Modeling a Class of Fuzzy Objects." (http://dl.acm.org/citation.cfm?id=357320) *ACM Transactions on Graphics* 2:2 (April 1983): 91-108.

❑ Sims, Karl. "Artificial Evolution for Computer Graphics." (http://www.karlsims.com/papers/siggraph91.html) Paper presented at SIGGRAPH '91: The 18th Annual Conference on Computer Graphics and Interactive Techniques, Las Vegas, NV, July 28-August 2, 1991.

❑ ---. "Evolving Virtual Creatures." (http://www.karlsims.com/papers/siggraph94.pdf) Paper presented at SIGGRAPH'94: The 21st Annual Conference on Computer Graphics and Interactive Techniques, Orlando, FL, July 24-29, 1994.

❑ ---. "Particle Animation and Rendering Using Data Parallel Computation."(http://www.karlsims.com/papers/ParticlesSiggraph90.pdf) Paper presented at SIGGRAPH'90: The 17th Annual Conference on Computer Graphics and Interactive Techniques, Dallas, TX, August 6-10, 1990.

索　引